持久内存
架构与工程实践

李志明 吴国安 李 翔 斯佩峰 著
杜 凡 束文辉 徐 铖 胡寅玮

电子工业出版社
Publishing House of Electronics Industry
北京·BEIJING

内 容 简 介

本书以工程实践为导向，详细阐述了持久内存的整体技术细节。本书对持久内存的硬件和固件架构、编程模型、优化方法等方面进行了深入剖析，并从架构选择、方案实施、性能调优几个方面，对数据库、大数据等场景进行了详细介绍，以帮助读者掌握持久内存应用。本书还对持久内存和内存计算的未来发展趋势进行了探讨，抛砖引玉，希望对业界人员在该领域的进一步创新有所帮助。

本书适合具有一定基础的计算机和软件行业从业者、研究人员或高校师生阅读，尤其适合在行业内进行云计算的开发工程师学习，也适合相关领域的开发人员和科研人员参考。

未经许可，不得以任何方式复制或抄袭本书之部分或全部内容。
版权所有，侵权必究。

图书在版编目（CIP）数据

持久内存架构与工程实践 / 李志明等著. —北京：电子工业出版社，2021.1（2024.9 重印）
ISBN 978-7-121-40126-8

Ⅰ.①持… Ⅱ.①李… Ⅲ.①内存数据库-研究 Ⅳ.①TP333.1

中国版本图书馆CIP数据核字（2020）第242282号

责任编辑：宋亚东　　　　特约编辑：田学清
印　　刷：三河市君旺印务有限公司
装　　订：三河市君旺印务有限公司
出版发行：电子工业出版社
　　　　　北京市海淀区万寿路173信箱　　邮编：100036
开　　本：787×980　　1/16　　印张：18.75　　字数：369千字
版　　次：2021年1月第1版
印　　次：2024年9月第3次印刷
定　　价：99.00元

凡所购买电子工业出版社图书有缺损问题，请向购买书店调换。若书店售缺，请与本社发行部联系，联系及邮购电话：（010）88254888，88258888。
质量投诉请发邮件至 zlts@phei.com.cn，盗版侵权举报请发邮件至 dbqq@phei.com.cn。
本书咨询联系方式：010-51260888-819，faq@phei.com.cn。

推荐序一

当我们审视人工智能、5G、自动驾驶、电子商务、区块链等行业的技术发展趋势时，都会碰到一个挑战：其对数据的需求持续增长，并且超过了我们现有的存储、移动和处理数据的能力。DRAM（Dynamic Random Access Memory）虽然速度足够快，且可以将稳定的数据流提供给功能强大的处理器和 AI 算法，但由于其价格昂贵，因此只能用于小容量设计。当数据量超过 DRAM 的容量时，处理器就要从后级存储中获取数据，从而导致访问延时呈指数级增长。因此，我在整个职业生涯中一直致力于开发新兴的存储技术，以期解决 DRAM 速度与存储容量和非易失性之间的矛盾，从而推动该行业的持续发展。

借助英特尔傲腾持久内存，我们在内存-存储子系统中创建了一个新层次，这使整个行业都会受益。持久内存基于革命性的英特尔 3D-XPoint 技术，将传统内存的速度与容量和持久性结合在一起。自从该方案于 2019 年 4 月推出起，我们已经看到了一系列针对数据存储问题的创新解决方案。例如，在相同成本的硬件上支持更高密度的虚拟机，或通过从持久内存中重建数据库来减少重新加载时间。DRAM 已接近其扩展极限，而处理器技术还需继续扩展性能及其相应的内存需求，因此拓展新层次的内存是一个必然趋势。英特尔只是这场革命的第一个成员。

中国有着丰富的创新成长土壤。从 2019 年英特尔傲腾持久内存发布后，中国就一直站在持久内存应用创新的前沿。从 AI 推理系统优化、内存数据库更具扩展性和负担性，到建立适合社区的开放性解决方案，中国公司对持久内存和新的内存-存储架构进行了大量探索，并在生产环境中进行了部署实践。

自 20 多年前 NAND 闪存问世以来，在内存-存储架构中引入新层级是业界最艰巨的挑战。创新者们正在尝试把物理及虚拟化的基础架构、中间件和软件融合在一起，以加速下一波技术发展趋势。我很荣幸能为这项工作做出一些贡献，也欢迎您加入这场持久内存技术革命。

阿尔珀·伊尔克巴哈（Alper Ilkbahar）
数据平台事业部副总裁
内存和存储产品事业部总经理
英特尔公司
2021 年 1 月

推荐序二

持久内存并不是一个全新的概念。学术界早在20世纪就已经开始了对持久内存颗粒和应用技术的研究。随着移动互联网的蓬勃发展，应用接入端对存储系统的要求不断提高，数据规模越来越大，数据访问频率越来越高，曾被寄予厚望的 Flash 技术，愈发难以满足需求。从早期的 Flash DIMM（一种将 Flash 颗粒贴在 DIMM 条上的技术），到 NVDIMM 标准的确立，再到基于 DRAM+Flash 的 NVDIMM-N 产品的问世，业界关于持久内存的尝试从未停止。但真正把持久内存从实验室推向工业界的是 2016 年英特尔公司和美光（Micron）公司联合发布的 3D-XPoint 技术，以及之后英特尔公司基于 3D-XPoint 研发的英特尔傲腾系列产品和配套的软硬件架构。

Flash 是一项被熟知的技术，手机、计算机等各类电子产品都使用 Flash 作为数据存储介质。在数据中心内部，Flash 作为主要的高速存储介质，响应着峰值高达每秒上亿次的请求。作为硬盘的替代品，Flash 非常好地解决了读写延时和存储密度低等问题。然而，Flash 的读写长尾延时、页对齐访问、读写放大及擦写寿命短等问题，限制了 Flash 的使用场景。此外，从平均访问延时上分析，Flash 百微秒的量级与内存几十纳秒的量级有着约 10^3 量级的差距。简单来说，访问一次 Flash 的耗时与访问 1000 次内存的耗时相同，存储系统中的数据持久化操作仍是突出的性能瓶颈。传统的 DRAM，由于其容量有限且数据易失，无法满足数据量和编程模型的需求。持久内存，尤其是 3D-XPoint 技术的出现，在一定程度上解决了这些问题。

持久内存拥有比 Flash 更低的读写延时、更稳定的 QoS、更长的寿命，其近似内存的读写访问模式可以提供更好的性能。利用 3D-XPoint 技术的高存储密度，可以将单台机器的内存容量轻松扩展到几 TB。借助持久内存的数据非易失特性，可以重新构建存储系统的数据持久化架构，实现更好的服务质量和更高的数据恢复效率。然而令人遗憾的是，国内关于持久内存的研究较少，且缺乏系统性，对这项技术感兴趣的人很难通过网络获取相关资料。已经使用持久内存技术的团队，对该技术的了解往往也只停留在表面。这极大地限制了技术人员对持久内存的技术探索和规模部署，导致一些适合部署持久内存的场景还在使用不适合的旧技术，甚至干脆不能提供满足需求的策略。

这本由英特尔公司一线技术人员编写的《持久内存架构与工程实践》，详细地介绍了持久内存技术的软硬件架构。相信有一定计算机体系结构基础的读者，在读完这本书之后，对持久内存会有更清晰的认识，进而可以尝试在自己的项目里使用持久内存。我阅读本书之后，有如下体会。首先，本书的知识结构非常系统。不像网络上关于持久内存的只言片语，或者一些应用场景中对持久内存介绍的浅尝辄止，本书比较系统和全面地介绍了持久内存的原理、架构及使用模式等。其次，内容有针对性且通俗易懂。本书作者来自英特尔公司一线技术团队，他们在推广持久内存技术的过程中，汇总了业务团队和一线研发人员最关注的问题，并在书中对这些问题进行了有针对性的解答和介绍，内容鞭辟入里。最后，本书还集成了持久内存工程实践的例子。这些工程实践是过去一年中知名互联网厂商规模部署持久内存的真实案例，时效性强，极具参考性，是不可多得的技术资料。

国内的技术人员为了解最新技术，在很多时候只能阅读翻译的外文书籍，或者查阅国外的资料，因此获取的资料要么已经过时，难以举一反三，要么翻译不符合我们的语义，难以全面理解，要么举例离我们的生活太远，不能很好领悟。本书完全由国人编写，面向国内技术人员，书中的案例更多地取自国内场景，在确保严谨的同时，为读者带来了很好的阅读体验。

在移动互联网时代，越来越多的国内厂商探索出了有自身特色的应用。希望这本书可以帮助读者在自己的场景中，借助持久内存，创造出更大的价值。

感谢李志明、潘丽娜、朱大义、张志杰和整个英特尔团队，在百度导入持久内存技术的过程中给予的帮助。谢谢！

张家军

系统部高级经理

百度

2021 年 1 月

前　言

动态随机访问内存是计算机系统的核心部件，用来暂时保存计算所需的数据和中间结果。动态随机访问内存的访问延时远远小于硬盘甚至固态硬盘，微处理器需要先把访问的数据从硬盘读取到内存中，然后在内存中直接对数据进行处理，最后再将数据写回硬盘中。如果大部分数据都不在内存中，那么程序的性能将受限于硬盘的读取速度；同时，为了防止意外断电造成的数据丢失或者数据完整性被破坏，数据需要以阻塞的方式频繁写入硬盘，减少程序并发性并降低性能。持久内存的出现可以从根本上解决上述问题，常用的数据可以常驻在持久内存中，微处理器可以直接访问及处理，不需要频繁地向磁盘写入。持久内存最先在存储等场景获得广泛关注，2019 年英特尔发布的傲腾持久内存把该技术的应用进一步拓展到云计算的各个细分领域。

为什么写作本书

持久内存技术是内存领域革命性的技术，从根本上改变了内存和存储设备的界限。持久内存技术对产业界和学术界产生了深远影响，涉及计算机微架构、系统硬件、固件、操作系统、开发库和应用软件等众多领域。我们在推动持久内存在互联网行业应用时发现，即便资深计算机行业从业者也需要花费几个月阅读大量的文献并进行大量的实践，才能充分掌握持久内存技术的核心概念并将其应用到自身的领域中。尽管国外的学术会议陆续有相关的研究发表，且发布了持久内存编程库的英文在线书籍，但仍然缺乏对持久内存系统性的介绍和应用实践的总结，而且中文的资源基本处于空白状态。与此相对的是，中国的云计算用户和厂商对该技术的兴趣非常高，一些早期应用原型甚至处于世界的前列。基于此，我们萌发了系统性地总结持久内存技术和应用实践的想法，以推动持久内存应用技术在中国更快、更广泛的传播，促进更多的创新。

关于本书作者

本书作者均就职于英特尔公司，从事持久内存的开发、验证和应用等前沿工作，具备丰富的理论知识和一线实战经验，并与相关产业合作伙伴有着密切的合作。

第 1 章由胡寅玮负责，桂丙武参与编写；第 2 章由李翔负责，周瑜锋、李军、李志明参与编写；第 3 章由杜凡负责，任磊、杨伟参与编写；第 4 章由吴国安编写；第 5 章由束文辉编写；第 6 章由斯佩峰负责，吴国安、周雨馨参与编写；第 7 章由徐铖负责，张建、杜炜、双琳娜、刘献阳等参与编写；第 8 章由李志明编写。全书由李志明统稿。

本书主要内容

本书共包括 8 章，可以分为三部分：

- 架构基础。第 1 章介绍持久内存产生的背景及技术的分类；第 2 章介绍持久内存的硬件、固件架构和性能。
- 软件、编程和优化。第 3 章介绍操作系统和虚拟化下的驱动实现；第 4 章介绍编程模型和开发库；第 5 章介绍性能优化方法和工具。
- 应用实践。第 6 章介绍数据库应用；第 7 章介绍大数据应用；第 8 章介绍其他领域的应用。第 6 章、第 7 章中的案例多数由本书作者开发，第 8 章中的案例来自公开文献或经合作伙伴授权发布。

致谢

感谢英特尔数据平台事业部副总裁阿尔珀·伊尔克巴哈（Alper Ilkbahar）先生，他在非易失存储领域耕耘多年，对持久内存在英特尔及产业界的推动发挥了巨大的作用。自 2017 年起，阿尔珀·伊尔克巴哈就对持久内存在中国的技术发展和客户合作给予了充分支持，促进了一大批人才的培养。感谢英特尔公司院士 Naga Gurumoorthy，资深首席工程师 Lily Looi、Andy Rudoff、Arafa、Mohamed Arafa、Ian Steiner、Min Liu，首席工程师 Kaushik Balasubramanian、Jane Xu 等人在持久内存技术发展中做出的巨大贡献。以上人才和知识储备是本书得以写成的基础。感谢英特尔资深总监周翔对持久内存在中国发展的推动，他的激励直接促成了本书的写作。

感谢百度公司的系统部高级经理张家军在百忙中为本书作序，他的团队对持久内存在信息流和搜索等领域的应用起到了行业示范作用。

感谢本书所有作者在繁忙工作之余完成了本书的写作。感谢阿里巴巴的付秋雷（花名漠冰）、严春宝（花名叶目），百度的胡剑阳，快手的张新杰、任恺、王靖、徐雷鸣和刘富聪，以及英特尔公司的王宝临、朱大义、张志杰、王晨光、王超提供的宝贵案例。感谢何飞龙、唐浩栋、刘景奇、潘丽娜、张骏、彭翔宇、龚海峰、梁晓国、应蓓蓓、Simin Xiong、Ren Wu、John Wither 等人为本书提供宝贵意见。感谢余志东、翟纲对本书的大力支持。

感谢电子工业出版社博文视点的宋亚东编辑在本书构架、写作过程中给予我们的持续帮助，他专业负责的态度让我们获益匪浅。

由于作者水平有限，书中不足之处在所难免，敬请专家和读者给予批评指正。

李志明

2021 年 1 月

读者服务

微信扫码回复：40126

- 加入读者交流群，与更多读者互动。
- 获取博文视点学院在线课程、电子书 20 元代金券。

轻松注册成为博文视点社区（www.broadview.com.cn）用户，您对书中内容的修改意见可在本书页面的"提交勘误"处提交，若被采纳，将获赠博文视点社区积分。在您购买电子书时，积分可用来抵扣相应金额。

目　录

第 1 章　持久内存的需求 / 1

1.1　持久内存的产生 / 2
1.1.1　大数据发展对内存的需求 / 2
1.1.2　内存和存储间的性能鸿沟 / 5
1.1.3　持久内存的使用场景 / 7

1.2　非易失性存储介质 / 10
1.2.1　传统非易失性存储介质 / 10
1.2.2　新型非易失性存储介质 / 11
1.2.3　非易失性存储介质主要特性比较 / 14

1.3　持久内存模块 / 15
1.3.1　持久内存的 JEDEC 标准分类 / 15
1.3.2　英特尔傲腾持久内存 / 16

参考文献 / 18

第 2 章　持久内存的架构 / 19

2.1　内存数据持久化 / 20
2.1.1　数据持久化 / 20
2.1.2　持久化域 / 21
2.1.3　异步内存刷新技术 / 23

2.2　持久内存硬件架构 / 24
2.2.1　持久内存的硬件模块 / 24
2.2.2　持久内存的外部接口 / 27

2.3　持久内存及主机端的固件架构 / 30
2.3.1　接口规范 / 30
2.3.2　持久内存固件 / 34
2.3.3　主机端固件 / 34

2.4　持久内存的安全考虑 / 36
2.4.1　威胁模型 / 37
2.4.2　安全目标 / 38
2.4.3　基于硬件的内存加密 / 39

2.5　持久内存的可靠性、可用性和可维护性 / 40
2.5.1　可靠性、可用性和可维护性定义 / 40
2.5.2　硬件基础 / 40

2.5.3 错误检测和恢复 / 42
2.5.4 单芯片数据纠正和双芯片数据纠正 / 42
2.5.5 巡检 / 43
2.5.6 地址区间检查 / 44
2.5.7 病毒模式 / 44
2.5.8 错误报告和记录 / 45
2.5.9 持久内存故障隔离 / 45
2.5.10 错误注入 / 46

2.6 持久内存的管理 / 47
2.6.1 带内管理和带外管理 / 47
2.6.2 温度管理 / 51

2.7 持久内存的性能 / 53
2.7.1 空闲读取延时 / 53
2.7.2 带宽 / 53
2.7.3 访问粒度 / 53
2.7.4 加载读取延时 / 54
2.7.5 应用性能 / 56

第3章 操作系统实现 / 59

3.1 Linux 持久内存内核驱动实现 / 60
3.1.1 操作系统驱动及实现 / 60
3.1.2 固件接口表 / 61
3.1.3 驱动框架 / 61
3.1.4 块设备接口实现 / 63
3.1.5 字符设备接口实现 / 66
3.1.6 NUMA 节点接口实现 / 67
3.1.7 持久内存的 RAS 适配 / 70

3.2 Linux 持久内存虚拟化实现 / 71

3.2.1 持久内存虚拟化实现 / 71
3.2.2 使用配置方法 / 77
3.2.3 性能优化指导 / 80

3.3 Windows 持久内存驱动实现 / 82
3.3.1 持久内存支持概述 / 82
3.3.2 持久内存驱动框架解析 / 82

3.4 持久内存管理工具 / 83
3.4.1 持久内存的配置目标和命名空间 / 83
3.4.2 IPMCTL / 90
3.4.3 NDCTL / 94
3.4.4 Windows 管理工具 / 96

第4章 持久内存的编程和开发库 / 98

4.1 持久内存 SNIA 编程模型 / 99
4.1.1 通用持久内存设备驱动 / 100
4.1.2 传统文件系统 / 100
4.1.3 持久内存感知文件系统 / 100
4.1.4 管理工具和管理界面 / 101

4.2 访问方式 / 101
4.2.1 持久内存访问方式 / 102
4.2.2 传统块访问方式 / 103
4.2.3 底层数据存取方式 / 105

4.3 持久内存编程的挑战 / 106
4.3.1 数据持久化 / 106
4.3.2 断电一致性 / 107
4.3.3 数据原子性 / 108
4.3.4 持久内存分配 / 109

4.3.5 位置独立性 / 109

4.4 PMDK 编程库 / 110

4.4.1 libmemkind 库 / 110

4.4.2 libpmem 库 / 113

4.4.3 libpmemobj 库 / 119

4.4.4 libpmemblk 和 libpmemlog 库 / 142

4.4.5 libpmemobj-cpp 库 / 143

4.5 持久内存和 PMDK 的应用 / 152

4.5.1 PMDK 库的应用场景 / 152

4.5.2 pmemkv 键值存储框架 / 153

4.5.3 PMDK 在 Redis 持久化的应用 / 156

参考文献 / 161

第 5 章 持久内存性能优化 / 162

5.1 与持久内存相关的配置选项和性能特点 / 163

5.1.1 持久内存的常见配置选项与使用模式 / 163

5.1.2 内存模式下的性能特点与适用业务的特征 / 163

5.1.3 AD 模式下的性能特点与适用业务的特征 / 166

5.2 持久内存的相关性能评测与基础性能表现 / 169

5.2.1 不同持久内存配置与模式下的基础性能表现 / 169

5.2.2 内存模式下的典型业务场景 / 170

5.2.3 AD 模式下的典型业务场景 / 170

5.3 常用性能优化方式与方法 / 172

5.3.1 平台配置优化 / 172

5.3.2 微架构选项优化 / 175

5.3.3 软件编程与数据管理策略的优化 / 180

5.4 性能监控与调优工具 / 181

5.4.1 Memory Latency Checker / 182

5.4.2 Performance Counter Monitor / 185

5.4.3 VTune Amplifier / 187

第 6 章 持久内存在数据库中的应用 / 191

6.1 Redis 概况 / 192

6.2 使用持久内存扩展 Redis 内存容量 / 193

6.2.1 使用持久内存扩展内存容量 / 194

6.2.2 使用 NUMA 节点扩展内存容量 / 195

6.2.3 使用 AD 模式扩展内存容量 / 197

6.3 使用持久内存的持久化特性提升 Redis 性能 / 199

6.3.1 使用 AD 模式实现 RDB / 201

6.3.2 使用 AD 模式实现 AOF / 203

6.4 RocksDB 概述及性能特性 / 205

6.5 RocksDB 的 LSM 索引树 / 207

6.6 利用持久内存优化 RocksDB 性能 / 210

6.6.1 RocksDB 的性能瓶颈 / 216

6.6.2 持久内存优化 RocksDB 的方式和性能结果 / 218

第 7 章 持久内存在大数据中的应用 / 233

7.1 持久内存在大数据分析和人工智能中的应用概述 / 234

7.2 持久内存在大数据计算方面的加速方案 / 234

 7.2.1 持久内存在 Spark SQL 数据分析场景的应用 / 234

 7.2.2 持久内存在 MLlib 机器学习场景中的应用 / 240

 7.2.3 Spark PMoF：基于持久内存和 DRAM 内存网络的高性能 Spark Shuffle 方案 / 246

7.3 持久内存在大数据存储中的应用 / 254

 7.3.1 持久内存在 HDFS 缓存中的应用 / 254

 7.3.2 持久内存在 Alluxio 缓存中的应用 / 259

7.4 持久内存在 Analytics Zoo 中的应用 / 262

 7.4.1 Analytics Zoo 简介 / 262

 7.4.2 持久内存在 Analytics Zoo 中的具体应用 / 263

第 8 章 持久内存在其他领域中的应用 / 265

8.1 持久内存的应用方式及可解决的问题 / 266

 8.1.1 持久内存的应用方式 / 266

 8.1.2 持久内存可解决的问题 / 267

8.2 持久内存在推荐系统中的应用 / 268

 8.2.1 推荐系统的主要组成 / 268

 8.2.2 推荐系统的持久内存应用方法 / 270

 8.2.3 推荐系统应用案例 / 270

8.3 持久内存在缓存系统中的应用 / 275

 8.3.1 缓存系统的分类和特点 / 275

 8.3.2 缓存系统应用案例 / 277

8.4 持久内存在高性能计算中的应用 / 281

8.5 持久内存在虚拟云主机中的应用 / 283

8.6 持久内存的应用展望 / 283

第 1 章
持久内存的需求

本章从大数据的技术发展趋势和市场需求出发,介绍了大数据技术对于新型内存的特性要求。其中,非易失性是一项重要特性,此外,容量、性能、成本也是关键特性。本章提出了一些开放性的架构问题,以及前人进行的探索。本章还介绍了传统的非易失性存储介质和新型非易失性存储介质,以及持久内存模块的标准分类,并且对它们的特性进行了多维度的比较,如读写延时、容量、密度、功耗、寿命、数据保持时间、掉电保持原理、数据恢复手段和系统设计要求等。本书的后续章节将以英特尔持久内存产品所选用的方案为主,其他方案为辅,对持久内存的性能调优和应用场景展开讨论。

1.1 持久内存的产生

1.1.1 大数据发展对内存的需求

1. 数据量的持续增长

互联网催动了电子商务、自动驾驶、物联网的迅猛发展,大量的个人数据及商业数据随之产生。传统的互联网入口从门户网站转为搜索引擎及移动应用后,用户的搜索行为和提问行为产生了海量数据。移动设备一般都有数十个传感器,这些传感器收集了大量的用户点击行为数据及位置、温度等感知数据。电子地图(如高德地图、百度地图、谷歌地图)每天产生大量的数据流。这些数据不仅代表一个属性或一个度量值,还代表一种行为、一种习惯,经频率分析后会产生巨大的商业价值。进入社交网络的时代后,互联网行为由用户参与创造,大量的互联网用户创造出海量的社交行为数据,这些数据揭示了人们的行为特点和生活习惯。电子商务的崛起产生了大量网上交易数据,包括支付数据、查询行为、物流运输、购买喜好、点击顺序、评价行为等,这些都是信息流和资金流数据。随着 5G 技术逐步进入商用,数据量将会进一步爆发。有分析估计,到 2020 年年底,每个互联网用户将产生约 1.5GB 数据,每辆自动驾驶汽车将产生约 4TB 数据,每家智慧工厂将产生约 1PB 数据,而每家云视频提供商将产生约 750PB 数据。

全球数据量增长趋势如图 1-1 所示,IDC 预测,全球总数据量将从 2019 年的 40ZB(1ZB=1×10^{12}GB)增长到 2025 年的 175ZB。175ZB 是多大的数据量呢?假如把这些数据都刻录到 DVD 上,再将 DVD 堆起来,其高度约是地球到月球距离的 23 倍,这个距离大约能绕地球赤道 222 圈。

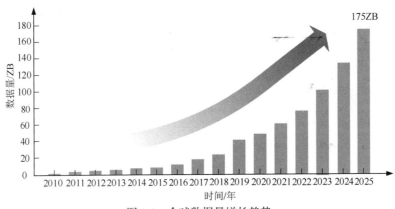

图 1-1 全球数据量增长趋势

以下是一些更详尽的 IDC 关于 2025 年全球数据的预测和推演：

- 由于终端设备和传感器使用量的日益增长，2025 年全球总数据量将从 2019 年的 40ZB 增长至 175ZB；
- 2025 年全球将会有超过 1500 亿台的设备联网；
- 2025 年将会有 75% 的世界人口，即 60 多亿名消费者每天进行数据交互；
- 2025 年每一个上网的人，无论身处何地，其和联网设备平均每天交互次数为 4900 次，约 17.6s 交互一次；
- 物联网设备在 2025 年将会产生 90ZB 数据；
- 2025 年将会有 30% 的数据是实时的，相比之下，2017 年只有 15% 的数据是实时的；
- 2025 年的 175ZB 数据中有 60% 的数据是由企业组织创建和管理的，而 2015 年该比例是 30%。

2. 大数据技术的发展

与传统的数据相比，大数据的产生方式、存储载体、访问方式、表现形式和来源特点等都有所不同。大数据更接近于某个群体的行为数据，它是全面的、有价值的数据。企业利用大数据改善用户体验，发现新的商业模式，提供个性化的定制服务，从而焕发新的竞争力；消费者日益离不开这个数字化的世界，其依赖在线的移动应用和朋友、家人保持联系，获取商品及各式各样的服务，甚至在睡觉时还有设备为他们采集和分析身体健康数据。如今的经济社会发展越来越依赖于大数据技术的发展。

大数据技术大致分为以下几类。

- 预测分析技术：用于帮助公司发现、评价、优化和部署预测模型，通过分析数据来提高商业表现并降低风险。
- NoSQL 数据库：为了应对大数据时代多样化的数据格式而产生，除了 key-value，还包含文档及图片的数据库。
- 搜索与知识发现：从结构数据或非结构数据中洞察业界发展趋势并挖掘潜在的商业机会。
- 流分析：能够高效地过滤、聚合、丰富和分析来自多个实时数据源的高带宽数据。
- 内存数据架构：将大量的数据常驻在内存或闪存（Flash）里，提供低延时的数据访问和处理，这种数据架构通常用于热数据和温数据。
- **分布式存储**：指目前比较流行的分布式网络存储，数据被划分成多片，并且复制多个副件，然后将其分别存放在不同的系统中，以获取更高的可靠性和并发性能。

其他的大数据技术还有数据虚拟化，对多个不同格式数据源的数据进行聚合、集成、清洗等操作的数据服务技术。数据从生成到分析处理，时间窗口非常小，为了快速生成决策或者提供数据服务，大数据技术都采用相对比较高端的机器或集群来处理数据。

3. 数据分层

无论哪一种大数据技术，其数据量通常是 TB 级甚至 PB 级的，因此在数据处理过程中需要的原始输入数据及产生的临时数据对内存的需求异常庞大。数据处理节点，通常称为计算密集型节点，需要满配微处理器和 DRAM。当前的主流双路微处理器的系统多达 24 个内存插槽，一般可配置 24 个存储量为 32GB 甚至 64GB 的内存，总存储量可达 1.5TB。当然，这样的配置成本非常高。通过在性能、容量和成本间不断权衡，大数据技术形成了如图 1-2 所示的层次化存储结构。其中，DRAM 访问速度最快，但是成本最高，所以只能用来暂存需要频繁访问的数据，这种数据称为热数据。硬盘容量大，成本最低，但是访问速度最慢，所以适合用来保存不需要经常访问的数据，这种数据称为冷数据，如个人收藏的电影、家庭照片等。介于热数据与冷数据之间的，是那些偶尔需要访问的数据，称为温数据，各种固态硬盘（SSD）可以用来保存温数据。还有一类数据主要是用于存档的，除非特别情况一般极少访问，称为冻数据，通常被存放在更廉价的大容量硬盘驱动器（Hard Disk Drive，HDD）上。

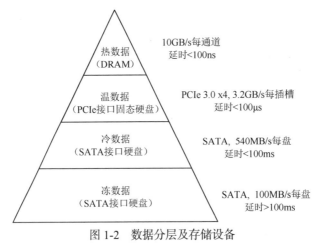

图 1-2　数据分层及存储设备

1.1.2 内存和存储间的性能鸿沟

1. 内存-存储架构概述

内存及存储设备可以分为两大类：易失性和非易失性。易失性设备需要维持供电，断电后数据会丢失，如 SRAM（Static Random Access Memory，静态随机存储器）和 DRAM（Dynamic Random Access Memory，动态随机存储器）。非易失性设备，如 EEPROM（Electrically Erasable Programmable Read Only Memory）和 Flash，数据在断电后可以继续存在。传统的内存-存储架构如图 1-3 所示的。

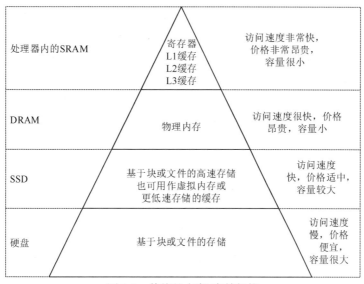

图 1-3 传统的内存-存储架构

访问速度最快、性能最好的内存技术用于金字塔的顶部，如 L1 缓存、L2 缓存、L3 缓存。L1 缓存通常采用 SRAM，设计在微处理器芯片内，使用与微处理器相同的 CMOS 技术。L2 缓存和 L3 缓存也采用 SRAM，既可以集成在微处理器上，也可以是独立的芯片。但是 SRAM 的集成度相对较低，一般缓存成本比较高，容量比较小，因此 L1 缓存的存储量只有几十 KB，L3 缓存的存储量也不过几十 MB。

缓存之下的物理内存采用 DRAM，其存储量比缓存大得多，单条就可达到几十 GB。目前的计算机系统常采用多通道技术，可以同时支持几十根内存，用户可在性能（插多少根内存）和成本（每根内存多大容量）之间选择一个平衡点。内存中频繁使用的数据都会被临时存放到缓存中，从而获得更快的读写速度。

物理内存之下是能持久保存数据的设备，包括 SSD 和硬盘。存储设备的容量非常大，最终用户的所有数据都会存储在其中。长期以来，由高密度旋转磁性盘片记录数据的硬盘一直是非易失性存储的主角。随着 Flash 容量的提升和成本的下降，由 Flash 颗粒制作的 SSD 得到了广泛应用。SSD 常常作为硬盘的读写缓存。硬盘因为容量非常大，且单位容量的存储成本特别低，在存储访问频率很低的海量数据方面仍发挥着主要作用。

2. 性能鸿沟

内存-存储架构从计算机诞生之日起就在持续演进，虽然经过多年的发展，但外围存储的速度依然跟不上微处理器的运算速度。在大数据需求日益增长的今天，外围存储速度与微处理器运算速度的差异尤为突出。

当前的内存-存储架构下：热数据通常存放在主内存中，温数据通常存放在 SSD 中，冷数据通常存放在硬盘中。微处理器的延时是皮秒级（$1ps=10^{-12}s$）至纳秒级（$1ns=10^{-9}s$）的，内存的延时是几十纳秒，SSD 的延时是 $100\mu s$（$1\mu s=10^{-6}s$）至几十毫秒（$1ms=10^{-3}s$），硬盘的延时是一百毫秒至几百毫秒，内存的延时与 SSD 的延时相差千倍，如图 1-4 所示。游戏玩家都有这样的体验，首次打开一个大型游戏，需要等待几十秒甚至几分钟才能加载完成，这是系统在硬盘中向内存读取游戏程序和游戏数据造成的。如果这些数据已经存储在内存中了，那么再次读取数据就会非常快。但是，在处理海量数据的时候，由于内存容量的限制，只有中间结果可以存储在内存中，因此需要频繁地从硬盘中导入、导出大量的数据。从运算效率或用户体验方面来看，这个延时在大数据时代是难以接受的。

因此，在内存子系统与 SSD 之间就出现了一个性能缺口，需要由新的存储层次来填补，称之为持久内存（Persistent Memory，PMEM），有时也称为非易失性内存（Non-volatile Memory，NVM）或存储级别的内存（Storage Class Memory，SCM）。持久内存可以采用不同的介质，如磁随机存储、相变存储等。用持久内存来解决内存与存储之间的性能鸿沟，甚至在某些场景下取代部分内存，可以降低系统的整体成本、功耗及设计难度。

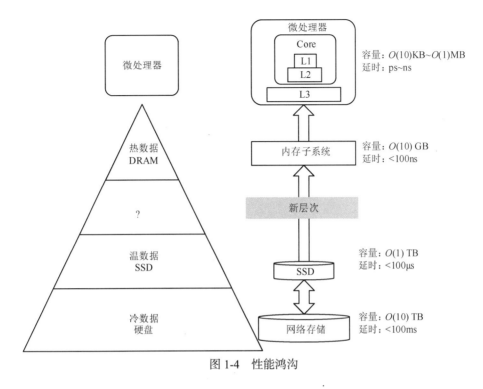

图 1-4 性能鸿沟

1.1.3 持久内存的使用场景

与传统的内存和存储设备相比,持久内存具有两点优势:其一,它的容量接近 SSD 的容量,以英特尔傲腾持久内存为例,最大的容量将达到 TB 级;其二,它的速度非常快,是目前最接近 DRAM 的非易失性内存,而成本又比 DRAM 低得多。在不同的应用场景下,通过合理的配置,可以充分利用持久内存的这两个优势。当前,持久内存主流的应用场景主要有海量内存扩展、持久化缓存、高速存储和 PMoF(Persistent Memory over Fabric,通过高速网络的持久内存访问)等。

1. 海量内存扩展

任何需要大内存的场景都会得益于持久内存的大容量和低成本的优点。内存数据库在大数据时代迅速扩大,是持久内存作为内存应用的典型受益者之一。由于持久内存的性能接近 DRAM,但成本比 DRAM 低很多,经过合理的配置,持久内存可以取代大部分 DRAM 作为主内存。

持久内存为 Redis 数据库带来了新价值,其单根容量大(128GB/256GB/512GB)、性价比高,可以通过支持更多的 Redis 运行实例，充分发挥单机处理器的能力，纵向扩展单机业务能力。相比于使用多台服务器横向扩展业务能力，纵向扩展减少了多台服务器中间的管理开销，降低了运维成本。总的来说，通过持久内存来扩展内存，可以大大降低业务的总成本。关于持久内存在 Redis 中的应用，本书第 6 章有非常详尽的叙述。

在 SAP HANA 应用中，可以通过扩展节点来增加系统的数据容量。英特尔的研究表明，一个配置了持久内存的扩展节点（24×128GB DRAM+24×256GB DCPMM）与全内存的配置（48×128GB DRAM）相比，能够多支持 25% 的数据容量且成本降低了 10%。如果将以前老旧的系统更新为 4 路微处理器的可扩展节点，使用持久内存的系统配置的成本将降低 39%，同时容量将扩大一倍。

随着数据库需求的持续增高，多租户的数据库即服务虚拟化（Multi-tenant Database-as-a-service Virtualization）希望用尽可能高的虚拟机密度来降低成本，持久内存低成本和高容量的特性正好满足这一需求。英特尔的实验数据显示，一个 192GB 的 DRAM 加上 1TB 持久内存的系统，比 768GB 全 DRAM 系统的成本降低了 30%，但是能够多支持 36% 的虚拟机。

除了数据库应用，其他需要海量内存的场景还包括 CDN（Content Delivery Networks，内容分发网络）视频流服务、内存中的人工智能或机器学习。这些场景都可以通过配置一定量的持久内存来降低成本并且提高主内存容量，具体内容请参考本书第 8 章。

2. 持久化缓存

各种应用都需要持久化的数据量，尤其需要在线持久化的数据量。而持久化的方式，都是经过谨慎设计的，否则，过大的数据量持久化必然会影响系统整体的性能。以 Hadoop 中的 HDFS 为例，用于描述数据的元数据是非常关键的，它记录了文件属主、大小、权限、时间戳、链接和数据块位置等信息。元数据被放在主节点上，为了保证各项性能，元数据要常驻内存，同时为了保证数据的完整性，又必须定期将元数据以镜像文件和编辑日志的形式保存到硬盘上。在这种情况下，如果主节点出现异常宕机，或者意外断电，系统就需要数十分钟甚至几小时的时间来重新恢复元数据，而这种中断会给服务提供商带来巨大的损失。为了降低这种损失，服务提供商不得不考虑采用高可用架构的双备份主节点。持久内存的出现可以改变这种复杂的设计结构。元数据可以直接保存在持久内存中，断电后数据依然完整，重启后可以直接读取使用，因此不需要额外考虑数据持久化问题，大大提高了系统的可用性。

在 Redis 应用中，如果使用 Redis 作为存储，利用持久内存可以存储更多数据。对于缓存业务，在缓存中存储的数据越多，缓存的命中率就越高，整体的性能就越好。但是大容量的缓存也带来了一个挑战，若发生断电或者 Redis 宕机，那么预热整个缓存数据需要很长的时间，业务的性能很容易受到影响。持久内存提供了持久化的能力，在某些特别场景下，使用持久内存不需要经过预热的过程，可以快速恢复缓存中的数据。

持久内存的读写速度并不均衡，读的性能远好于写的性能，而 Redis 的主要业务为缓存业务，在数据预热到缓存中后主要用于读，只有当从 Redis 中读不到数据时，才会从数据库中读出数据并写入 Redis，所以持久内存对于读多写少的 Redis 是比较合适的。具体请参考本书第 6 章关于 Redis 的介绍。

3. 高速存储

在作为高速存储应用时，持久内存主要发挥其读写速度快且数据断电可保持的特点。传统的存储设备将数据持久化地写到硬盘中，导致各项性能不可避免地会受限于硬盘的访问延时。SSD 的出现大大缩短了访问延时，而持久内存的出现进一步缩短了访问延时，从而优化了整个系统设计方案。比如，欧洲核子中心（CERN）的大型强子对撞机（Large Hadron Collider，LHC）通过评估采用持久内存和 SSD 相结合的方式实现了高速获取数据。数据先直接保存在持久内存中，经过过滤和处理的数据再保存到 SSD 中，这样不仅同时满足了高带宽和读写寿命的要求，还提供了大容量的支持。关于 LHC，请参考本书 8.4 节。

4. PMoF

随着计算和存储分离趋势的发展，可以构建一个统一的大容量内存池共享给不同的应用程序使用。PMoF 就是这种更高效地利用远程持久内存（Remote Persistent Memory，RPM）的技术，在实际 PMoF 设计实现时，还需要考虑以下几方面：

- 持久内存速度尤其是读速度非常快，远程访问需要低延时的网络；
- 持久内存带宽很大，需要高效的访问协议；
- 远程访问不能带来很大的额外开销，否则就会丧失持久内存带来的速度和延时优势。

基于 RDMA（Remote Direct Memory Access，远程直接存取存储器）技术的高性能网络有高带宽、低延时、稳定的流控等优点，因此采用 PMoF 技术可以更好地发挥持久内存在远程访问场景下的性能优势。本书第 7 章有详细介绍。

1.2 非易失性存储介质

非易失性存储介质是指在断电后仍能存储信息的存储介质。随着现代产业对持久内存需求的不断提高,很多厂商和研究机构一直在探索性能、成本、循环寿命及工艺可靠性等方面都更加优异的非易失性存储介质。根据其技术实现原理,非易失性存储介质可以分为如图 1-5 所示几类,包括已经商业化的传统非易失性存储介质和各类处于研发阶段或进入市场不久的新型非易失性存储介质。

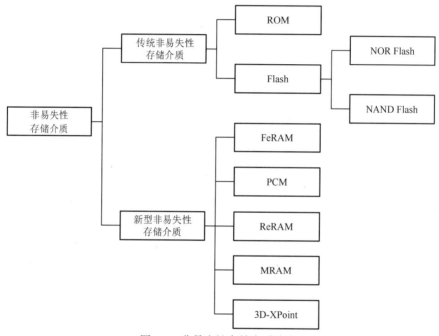

图 1-5　非易失性存储介质分类

1.2.1　传统非易失性存储介质

传统非易失性存储器按照存储器中的数据能否在线随时修改为标准,可以分为两大类,即只读存储器(ROM)和 Flash。

ROM 的特点是数据一旦存储就无法再更改或删除,且内容不会因断电消失,所以通常用来存储一些不需要经常变更的信息或资料,如计算机启动时用的基本输入输出系统(Basic Input Output System,BIOS)。为了实现编程和擦除操作,ROM 发展出了多种类型,包括可编程只读存储器（Programmable ROM，PROM）、可擦除可编程只读存储器（Erasable Programmable ROM，EPROM）等，其中，EPROM 解决了传统 ROM 只能编写一次的弊端。根据擦除方式的不同，EPROM 又可以分为紫外线可擦除可编程只读存储器（Ultraviolet EPROM，UVEPROM）和电子可擦除可编程只读存储器（Electrically EPROM，EEPROM），但是这些不同种类的 ROM 都具有擦写不便、集成度低等缺点。

Flash 实现了存储数据的在线修改和擦除，其存储单元结构与 EEPROM 相似，但是 EEPROM 只能对整个芯片进行擦写操作，而 Flash 能对字节进行擦写，另外，Flash 的擦写电压比 EEPROM 的低很多。Flash 的存储单元结构是由一个带有浮栅的 MOS 管构成的，浮栅上下均被电介质材料隔离，形成电容以存储电荷，通过控制注入浮栅的电荷数量，可以调节 MOS 管的阈值电压。当浮栅中存有电荷时，阈值电压增大，超过读取电压，对应逻辑"0"；当浮栅中无电荷时，阈值电压减小，低于读取电压，对应逻辑"1"。经过 30 多年的发展，Flash 已经成为比较成熟的商用非易失性存储设备之一。目前，Flash 可以分为两种：第一种是由英特尔于 1988 年首次推出的 NOR Flash，其采用热电子注入的方式写入数据，基于隧穿效应擦除数据；第二种是由日立公司于 1989 年研制出的 NAND Flash，其擦写操作也是基于隧穿效应进行的。NOR Flash 有独立的地址线和数据线，很容易随机存取其内部的每一个字节。NOR Flash 允许在芯片内执行，应用程序可以直接在 Flash 上运行，不必再把代码读到系统 RAM 中，所以非常适合用于各种消费电子产品中。NAND Flash 可以实现很小的存储单元尺寸，从而实现较高的存储密度，并且写入和擦除速度也相对较快。NAND Flash 成本较低，非常适用于存储卡之类的大容量存储设备。

尽管 Flash 取得了巨大成功，但是其本身仍存在很多缺陷和挑战。首先，其擦写速度相比于 DRAM 要慢得多，因此只能作为辅助的存储器或外部存储设备。其次，Flash 的擦写电压（5V）比较高，在未来作为存储设备与其他微电子器件的兼容性较差。最后，单元尺寸的不断减小将导致相邻单元发生电子隧穿的概率越来越高，存储信息的可靠性大大降低，目前 Flash 的存储密度已接近其物理极限。

1.2.2 新型非易失性存储介质

为了开发出比传统非易失性存储介质更高速、更低功耗、更高密度、更可靠的非易失性存储介质，近年来研究者们把目光聚集到一些具有特殊性能的材料上，并依据这些材料提出了一些存储介质模型。其中较引人注目的包括以下几种：铁电随机存储器（Ferroelectric RAM，FeRAM）、磁性随机存储器（Magnetic RAM，MRAM）、阻变存储器（Resistive RAM，ReRAM）、相变存储器（Phase Changing Memory，PCM），以及进入市场不久的 3D-XPoint。下面对这五种存储介质的存储原理、优缺点及发展状况进行简要介绍。

1. 铁电随机存储器

FeRAM 通过铁电材料的不同极化方向来存储数据。在铁电材料上施加一个小于其击穿场强的外加电场时，晶体中的原子会在电场的作用下发生位移，使得晶体中的正负电荷中心不重合，并且处于一种稳定状态（极化向上）；当施加反向电场时，晶体中的原子向反方向发生位移，达到另一种稳定状态（极化向下）。极化向上或者极化向下的双稳态可以用来存储二进制信息"1"和"0"。当撤销外加电场后，晶体中的原子在没有获得足够多的能量之前会保持原来的位置，不需要电压来维持，所以 FeRAM 是一种非易失性存储。

FeRAM 具有高读写速度、低功耗和擦写循环性能好等优点。但是，FeRAM 破坏性的数据读取方式导致每次数据的读取都需要重新写入，其读写过程还伴随着大量擦写操作，这对 FeRAM 的擦写循环性能提出了更高要求。另外，FeRAM 中的铁电材料在单元尺寸缩小至一定程度时就会失去铁电效应，这限制了其朝高密度方向的发展。另外，当环境温度超过铁电材料的居里温度时，铁电材料会由铁电相转变为顺电相，失去存储功能，因此 FeRAM 的数据保持能力较差。

2. 磁性随机存储器

MRAM 通过磁化方向的改变来存储数据，并通过磁阻效应来实现数据读。MRAM 采用磁穿坠结（Magnetic Tunnel Junction，MTJ）作为记忆单元，MTJ 结构包括固定磁层、隧穿层和自由磁层。其中，固定磁层的磁矩方向固定不变，而自由磁层的磁矩方向可以在外磁场的作用下发生翻转，当自由磁层的磁矩方向与固定磁层的磁矩方向同向时，通过隧穿层的电子受到的散射作用弱，在垂直方向上表现出低电阻，相当于逻辑"1"；当自由磁层的磁矩方向与固定磁层的磁矩方向反向时，通过隧穿层的电子受到的散射作用强，在垂直方向上表现出高电阻，相当于逻辑"0"。磁层的磁矩在断电后不会失效，所以 MRAM 是一种非易失性存储器。第一代 MRAM 利用导线通电产生的磁场，来实现磁场翻转磁矩。因为只有一小部分的磁场被真正用于翻转磁矩，所以效率不高，能耗很大。第二代 MRAM 通过自旋电流实现信息写入，放大了隧道效应，使得磁阻的变化更加明显。因此，第二代 MRAM 也叫作自旋转移力矩磁性随机存储器（Spin-Transfer Torque MRAM，STT-MRAM）。

MRAM 的读写速度接近 DRAM，具有可反复擦写次数高等优点。尽管如此，MRAM 也面临磁致电阻过于微弱的挑战，两个状态之间的电阻只有 30%~40%的差异，当读取电压降低时尤其明显。另外，由于磁性材料的原因，MRAM 在进行写入和擦除操作时，不同存储单元之间存在磁场干扰的问题。器件小型化后这一问题更加突出，这也限制了其朝高密度方向的发展。

3. 阻变存储器

ReRAM 利用材料的电阻在电压作用下发生变化的现象来存储数据。近年来，研究人员在二元氧化物、复杂钙钛矿氧化物、固态电解质材料、非晶碳材料、有机高分子材料等各种材料和器件中都发现了磁滞回线特征现象，即器件可以在高阻态和低阻态间发生可逆转变。虽然目前世界上大部分研究人员并没有严格地证明他们研究的材料或器件符合忆阻数学理论或模型，但是研究人员将这些材料或器件都称为忆阻器（Memrister）。忆阻器在外加电压的作用下，电阻值会在至少两个稳定的阻态间发生切换，当撤去外加电压后，阻态能够保持，使之成为又一种非易失性存储器。这类应用在信息存储领域的忆阻器又被称为阻变存储器。

尽管 ReRAM 的物理实现可以来自各种不同的阻变材料或者基于多种物理机制，且针对不同材料观察到的电阻转变特性有所不同，但是基本上可以分为两大类：单极性（Unipolar）电阻转变和双极性（Bipolar）电阻转变。单极性电阻转变的材料，其电阻的转变取决于所加电压的幅值而不是电压的极性，在正向电压和负向电压下，都可以实现高低阻态的转变。双极性电阻转变的材料，其电阻只能在特定极性的电压下才能发生从高阻态向低阻态的转变，并且必须施加反向电压才能从低阻态转变回高阻态。无论上述哪种类型，其在高阻态时都相当于逻辑"0"，在低阻态时相当于逻辑"1"。

ReRAM 具有擦写速度快、存储密度高、具备多值存储和三维存储潜力等优点。但是由于改变存储器状态涉及原子键结的断裂及重组，相当于每执行一次写操作，材料就受到一次摧残，因此 ReRAM 耐久性较差。

4. 相变存储器

PCM 利用以硫属化合物为基础的相变材料在电流的焦耳热作用下，通过晶态和非晶态之间的转变来存储数据。对相变材料施加一个相对较宽的脉冲电流，使材料的温度处于晶化温度和熔点之间，材料结晶，处于晶态的材料具有较高的自由电子密度，表现出半金属特性，其电阻值较低，相当于逻辑"1"；对相变材料施加一个极短的大电流脉冲，使材料的温度处于熔点以上并马上淬火冷却，进而使材料的部分区域进入非晶态，处于非晶态的材料具有较低的自由电子密度，表现出半导体特性，其电阻值较高，相当于逻辑"0"。PCM中信息的读取是通过施加一个足够小的脉冲电压来进行的，材料的状态不会因为读取过程中可能断电而改变，所以PCM是一种非易失性存储器。

PCM具有重复擦写次数高、存储密度高、多值存储潜力大等优点。然而，高质量相变材料的制备及使材料发生相变所需的大电流是限制PCM商用化的主要因素，电流大意味着高功耗，这也是推广PCM大规模应用需要解决的主要问题。

5. 3D-XPoint

3D-XPoint是英特尔和美光（Micron）于2015年发布的新型非易失性存储器，两家公司对于其使用的物理材质和实现原理并未公布进一步的信息，目前已知的3D-XPoint的结构的基本单元由选择器（Selector）和内存单元（Memory Cell）共同构成，两者存在于字线和位线之间。字线和位线之间存在特定的电压差，能够改变存储单元中特殊材料的电阻，从而实现写操作。字线和位线可以检测某个存储单元的电阻值，并根据其电阻值来反馈数据存储情况，从而实现读操作。

1.2.3 非易失性存储介质主要特性比较

前面分别介绍了几种传统和新型非易失性存储介质的原理和优缺点，下面对其主要特性进行总结和比较，如表1-1所示。

表1-1 非易失性存储介质主要特性比较

	DRAM	NOR Flash	NAND Flash	FeRAM	MRAM	ReRAM	PCM	3D-XPoint
单元尺寸/F^2	6~12	7~11	4~10	20~22	20~60	4~10	5~16	4~6
读延时/ns	<10	10^3	10^3~10^6	45~60	20~70	10~10^2	20~60	50~10^2
擦写延时/ns	10~50	10^3~5×10^7	10^3~10^8	10~10^2	20~90	10~10^2	50~10^2	10^2~10^3
擦写电压/V	2.5	8~10	15~20	0.9~3.3	1.5~1.8	<1	3	未公布
每比特能量/J	5×10^{-15}	$>10^{-14}$	$>10^{-14}$	3×10^{-14}	1.5×10^{-10}	10^{-12}	6×10^{-12}	未公布
读写循环次数/次	$>10^{16}$	~10^5	10^5	10^{14}	$>10^{15}$	$>10^{12}$	10^9	10^{12}
保持时间	64ms	>10year	>10year	>10year	>10year	>10year	>10year	>10year
多值存储潜力	无	有	有	无	无	有	有	有
三维存储潜力	无	无	无	无	无	有	有	有

1.3 持久内存模块

随着存储技术的发展和人们对存储性能的不懈追求,高性能存储的探索开始向内存通道迁移。非易失性双列直插式内存模块(Non-Volatile Dual In-Line Memory Module,NVDIMM)便在这种趋势下应运而生。NVDIMM 使用了 DIMM 的封装,可以与标准 DIMM 插槽兼容,并且通过标准的 DDR 总线进行通信,NVDIMM 是持久内存的一种具体实现。在 2019 年 1 月的 SINA 大会上,持久内存与 NVDIMM 工作组对持久内存的典型属性做了如下规定:非易失性,可以按字节寻址(Byte Addressable)操作,小于 1μs 的延时,以及集成密度高于或等于 DRAM。

1.3.1 持久内存的 JEDEC 标准分类

根据电子器件工程联合委员会(Joint Electronic Device Engineering Council,JEDEC)标准化组织的定义,有三种 NVDIMM 的实现,分别是:NVDIMM-N、NVDIMM-F 和 NVDIMM-P。

1. NVDIMM-N

NVDIMM-N 是目前市场上主流且已经实现商用的持久内存,有 8GB、16GB 和 32GB 等容量可选。它将同样容量的 DRAM 和 NAND Flash 放在同一个内存模块中,另外还有一个超级电容。计算机的微处理器可以直接访问 DRAM,支持按字节寻址和块寻址。当没有掉电时,它的工作方式和传统的 DRAM 相同,因此读写延时和 DRAM 相同,为几十纳秒级。当掉电时,超级电容将作为后备电源,为把数据从 DRAM 复制到 NAND Flash 中提供足够的电能,当电力恢复时,再把数据重新加载到 DRAM 中。NVDIMM-N 的工作方式决定了它的 Flash 部分是不可寻址的。由于 NVDIMM-N 同时使用两种存储介质,成本急剧增加。但是,NVDIMM-N 为业界提供了持久内存的概念和实例。

2. NVDIMM-F

NVDIMM-F 是使用了 DDR3 或者 DDR4 总线的 NAND Flash。Flash 只支持块寻址,它先通过模块上的多个控制器和桥接器,把来自 DDR 总线接口的信息转换成符合 SATA 协议的信息,再进一步将其转换成对 Flash 操作的指令。NVDIMM-F 的总带宽取决于其模块上 SATA 控制器的数目,其中每个 SATA-II 协议接口的控制器的带宽最大可达到 500MB/s。NVDIMM-F 的延时为几十微秒,是 SATA 控制器和 DRAM-SATA 桥接器的延时总和。虽然多重协议间转换,以及在 BIOS 和操作系统上的改动为 NVDIMM-F 的性能带来了一些负面影响,但是它的容量可以轻松达到 TB 以上。

3. NVDIMM-P

NVDIMM-P 同时使用了 DRAM 和 NAND Flash，但是其中 NAND Flash 的容量远大于 DRAM 的容量，DRAM 作为缓存用于降低系统的读写延时及优化对 NAND Flash 的读写操作。NVDIMM-P 支持 DDR5 接口，与 DDR4 相比提供了双倍带宽，并且提高了信道频率。NVDIMM-P 支持按字节寻址和块寻址，它的容量可以达到 TB，同时能把延时保持在 10^2 纳秒级，通过合理地配置 DRAM 与 NAND Flash，其成本比 DRAM 低。可见，NVDIMM-P 在规避了 NVDIMM-N 和 NVDIMM-F 的缺点的同时，提供了近似于 DRAM 性能的持久内存方案。

1.3.2 英特尔傲腾持久内存

英特尔在 2018 年 5 月发布了基于 3D-XPoint 技术的英特尔傲腾持久内存。它是一种使用了新型非易失性存储介质的 NVDIMM，目前提供的容量有 128GB、256GB 和 512GB，大于传统的内存条容量。它与 DRAM 采用相同的通道接口，可以与 DRAM 搭配使用。其搭载的至强可扩展微处理器每颗最多支持 6 根持久内存，所以一个典型的支持双路英特尔至强系列处理器的服务器最多可以支持 12 根持久内存，持久内存容量最高可以达到 6TB。它使用 DDR-T 协议进行通信，允许异步命令和数据时序。它使用大小为 64B 的缓存行作为访问粒度，类似于 DDR4 内存。

英特尔傲腾持久内存可以配置多种操作模式，包括内存模式（Memory Mode）、应用程序直接访问模式（App Direct Mode）（也被称为 AD 模式），以及在两者之间分配比例滑动的混合模式。

1. 内存模式

在内存模式中，持久内存被当作超大容量的易失性内存来使用，而 DRAM 则被微处理器用作写回型缓存（Write-back Cache），这个由 DRAM 构成的缓存由主机的内存控制器管理。在内存模式下，持久内存与 DRAM 一样，数据是掉电易失的，因为每个电源周期都会清除易失性密钥。DRAM 被称为近内存（Near Memory），而持久内存被称为远内存（Far Memory）。从性能角度来看，如果读写操作命中近内存，将会获得 DRAM 级别的读写延时，即 10ns 级别的延时。反之，读写操作流向由持久内存构成的远内存，从而产生额外的延时，达到亚微秒级别的延时。值得注意的是，内存模式并非都适用于所有应用场景，需要根据具体的应用场景和工作负载的特性来判断。如果应用或负载需要超大内存,并且其中的热数据总量能基本容纳在 DRAM 中时,内存模式就非常适合。如果 DRAM 不足以容纳热数据,并且应用或者负载需要很高的内存带宽来访问较大的地址空间时,内存模式就不适合。有些内存数据库更适合使用下面介绍的 AD 模式。

2. AD 模式

在 AD 模式中,持久内存直接暴露给用户态的应用程序来使用。在这种模式下,持久内存是按字节寻址的,为保持缓存一致性,所存储的数据是持久非易失的,并且具有接近于内存的读写访问速度,同时提供了可执行 DMA 和 RDMA 的功能。AD 模式需要特定的持久内存感知软件和应用程序的支持,如图 1-6 所示。应用程序通过持久内存感知文件系统(PMEM-Aware File System)将用户态的内存空间直接映射到持久内存设备上,从而应用程序可以直接进行加载(Load)和存储(Store)操作。这种形式也被称作 DAX,意为直接访问。为了使开发者更加方便有效地基于持久内存进行应用程序开发,英特尔提供了用于在持久内存上进行编程的用户态软件库 PMDK(Persistent Memory Development Kit),这部分内容将在本书的第 4 章进一步介绍。比较适合 AD 模式的应用场景包括:性能瓶颈在于磁盘 I/O 的应用、某些需要较高内存带宽来访问较大地址空间的内存数据库的应用、需要支持更大数据集和更多客户端或者线程数的应用等。此外,还可以将持久内存配置为应用程序直接使用的存储(Storage Over App Direct Mode),用户只需要通过驱动,就可以对持久内存进行像对硬盘一样的块操作。与传统企业级 SSD 相比,此模式可以提供更好的性能、更低的延时和更好的耐用性。

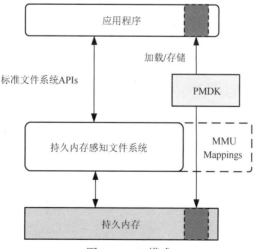

图 1-6 AD 模式

参考文献

[1] 缪向水. 忆阻器导论. 北京：科学出版社，2018.

[2] Yang J J, Strukov D B, Stewart D R. Memristive Devices for computing. Nature Nanotechnology，2013，8: 13-24.

[3] 宋志棠. 相变存储器. 北京：科学出版社，2010.

[4] Scott J F. 铁电存储器. 朱劲松，吕笑梅，朱旻，等译. 北京：清华大学出版社，2004.

[5] 潘峰，陈超. 阻变存储器材料与器件. 北京：科学出版社，2014.

[6] Rick Coulson. 3D XPoint Technology Drives System Architecture. Storage Industry Summit，San Jose，2016.

[7] Jim Handy. Understanding the Intel/Micron 3D XPoint Memoey，Objective Analysis. Storage Developer Conference，Santa Clara，2015.

[8] David Reinsel，John Gantz，John Rydning. Data Age 2025，2018.

[9] Kristie Mann. Five Use Cases of Intel Optane DC Persistent Memory at Work in the Data Center，2019. https://itpeernetwork.intel.com/intel-optane-use-cases/#_edn2.

[10] Gil Press. Top 10 Hot Big Data Technologies，2016. https://www.forbes.com/sites/gilpress/2016/03/14/top-10-hot-big-data-technologies/#2c58fa4965d7.

第 2 章
持久内存的架构

持久内存通过使用非易失性存储介质实现了数据的持久化功能，这种非易失性存储介质同时具有传统 NAND Flash 的密度特性及近似 DRAM 的性能特性，这为更好地优化数据分层、提高各项性能提供了可能。本章将详细介绍持久内存的硬件和固件架构，以及实现安全性和可靠性等所需的要求。

2.1 内存数据持久化

2.1.1 数据持久化

持久内存系统包含如下关键组件：微处理器、连接微处理器内存总线上的持久内存模组（Persistent Memory Module，PMM）及持久内存上的非易失性存储介质，如图 2-1 所示。

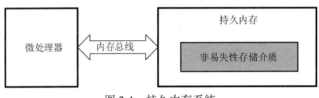

图 2-1　持久内存系统

使用持久内存来实现数据的持久化，需要重点关注如下三方面的内容。

1. 材料特性

利用非易失性存储介质在掉电后保存数据。数据在掉电后的保存通常通过非易失性存储介质来实现。新型的非易失性存储介质在第 1 章已进行了介绍，它们能够显著地提升持久内存的容量、密度与读写性能。

2. 持久内存特性

持久内存把数据保存到非易失性存储介质中，强调的是持久内存本身的特性，即当数据写入内存总线后，在持久内存内部即可保存。而对于数据保存的方法，微处理器内核及软件并不直接干涉，通常由平台实现者保证（硬件和固件）。

如今的计算机系统都假设一旦数据完成从内存控制器（Memory Controller，MC）向外部内存总线的传输操作，持久化过程即告完成，停止对持久内存的外部供电。然而，此时持久内存内部还需要电量将数据写入非易失性存储介质。因此持久内存需要储能器件提供电量，以保证在掉电后可以把缓冲区的数据写到磁性介质中。与 SSD 类似，持久内存的储能也是依靠电容来实现的。由于 NVDIMM-N 要完成数据从 DRAM 到 NAND Flash 介质的写入操作，所以需要外接一个和内存模组体积相当的超级电容；持久内存只需要写入最近时间写缓存区的数据，因此采用常规电解电容甚至贴片陶瓷电容就足够了。

由于系统掉电后持久内存模组的供电时间要长于它所在的计算机系统的供电时间，所以内存上还需要有供电隔离电路，以免内存上的电容反向向计算机系统进行供电。

3. 数据完整性

微处理器在特定执行点保证数据的持久化。数据在微处理器内核和持久内存之间要经过一段很长的写入路径，为了保证数据的一致性和完整性，软件开发人员需要从代码层面明确控制数据到达写入路径的哪一环，以及何时可以认为持久化写入已经完成。

2.1.2 持久化域

持久化域是保证数据持久化的子系统边界。当数据写入持久化域后，即使掉电，数据也不会丢失。持久化域和数据存取路径如图 2-2 所示。

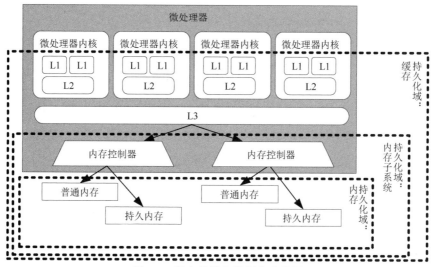

图 2-2　持久化域和数据存取路径

若要深入理解持久化域的概念，首先要了解计算机系统的内存架构和数据存取路径。计算机的缓存和内存系统包括以下层级：

- 一级高速缓存（L1）、二级高速缓存（L2），属于每个微处理器内核；
- 三级高速缓存（L3），为所有核心共享；
- 内存控制器及其内部的写队列；
- 持久内存。

当微处理器内核发起一条内存写命令时，数据是沿着层级逐渐下移的。首先，缓存控制器会检查该数据在缓存 L1、L2、L3 内有没有副本，如果没有就从内存进行读取，然后把新的数据写入缓存。从程序执行的角度来看，MOV 指令的运行已经结束了，然而新的数据还停留在缓存里。当缓存空间不足时，其会向内存控制器发起请求，将该数据写入内存。内存控制器会先把数据写入内部的待写入队列（Write Pending Queue，WPQ），在一定条件下再把 WPQ 中的数据通过外部总线写入内存。

软件开发者通过执行微处理器指令可以控制数据落在存取路径的哪个层次，然而哪个层次的数据在系统掉电后能够保存是由硬件平台能力决定的。

持久化域就是硬件平台能力的抽象。当系统断电时，持久化域内的数据可以保证得到持久化保存，而持久化域外的数据则无法保证。

计算机的缓存和内存系统可能支持三类持久化域。

第一类持久化域是内存本身，数据持久性由持久内存本身及所需平台设计保障，对微处理器的依赖最低。软件通过调用 CLFLUSH、CLFLUSHOPT、CLWB 和 PCOMMIT 指令，可以清空缓存和 WPQ，确保数据抵达持久内存。

第二类持久化域是内存子系统，通过异步内存刷新（Asynchronous DRAM Refresh，ADR）技术保证 WPQ 内的数据得到保存。软件只需要调用 CLFLUSH、CLFLUSHOPT、CLWB 指令，就可以清空缓存，确保数据抵达持久内存。由于 ADR 技术已经成为英特尔平台的必备功能，第二类持久化域目前得到了普遍使用。

第三类持久化域会扩展到缓存，通过增强异步内存刷新（Enhanced Asynchronous DRAM Refresh，eADR）技术保证缓存内的数据得到保存。软件无须调用任何指令，就能保证写入内存的数据得到保存。eADR 技术只有在具备待定微处理器功能和平台软硬件设计的系统时才可以得到支持。

表 2-1 列出了数据写入的指令和技术。

ADR 的作用是通知内存控制器把 WPQ 里的内容写入内存，并把内存置于自刷新模式。在自刷新模式下，内存会忽略总线上的数据，并且只要供电保持，内存上的数据就能通过定时刷新得以保存。

表 2-1 数据写入的指令和技术

指令或技术	功　　能	现　　状
CLFLUSH、CLFLUSHOPT、CLWB	x86 指令，将数据清空缓存，将数据写入 WPQ	已获得微处理器支持
ADR	微处理器和平台功能，在电源出现故障时将清空 WPQ，将数据通过外部内存总线写入内存	已获得微处理器及平台支持
PCOMMIT	x86 指令，按需清空 WPQ，将数据写入内存	该指令在英特尔平台已弃用，功能由 ADR 取代
eADR	微处理器和平台功能，在电源出现故障时将清空缓存，将数据写入内存	将在未来微处理器及平台上支持

eADR 除了清空 WPQ，还会把在缓存中的数据也写入内存。

2.1.3 异步内存刷新技术

ADR 技术是实现内存子系统持久化域的关键技术。

在微处理器核心进行写入操作时，任何一个时刻，在各级缓冲区或队列里都可能存在数据。为了保证持久内存内部数据的完整性，需要把持久化域内的数据写入持久内存，这需要通过 ADR 技术来实现。当系统发生意外断电时，ADR 技术能保证 WPQ 内的数据被写入内存。

ADR 技术的流程包含以下步骤：

① 掉电预警。当系统掉电时，系统电源发出掉电预警信号。如果电源支持 PMBus 协议，SMBALERT 信号将提供该预警。

② ADR 触发。供电时序控制电路根据预警向芯片组发出 ADR 触发信号，同时系统的供电照旧。

③ ADR 通知。芯片组收到 ADR 触发信号后，启动 ADR 机制，启动 ADR 机制的消息通过内部总线送至微处理器。

④ 数据保存。微处理器内的内存控制器完成 WPQ 的清空和写入持久内存操作。

⑤ ADR 完成。芯片组会根据所需要的数据写入时间设定一个计时，计时完成，表示 ADR 已经完成，启动芯片组内部的复位时序，并向供电时序控制电路发出 ADR 完成信号。

⑥ 掉电控制。供电时序控制电路收到 ADR 完成信号后将启动系统下电时序，各供电单元的输出将被依次切断。

ADR 技术的电路原理和基本流程如图 2-3 所示。

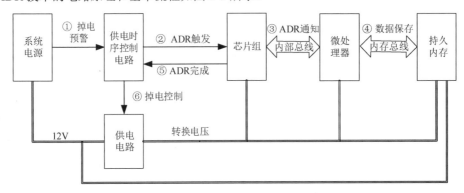

图 2-3　ADR 技术的电路原理和基本流程

请注意，ADR 技术解决的是系统意外断电的场景。对于正常的关机、复位等操作，系统会由内部的硬件握手协议完成上述的步骤④，并不需要 ADR 的介入。

如果希望所保护的数据不局限于 WPQ，而是扩展到缓存，则需要用到 eADR 技术。eADR 技术的原理和流程与 ADR 技术相似，它们之间的区别如表 2-2 所示。

表 2-2　ADR 技术和 eADR 技术的区别

项　　目	ADR 技术	eADR 技术
步骤②：触发	芯片组输入的是 ADR 专用信号	芯片组输入的是 eADR 专用信号
步骤③：通知	ADR 通知采用硬件逻辑	eADR 通知采用系统中断（SMI），需要软件响应
步骤④：数据保存	采用硬件逻辑完成 WPQ 清空，所需时间短（微秒级）	先用软件响应清空缓存，再调用硬件逻辑完成 WPQ 清空，所需时间较长（近秒级）

2.2　持久内存硬件架构

2.2.1　持久内存的硬件模块

持久内存主要包含以下几个硬件模块：控制器、非易失性存储介质、动态内存和支持控组件。不同类型的持久内存的内部结构有所不同，下面分别予以介绍。

1. 英特尔傲腾持久内存

先介绍英特尔傲腾持久内存，其关键组件如图 2-4 所示。

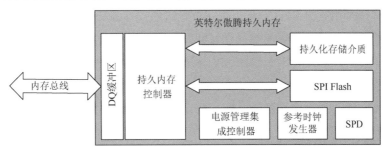

图 2-4　英特尔傲腾持久内存的关键组件

持久内存与 DRAM 使用相同的硬件接口，但是使用不同的通信协议：DRAM 使用 DDR 协议，持久内存使用类似于 DDR 协议。

（1）持久内存控制器：持久内存的大部分操作都需要通过持久内存控制器来实现，它管理着主机平台接口及 DQ 缓冲区的专用总线接口。持久内存控制器还提供完整的介质管理，包括磨损均衡、坏块管理、错误检测与修正、元数据管理和地址转换。持久内存控制器的特定寄存器可以通过主机端的 SMBus 链路寻址，与主机共享串行状态检测（Serial Presence Detect，SPD）数据。持久内存控制器通过专用的 SMBus 与电源管理集成控制器（Power Management Integrated Controller，PMIC）连接，以控制电源管理设备。最后，持久内存控制器还能通过专用的 Flash 端口与串行外设接口（Serial Peripheral Interface，SPI）Flash 连接，用于存储一个或多个内存控制器的固件。

（2）非易失性存储介质：非易失性存储介质使用了英特尔专有的傲腾技术，每根持久内存包含多片介质芯片，第一代产品的容量有 128GB、256GB、512GB 三个选项可选。

（3）其他组件功能。

- DQ 缓冲区：英特尔傲腾持久内存使用了行业标准的 DDR4 LRDIMM DQ 缓冲设备，其方式与 DDR4 LRDIMM 相似。这些 DQ 缓冲设备将缓冲并重新驱动所有主机接口的 DQ 和 DQS 信号，以降低持久内存向 DRAM 主机通道提供的有效 DQ 或 DQS 的电气短线长度，并与 RDIMM、LRDIMM 和新兴的 NVDIMM 实现互操作。DQ 缓冲区由持久内存控制器通过专有的控制总线来管理。

- 参考时钟发生器：持久内存包含时钟发生器，其在主机电源出现故障时仍然能够正常工作。持久内存控制器始终使用本地参考时钟。
- SPD：持久内存上的 SPD 数据可由主机系统通过标准主机 SMBus 链路寻址，并允许主机平台获取内存类型、关键操作属性和通道训练指南等特定信息。持久内存上使用的 SPD 与标准 DRAM 上使用的 SPD 相同。SPD 通过 SMBus 链路连接到持久内存控制器上。
- 电源管理集成控制器：持久内存支持多个独立的电压域，以提供所有设备所需的电源，并创建某些电压轨的隔离变体以便为开机、断电、电源故障和电源管理提供特定的时序要求。

2. NVDIMM-N

除了英特尔傲腾持久内存，实现量产的另一大类持久内存就是 NVDIMM-N，下面以 AgigA 的产品为参考介绍 NVDIMM-N 的硬件组成。

NVDIMM-N 同时包含 DRAM 芯片和 Flash 芯片两种介质。正常工作时微处理器访问 DRAM 芯片，当系统掉电时则将数据由 DRAM 芯片复制到 Flash 芯片上，下一次上电时 NVDIMM-N 控制器再把 Flash 芯片中的数据恢复到 DRAM 芯片上。NVDIMM-N 结构如图 2-5 所示。

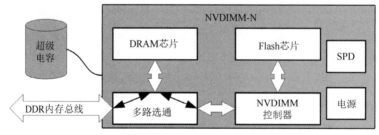

图 2-5 NVDIMM-N 结构

NVDIMM-N 的主要组成如下：

（1）NVDIMM 控制器。NVDIMM 控制器是 NVDIMM-N 的核心控制部件。当出现掉电预警时，它会控制多路选通开关以获得 DRAM 芯片访问权，并且把其中的数据复制到 Flash 芯片上。

掉电预警由系统其他控制逻辑检测并在发生掉电事件后发出，其形式可以是独立保存信号（SAVE）或 SMBus 的命令。理论上 NVDIMM 控制器能够检测自身电压并触发内容复制，但是由于没有和系统微处理器的"握手"，所以无法保证数据被成功写入持久化域。

NVDIMM 控制器还需要控制内存模块上的供电。正常工作时 NVDIMM-N 由板载 12V 供电，进行数据复制时则切断和板载 12V 的通路，由超级电容进行供电。

（2）多路选通。多路选通（MUX）开关能选择 DRAM 芯片的访问源，其开关控制信号来自 NVDIMM 控制器。

（3）内存。内存使用的芯片和普通 DRAM 类似，但与一般服务器内存采用的×4 位宽或×8 位宽的内存芯片颗粒不同，它采用了×16 位宽的芯片，以减少芯片数量和占用面积。

（4）Flash 芯片。Flash 芯片用于在掉电时保存数据，由 NVDIMM 控制器直接管理。

（5）超级电容。由于数据从 DRAM 芯片向 Flash 芯片的写入时间长达几十秒，普通的板载电容无法保持这么长的供电时间，所以 NVDIMM-N 采用外接的超级电容来供电。

2.2.2 持久内存的外部接口

目前市场上的持久内存都参照 JEDEC 标准下 DDR 的机械接口和电气接口与主机侧连接。已经发布的 NVDIMM-N 规范列出了一些新的接口要求，而 NVDIMM-P 规范还在讨论中，持久内存作为目前相关的商业化产品，可能是 NVDIMM-P 规范的重要参考。

持久内存和主机端有如下接口。

1. 内存总线

NVDIMM-N 参用了标准的 DDR 协议，而英特尔傲腾持久内存采用的协议类似于 DDR 协议。

主机内存控制器与持久内存的通信协议使用与 DDR 相同的物理接口，但使用不同的协议，因此部分信号做了重定义。如果系统同时连接 DRAM 与持久内存，那么这两种协议可以在同一条总线上共存，主机侧的内存控制器会根据访问类型对信号进行适配。主机内存控制器支持两组协议并分别与 DRAM 或持久内存进行通信，若在其外部，则复用同一组引脚信号，如图 2-6 所示。

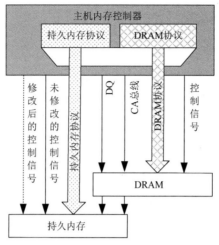

图 2-6　DRAM 和持久内存的总线

协议的读取和写入指令在总线上使用完整的高速缓存行地址发送，并由持久内存控制器将这些通用指令转换为特定的技术指令。

写入数据与写入指令同时发送，并由持久内存控制器进行缓冲。

执行读指令时需要进行拆分，在执行读取指令后，持久内存控制器会在数据可用时请求使用数据总线进行传输。数据总线方向和时序由总线控制，从主机发送到持久内存控制器的每个发送请求的命令数据包都允许异步命令或数据计时，因此持久内存控制器可以自由地将命令重新排序到内存，并重新记录读取返回数据。

2. SMBus

DRAM 规范的 SMBus 有两个功能：一是读写串行状态检测信息，内含详细的 DIMM 特征数据，包括关键时序、配置、容量、部件号、序列号和其他相关信息；二是温度检测。普通 DRAM 的这两个功能由一个集成芯片同时提供，持久内存的 SMBus 也需要支持上述功能，但相对于普通 DRAM，其实现手段可能有所差异。

持久内存控制器连接在 SMBus 上，因此主机系统可以访问持久内存控制器上的多数通用寄存器，并执行许多关键后台功能，如将更新的固件加载到持久内存控制器中。图 2-7 为持久内存 SMBus 的连接图。

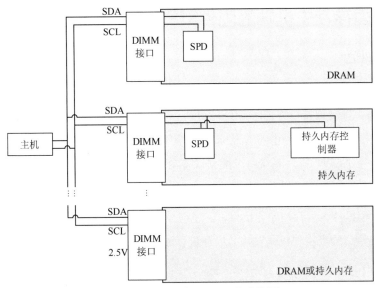

图 2-7 持久内存 SMBus 的连接图

3. 12V 额外供电

普通的 DRAM 只支持 VDD（1.2V）、VTT（0.6V）、VPP（2.5V）三种输入电压，其中 VDD 能给 DRAM 颗粒提供较大的电流。持久内存内部需要提供多种电压供控制器、存储介质，如果所有供电由 1.2V 电压作为输入，则需要包含升压电路，从而使效率低下，所以 NVDIMM-N 规范定义了两个专用的 12V 输入电压来供电。持久内存采用同样的定义。

像持久内存这样比较复杂的系统，通常会采用集成电源芯片 PMIC。PMIC 可以提供多路输出电压，同时管理电源时序以及持久内存和主机侧电压之间的隔离。

4. 保存信号

保存信号（SAVE）是 NVDIMM-N 特有的，用于提示 NVDIMM 控制器开始向 Flash 里写入数据。主机端应该在完成 ADR 流程后再发出保存信号。

持久内存强制要求系统支持 ADR，而且无须进行大规模的数据复制，只需要检测系统掉电时内部缓冲区的数据并将其写入持久化介质即可。

2.3 持久内存及主机端的固件架构

2.3.1 接口规范

1. 高级配置与电源管理接口规范

高级配置与电源管理接口规范（Advanced Configuration and Power Interface，ACPI）是英特尔、微软和东芝共同制定的一种电源管理标准，它可以帮助操作系统合理控制和分配计算机硬件设备的电量。有了 ACPI，操作系统可以根据设备实际使用情况，按照需要关闭不同硬件设备。

持久内存的 UEFI（Unified Extensible Firmware Interface，统一可扩展固件接口）驱动在开机自检过程中，根据持久内存初始化结果，创建符合 ACPI 规范的表格和代码，操作系统通过高级配置电源管理接口的表格和代码对持久内存进行配置和管理。

与持久内存相关的 APCI 接口如下所示。

（1）持久内存固件接口表。

持久内存固件接口表（NVDIMM Firmware Interface Table，NFIT）（见图 2-8）描述了持久内存固件接口，主要包括以下结构：

- 系统物理地址范围表；
- 持久内存区域映射表；
- 交织集表；
- SMBIOS 管理信息表；
- 持久内存控制区域表；
- 持久内存块数据区域表；
- 可清洗缓存地址表。

系统物理地址范围表为操作系统提供了每段物理地址空间中的内存属性，包括内存类型（如 DRAM、持久内存等）、缓存类型（如可缓存、不可缓存），以及和不同微处理器内存控制器的邻近关系（proximity domain 参考异构资源亲和表）。

交织集表提供了持久内存的地址编码信息。

持久内存控制区域表为操作系统提供了持久内存设备的生产厂商、设备 ID、版本信息、制造地点、制造日期、唯一的序列号等。

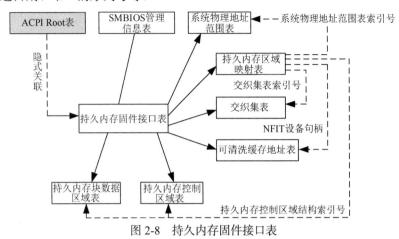

图 2-8 持久内存固件接口表

持久内存区域映射表包含了持久内存设备在 SMBIOS 管理信息表中的内存设备类型表的索引号、系统物理地址范围表的索引号、持久内存控制区域表的索引号、交织集表的索引号，操作系统可以通过这些索引号获取相应持久内存设备的所有硬件信息。

（2）异构内存属性表。

异构内存属性表（Heterogeneous Memory Attribute Table，HMAT）（见图 2-9）提供了不同地址空间的内存属性，如内存侧的缓存属性、内存带宽及延时。操作系统可以通过异构内存属性表获取相应地址空间的内存性能属性，从而决定如何使用持久内存。

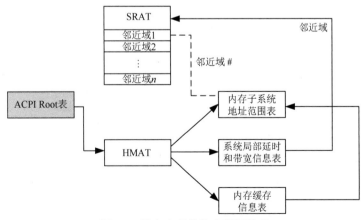

图 2-9 持久内存异构内存属性表

异构内存属性表主要包含以下结构：

- 内存子系统地址范围表；
- 系统局部延时和带宽信息表；
- 内存缓存信息表。

操作系统如果没有异构内存属性表，也可以通过系统资源亲和表和系统位置距离信息表来获取系统中不同持久内存区间的性能特性。

（3）系统资源亲和表。

系统资源亲和表（System Resource Affinity Table，SRAT）包含如下两个部分：

- 微处理器亲和表，用于描述每一个微处理器线程属于哪个邻近域；
- 内存亲和表，用于描述每一个内存空间属于哪个邻近域。

（4）系统位置距离信息表。

系统位置距离信息表（System Locality Distance Information Table，SLIT）量化了每个邻近域和其他邻近域之间的距离（访问延时）。

2. 设备特定方法规范

不同版本的设备特定方法（Device Specific Method，DSM）规范支持的持久内存设备命令不尽相同，操作系统可以通过 DSM 规范的第一条命令查询系统支持的持久内存命令。

第一版持久内存的 DSM 命令列表如表 2-3 所示。

表 2-3　第一版持久内存的 DSM 命令列表

命　　令	说　　明
Query implemented commands per ACPI Specification	根据输入的版本号查询支持的命令
Get SMART and Health Info	获取 SMART 和健康信息
Get SMART Threshold	获取 SMART 错误的阈值
Get Block NVDIMM Flags	获取持久内存块设备的标志位
Deprecated - Get Namespace Label Data Size	获取命名空间标签数据大小
Deprecated - Get Namespace Label Data	获取命名空间标签数据
Deprecated - Set Namespace Label Data	设定命名空间标签数据

续表

命 令	说 明
Get Command Effect Log Info	获取命令效果日志信息
Get Command Effect Log	获取命令效果日志
Pass-Through Command	透传厂商特殊命令
Enable Latch System Shutdown Status	打开下一次启动的 SMART 锁存

第二版持久内存的 DSM 规范在第一版的基础上加入了一些命令，如表 2-4 所示。

表2-4　第二版持久内存的 DSM 命令列表

命 令	说 明
Get Supported Modes	获取支持的模式
Get FW Info	获取固件信息
Start FW Update	开始更新固件
Send FW Update Data	传送更新固件数据
Finish FW Update	完成固件更新
Query Finish FW Update Status	查询固件更新状态
Set SMART Threshold	获取 SMART 错误阈值
Inject Error	注入错误
Get Security State	获取安全状态
Set Passphrase	设置密码保护
Disable Passphrase	关闭密码保护
Unlock Unit	解锁配置保护
Freeze Lock	锁定配置保护设定
Secure Erase NVDIMM	安全擦除持久内存
Overwrite NVDIMM	用写全 0 的方法擦除持久内存
Query Overwrite NVDIMM Status	查询 Overwrite 持久内存状态

3. 统一可扩展固件接口规范

统一可扩展固件接口规范（Unified Extensible Firmware Interface，UEFI）规范用来定义操作

系统与系统固件之间的软件界面，负责带电自检、联系操作系统、提供联系操作系统与硬件的接口。持久内存的硬件初始化代码、底层配置工具都是符合 UEFI 规范的驱动。

4. 系统管理 BIOS 规范

系统管理 BIOS（System Management BIOS，SMBIOS）规范是主板或系统制造商以标准格式显示产品管理信息需遵循的统一规范。持久内存的 UEFI 驱动在 POST（开机自检）过程中获取持久内存的基本信息，创建符合 SMBIOS 规范的硬件管理信息操作系统。

2.3.2 持久内存固件

持久内存固件的功能主要包括以下几点。

（1）持久内存固件初始化。

持久内存固件初始化主要包含两个阶段。第一阶段引导 ROM 负责验证及载入持久内存固件。第二阶段功能固件负责初始化介质接口及初始化介质读写策略（包括介质磨损均衡、紧急掉电处理策略、散热处理策略等）：

- 建立地址映射；
- 分割介质区域；
- 初始化错误处理程序；
- 初始化 RAS 处理程序。

（2）介质编码和读写。

（3）地址翻译。

（4）介质管理和磨损均衡。

（5）状态汇报和管理。

2.3.3 主机端固件

1. 主机端固件 UEFI 模块框架图

主机端固件 UEFI 模块框架图如图 2-10 所示。

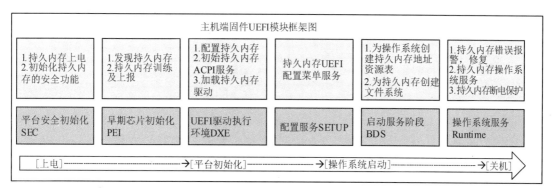

图 2-10　主机端固件 UEFI 模块框架图

2. 内存时序训练

持久内存的内存时序训练的基本步骤与 DRAM 类似，本节主要介绍和 DRAM 不一致的地方。

UEFI 的内存初始化代码，首先会从 UEFI 配置中获取持久内存初始化的一系列配置，然后通过 SMBus 获取每根持久内存的 SPD 数据（SPD 数据的获取方法及格式完全符合 JEDEC 标准化组织的定义），接下来 UEFI 内存初始化代码根据 SPD 数据中的内存类型判断是否为持久内存，然后根据从 SPD 数据中获取的参数进行持久内存的时序训练。

3. 新类别内存的发现和上报

在内存时序训练结束后，UEFI 会根据持久内存模式将发现的新内存呈现在微处理器的地址空间中。如果持久内存配置成内存模式，那么微处理器地址空间中只会有持久内存，而 DRAM 将会成为持久内存的缓存，不存在于微处理器的地址空间中。如果是 AD 模式，那么微处理器地址空间中将出现易失性内存及持久内存，一般排列顺序是：易失性内存、持久内存。

UEFI 将根据内存训练后发现的内存信息生成一个表格传递给后续的 UEFI 驱动，后续的 UEFI 驱动根据内存信息表继续创建 SMBIOS 表，生成 APCI 表格等以供操作系统使用。BIOS 支持两种操作系统的启动，一种是 UEFI OS，另一种是 Legacy OS。对于两种不同的操作系统，UEFI 驱动或者 CSM 模块都会根据之前提到的内存信息表创建内存信息以供操作系统使用，Legacy OS 使用的是 E820 表格，UEFI OS 使用的是内存映射表。在 UEFI 内存映射表中，持久内存的地址区间将被标记成 EfiPersistentMemory 类型。

UEFI 内存映射表的内存类型枚举：

```
typedef enum {
EfiReservedMemoryType,
EfiLoaderCode,
EfiLoaderData,
EfiBootServicesCode,
EfiBootServicesData,
EfiRuntimeServicesCode,
EfiRuntimeServicesData,
EfiConventionalMemory,
EfiUnusableMemory,
EfiACPIReclaimMemory,
EfiACPIMemoryNVS,
EfiMemoryMappedIO,
EfiMemoryMappedIOPortSpace,
EfiPalCode,
EfiPersistentMemory,
EfiMaxMemoryType
} EFI_MEMORY_TYPE;
```

4. 配置

针对 AD 模式，UEFI 会把持久内存和 DRAM 在微处理器内存空间统一编址，设定持久内存区域的命名空间，这样 UEFI 或操作系统就可以通过命名空间找到以交织集为边界的持久内存区域。

针对内存模式，UEFI 只会把持久内存会编址到微处理器内存空间，而不会编址易失性内存。

无论内存模式还是 AD 模式，BIOS 都需要配置持久内存的交织集。交织集是指在地址编码的时候，在内存空间交替叠加不同内存通道的物理介质，这样系统就可以同时访问不同通道的持久内存，充分利用持久内存的带宽。UEFI 持久内存驱动会验证当前的硬件是否兼容用户的配置，然后对持久内存进行配置操作。

2.4 持久内存的安全考虑

持久内存的安全功能跨越多个层级，包括保护持久内存介质中存取的数据，以及保护持久内存的配置数据和控制机制。持久内存的安全模型采用了 SSD 和 NVMe 技术使用的 ATA（Advanced Technology Attachment，高级技术附件）安全模型，写入持久内存介质中的数据由每根持久内存控制器使用 XTS-AES-256 协议加密。

内存模式中的密钥在每次断电重启后都会重新生成，因此先前的数据不再可用，称为易失性，DRAM 具有相同的特性。在 AD 模式下运行时，可以通过设置用户密码来解锁持久内存区域，并启用对命名空间内数据的访问来保证安全性。持久内存支持主密码，主密码用来启动安全擦除功能，但是主密码仅可以用于本地介质擦除，如果主密码丢失，那么将无法解锁持久内存并且无法再次使用。如果用户密码丢失，则可以使用主密码来启用安全擦除功能，以重置持久内存。持久内存支持从操作系统或 UEFI 下访问的安全擦除功能，该功能可以强制重新生成密钥，使持久化区域中的数据无法访问。

2.4.1 威胁模型

持久内存的威胁模型遵循标准的静态数据安全威胁模型，该模型已广泛用于企业数据中心的存储类介质，如 HDD 与 SSD 等。威胁模型假定攻击者获得了包含持久内存的服务器的物理拥有权，该服务器包含敏感的或有价值的数据（或以前使用的独立持久内存），并试图非法恢复持久内存上的数据。在此威胁模型下，假定攻击者可以物理访问正在使用的服务器平台（内存模式区域或未锁定的 AD 模式区域），并且能够获取持久内存上的数据访问权限。持久内存仅在以下两种情况下才提供保护：①内存模式下断电重启后密钥被清零；②AD 模式下被锁定。持久内存在内存模式和 AD 模式下提供安全保护的技术不适用于多次攻击场景，攻击者能够连续多次进行物理访问，从而修改硬件或安装固件，然后在未来再次攻击设备。

持久内存的攻击场景包括：

- 从办公室或数据中心盗取包含持久内存的服务器；
- 持久内存被有平台访问权限的攻击者移除；
- 从持久内存上物理复制数据；
- 将攻击数据粘贴到持久内存中；
- 窥探内存总线上的数据；
- 修改持久内存固件。

云计算的出现对多租户虚拟化环境中的租户隔离和静态数据提出了更高的要求，运行时用户隔离受虚拟化基础架构虚拟机监视器的控制，企业级的存储设备应支持将存储介质划分为"个体租户"的逻辑分区（每个分区有独立的密钥管理），这种方法的好处是租户的数据可以独立锁定和擦除。多租户威胁模型假设租户数据可能因为隔离机制的漏洞受到其他租户的影响，因此能够安全地擦除租户数据是最小化暴露数据的有效方式。

2.4.2 安全目标

持久内存的安全分为三类：静态数据安全、访问控制和介质管理保护。

1. 静态数据安全

（1）机密性保护。

持久内存可以为存储在设备上的所有用户数据提供机密性保护，从而防止持久内存落入不法分子手中，包括防止冷启动攻击，这意味着要对介质中的易失性和持久化区域进行加密。持久内存用专为保护块存储设备机密性而设计的加密算法来支持 256 位安全性，此加密算法在一定程度上可以阻止基于存储位置的分析，使得攻击者无法确定驱动器上的不同位置是否具有相同的明文。AES-XTS-256 是用于保护持久内存介质的算法，它同样适用于块模式数据的加密。

（2）持久内存数据的静态保护。

静态保护持久内存数据需要用到加密持久内存的加密密钥，以加密锁定的方式永久存储用户数据，它要求安全管理员可以随时以加密方式擦除持久化域。安全擦除是一种安全管理员快速使设备上的数据无法恢复的方法。

锁定：持久性内存区域可在特定系统电源事件（关机、重新启动）期间"加密"锁定，持久内存安全架构要求该区域处于锁定状态，以提供静态数据保护。解锁持久内存应使用用户密码进行外部身份验证。

安全擦除：利用持久内存的安全擦除功能，能使设备上的数据无法恢复，以实现设备的安全退役或者设备的安全重置。安全擦除的作用域是全局的持久内存，而不是特定的持久内存或者块模式区域，只有安全管理员可以调用安全擦除命令。在安全擦除之后，持久化数据可能仍然存在于微处理器的高速缓存中，为避免数据被损坏或被窃取，必须使用特定指令使微处理器的高速缓存无效。

（3）易失性内存数据的保护。

为了模拟易失性内存的行为，持久内存介质上易失性区域被加密，然后在某些系统状态转换时以加密方式擦除。在内存模式下，DRAM 缓存是未加密的，此时易失性内存加密区域在重置事件、睡眠、断电重启、电源故障（ADR 命令和电压检测）事件中将无法恢复。

2. 访问控制

持久内存为两种模式定义了不同的访问控制目标：AD 模式访问控制和内存模式访问控制。

（1）AD 模式访问控制。

持久内存提供了一种机制，以页面级粒度（由持久内存文件系统管理）强制应用程序访问持久内存区域。持久内存文件系统（Persistent Memory File System，PMFS）每个区域的粒度提供具有 R/W/D/E 权限类型的 POSIX 访问控制结构。作为开放区域的一部分，PMFS 为请求的应用程序设置内存管理单元（Memory Management Unit，MMU）映射，持久内存访问控制用于 Linux 和 Windows 的主机虚拟文件系统（Virtual File System，VFS），以实现本机内核文件访问控制的功能。

（2）内存模式访问控制。

内存模式的访问控制与 AD 模式的工作方式类似，操作系统管理内存分配，并设置相应的页表权限，同时使用微处理器的内存管理单元强制执行页面级保护。

3. 介质管理保护

持久内存介质管理算法通过反复均匀地写入位置来防止持久内存过早的磨损。持久内存支持为介质管理提供保护，以防过早地磨损介质和其他介质管理相关的 PDOS 攻击。

2.4.3 基于硬件的内存加密

持久内存使用 AEP-XTS-256 加密算法进行静态数据保护。

在内存模式下，每次断电重启后，DRAM 缓存会丢失数据，持久内存加密密钥也会丢失，并在每次启动时重新生成。

在 AD 模式下，使用模块上的密钥加密持久化介质，持久内存在掉电时会将数据锁定，需要利用用户密钥解锁。

以下是持久内存为了保障数据和密码安全所采用的手段。

- 加密密钥存储在模块上的元数据区域中,且只能被持久内存控制器访问,打开密钥需要输入密码;
- 安全加密擦除和重写可以实现持久内存安全的再利用或丢弃;
- 固件身份验证和完整性:支持使用固件的签名版本,并提供修订控制选项。

2.5 持久内存的可靠性、可用性和可维护性

2.5.1 可靠性、可用性和可维护性定义

可靠性、可用性、可维护性(Reliability、Availability、Serviceability,RAS)的定义和提升手段示例如表 2-5 所示。

表 2-5 RAS 的定义和提升手段示例

类型	定义
可靠性	可靠性指系统在一定时间内产生正确输出的概率,通过规避、检测和修复硬件故障的功能来增强。可靠性通常以平均故障间隔时间为度量 示例:单芯片数据纠正,如果一个内存的芯片失效了,系统可以用空闲的芯片将其替换掉
可用性	系统在一定时间内的可用性,指设备实际可用时间与总时间之比 可用性通常用系统预计可用时间百分比来描述,如 99.99% 示例:比如 MCA 恢复技术,当系统发生不可纠正错误的时候,服务器不会立即重启系统,而是把错误标记成毒药并且传递错误。操作系统/虚拟机管理器可以终止出现内存错误的虚拟机,其他的虚拟机不会受到影响
可维护性	可维护性指系统可以修复的简单程度和速度,通常以平均维修时间为度量。可维护性包括在出现问题时提供诊断系统的方法。这方面需要软件提供清晰的错误信息和通知方法,避免系统宕机 示例:系统能准确地汇报出错的内存位置,加快系统修复的速度

2.5.2 硬件基础

1. 缓存行与纠错码

纠错码(Error Correcting Code,ECC)用来保护持久内存的数据正确性,涉及两个缓存行,

这也意味着读操作会读出两个缓存行的数据。而对于写操作，持久内存控制器会尽量同时处理两个缓存行来优化性能。但是对于写一个缓存行，持久内存会通过读—修改—写来完成操作（ECC重新计算）。

2. 介质的组织

持久内存的介质被组织成 ECC 块，每个 ECC 块包括 4 个微处理器缓存行（每个 64 字节）、4 个毒药标志位（对应 4 个缓存行，存储在元数据中）、其他元数据（每个缓存行的状态）和 ECC。

3. 空闲块管理

持久内存会预留出一定的空闲块作为备份，空闲块由持久内存的固件来实现。如果持久内存检测到坏块，那么它会放弃坏块，选择新的空闲块。不能修复的数据会从坏块写到空闲块中，正确的 ECC 值和毒药标志位也会被写入空闲块。毒药标志位表明新的缓存行已经没有正确的数据了，软件如果读取新的缓存行，那么返回的数据将包括毒药标志。

4. 数据毒药

数据毒药是一种错误抑制的方式，它提供了一个有可能恢复介质里不可纠正数据的机制。当发生不可纠正错误（Uncorrectable Error，UCE）时，持久内存控制器会用毒药标记错误数据，并将数据和毒药传给微处理器。

DRAM 的毒药机制可以在系统启动时选择启用或者禁止，持久内存的毒药是必需的。对微处理器来说，如果毒药启用了，流程和标准的 DRAM 毒药一样；如果毒药没有启用，那么系统将产生严重的硬件错误异常。

毒药的一个影响是它延时不可纠正数据的"判断"。在传统的系统硬件错误架构中，当毒药机制被禁止时，不可纠正的数据是致命的错误，它会使系统立刻崩溃。但当毒药机制被启动时，不可纠正的数据则不是立刻致命的，取而代之的是数据被标记成毒药。因此当不可纠正的数据被读取时，进行读数据操作的用户可以决定如何处理被标记成毒药的数据。例如，计算机显卡完全可以忽略被标记成毒药的数据，继续工作，因为一个像素导致屏幕有一个觉察不到的闪光点是完全可以容忍的。如果是微处理器的某个进程或线程来读取数据，硬件会判断这个错误是不是可以恢复，如果硬件认为这个错误是可以恢复的，那么它会用特殊的记号来标记这个错误，这样操作系统或者虚拟机管理进程可以决定是否恢复错误或者怎么恢复错误。

毒药标志位被保存在持久内存介质的元数据里。在内存模式下，系统重启会清除毒药标记；在 AD 模式下，系统重启不会清除毒药标志位。值得注意的是：如果数据错误的类型是致命的，那么微处理器的上下文内容将被破坏且不能被信任，所以微处理器应该立刻重启系统以恢复到正常状态。

5. 清除数据毒药

数据块上的毒药可以通过 MB 命令来清除。

2.5.3 错误检测和恢复

错误检测和恢复是持久内存控制器用来防止持久内存介质的随机比特位错误，目的是维护所传输数据的完整性。如果错误是可以纠正的，持久内存控制器就会纠正数据，这样就可以防止可纠正的错误（Correctable Error，CE）因错误比特位的积累变成不可纠正的错误。下面是三种错误的处理方式。

（1）读操作（可纠正错误）。

当读数据的时候，通过 ECC 对数据进行校验和纠正。如果数据有误并且被纠正成功，数据就会被传给主机或微处理器。可纠正错误是通过持久内存来完成的，操作系统或主机固件不会参与，并且错误不会被发给主机。

（2）读操作（不可纠正错误）。

当读数据的时候，通过 ECC 对数据进行校验和纠正。如果从硬件上来说数据不能被纠正，持久内存控制器就会用毒药标记错误，并且传给主机内存控制器，之后系统或者 BIOS 可以通过软件进行恢复（重试、丢弃或者忽略）。

（3）写操作（毒药区域）。

在写入新数据的时候，数据会被正常写到持久内存介质的毒药区域，同时毒药会被清除。

2.5.4 单芯片数据纠正和双芯片数据纠正

1. 单芯片数据纠正

单芯片数据纠正（Single Device Data Correction，SDDC）用来纠正单个持久内存介质芯片上的比特位错误，延长系统的运行时间，防止数据被破坏。SDDC 由持久内存控制器管理，不需要微处理器、BIOS 或者操作系统的支持。

（1）可纠正错误。

- 持久内存会纠正数据，并且把纠正好的数据发给主机；
- 可纠正的数据不会被传给微处理器。

（2）不可纠正错误。

- 持久内存控制器会把数据包括毒药标记发给主机；
- 持久内存控制器会在介质里创建一个记录，如果记录被启用，那么中断就会传给主机；
- 持久内存控制器会把出错的数据移到新的数据块，并且在介质里设置毒药标志位。

错误发生以后，虽然持久内存可以继续工作，但是错误检测能力会降低，所以性能会下降。

2. 双设备数据纠正

双设备数据纠正（Double Device Data Correction，DDDC）用来处理两个持久内存介质芯片上的比特位错误，延长系统的运行时间，防止数据被破坏。DDDC 由持久内存控制器管理，不需要微处理器、BIOS 或操作系统的支持。

当第一个设备失效时，持久内存控制器会利用纠错码重建失效设备上的数据到另外一个空闲设备上，数据重建完成后，持久内存控制器的错误检测和纠正的能力将恢复正常。在第二个设备失效后，虽然持久内存仍然可以通过纠错编码进行数据读写，但是数据纠正功能降低了，所以性能会下降。

2.5.5 巡检

持久内存控制器内置了一个刷新引擎用来巡检（Patrol Scrub），持久内存的巡检也被称为顺序刷新，和 DRAM 的巡检是各自独立运行的。该引擎会利用空闲的机会主动地搜索持久内存，可通过对持久内存的地址进行读操作，也可利用 ECC 修复可以纠正的错误。用户可以对刷新引擎的频率值进行编程，刷新引擎会根据这个频率对持久内存进行巡检访问，这样就可以有效地防止可纠正错误由于错误比特位的累积变成不可纠正错误。只要有足够的时间，所有的持久内存的地址都会被访问到。

持久内存的巡检通常叫作"刷新"。

- 适用模式：内存模式和 AD 模式。
- 对于可纠正的错误，持久内存控制器会纠正数据并写回数据。
- 对于不可纠正的错误，持久内存控制器会用毒药在介质的元数据里标记错误，不可纠正错误会被记录到持久内存的介质，然后持久内存控制器会把数据移到新的位置。如果系统设置了中断，那么中断会被发给主机。
- 如果数据已经被标记成毒药，那么巡检时错误不会被记录和上传给系统。

2.5.6 地址区间检查

地址区间检查（Address Range Scrub，ARS）是 ACPI 规范里定义的 DSM。BIOS 和持久内存驱动可以通过 ARS 获取不可纠正错误的持久内存地址，以在持久内存被分配给应用程序使用之前获取状况良好的地址范围。和巡检相比，ARS 检查内存地址的频率更高，但是更高的检查频率可能会影响持久内存硬件的服务质量，所以我们可以选择上一次 ARS 的结果，有时候也叫作快速 ARS。

操作系统可以对有问题的持久内存不作映射，也可以标记成不可用空间，这样可以预防应用程序因为访问有问题的持久内存地址而崩溃。

为什么需要 ARS？其原因如下。

- 巡检不会检查已经被标记成毒药的地址，但 ARS 可以有效地获取所有有问题的地址；
- 如果操作系统不清楚有问题的地址，应用程序一旦被分配到有不可纠正错误的持久化内存地址空间，读操作就会触发硬件错误异常，轻则应用程序崩溃，重则操作系统崩溃；
- 如果操作系统不清楚有问题的地址，在系统重启以后，操作系统很可能因为不可纠正错误而不停重启。

ARS 只有在 AD 模式下才会生效。ARS 可以在系统启动的时候自动启动，也可以在系统运行的时候手动启动。

2.5.7 病毒模式

系统发生不可恢复错误时，会采取多种措施减少错误的进一步扩散。

大部分系统依赖毒药机制确保错误数据的抑制，坏数据包被标记成毒药并抑制其继续传输。操作系统可以选择终止可能使用错误数据的应用程序或虚拟机，来减少其扩散的机会。

对于毒药机制不能抑制的致命错误，为了延缓宕机增加可用性，系统可以选择更高级别的平台级错误抑制机制——病毒（viral）。启用病毒机制后，当发生致命错误时，病毒标志会扩散到 UPI 和 PCIe 接口。系统会在 UPI 数据包报头里设置病毒标志，并且把病毒状态扩散到其他的 CPU。PCIe 接口也进入病毒状态，此时所有 PCIe 设备的对内对外传输都会被丢弃。这样可以防止错误数据写入非易失性的存储设备或远程的网络设备。

持久内存也支持病毒机制，当持久内存控制器检测到病毒标志后：

- 在 AD 模式下，持久内存的写操作会被丢弃，读操作不受影响；
- 内存模式的写操作不受影响。

病毒模式的退出：系统重启会清除病毒模式。

2.5.8　错误报告和记录

错误报告包括错误记录和信号发送。从系统启动到系统运行，我们可能碰到各种错误，其中可纠正的错误由持久内存控制器来处理，不会上传给主机。

如下几种不可纠正错误会被报告和记录：

- AD 模式和内存模式下的数据事务错误；
- 持久内存控制器内部错误；
- 系统初始化和引导过程中的错误；
- 链路错误。

2.5.9　持久内存故障隔离

当系统发生可纠正错误或不可纠正错误时，必须把错误的信息发给用户。这是服务器设计厂商必须支持的功能，只有这样用户才能根据错误的性质决定采取何种措施，如替换有问题的 DRAM 或持久内存。为了实现正确的故障隔离，错误记录对于服务器系统设计有如下几个要求：

- 系统必须支持 BIOS 和 BMC 的 RAS 功能；

- 系统必须能区分设备错误和链路错误；
- 系统必须能区分出错的内存位置地址；
- 系统即使热启动也必须保证错误记录不丢失。

当系统检测到不可纠正错误时，错误的系统地址会被记录在微处理器的寄存器里，BIOS 会进行下面的处理：

- 映射系统地址到现场可更换单元；
- 如果现场可更换单元是持久内存，BIOS 会查询持久内存的介质记录，寻找不可纠正错误。如果找到记录，BIOS 会尝试把系统物理地址映射到持久内存的物理地址。

2.5.10 错误注入

服务器设计厂商需要测试 RAS 处理的能力，所以需要一个健壮的错误注入机制。持久内存同时支持 DRAM 的错误注入机制和持久内存的错误注入机制。DRAM 的错误注入机制是由内存控制器来实现的，而持久内存的错误注入机制是由持久内存控制器来实现的，因为可纠正错误不会被上传给操作系统，所以错误注入机制只支持不可纠正错误的注入。

下面是几种错误注入的方法。

1. CScripts

CScripts（Customer Scripts）是英特尔为帮助客户进行平台调试和验证而提供的脚本集合，提供了 DRAM、PCIe、UPI 上的错误注入和测试，它有两种使用方式。

- 带外模式：CScripts 运行在计算机主机上，和 ITP 工具结合在一起；
- 带内模式：CScripts 运行在目标机器上，利用特殊的驱动和 BIOS 或硬件交互，不需要额外硬件支持。

对于持久内存来说，CScripts 提供了三种错误注入方式。

- 注入内存模式下的较近内存错误来调用不同的错误流程；
- 注入持久内存链路验证链路错误；
- 注入持久内存介质验证固件的错误处理流程。

2. ACPI 与 DSM 标准接口（见表 2-6）

表 2-6　ACPI 与 DSM 标准接口

ACPI 标准接口（ACPI/UEFI 规范）
ARS Error Inject / ARS Error Inject Options / Bit[0] – 0（注入标准内存错误）
ARS Error Inject / ARS Error Inject Options / Bit[0] – 1（注入巡检错误）
ARS Error Inject Clear（清除错误）
ARS Error Inject Status Query（查询错误注入状态）
ACPI Notification 0x81 to ACPI0012 Root Device – Unconsumed Uncorrectable Memory Error Detected（ACPI0012 根设备通知——未处理的不可纠正内存错误被检测到）
ACPI Notification 0x81 to NVM Leaf Node Device – SMART Health Change Occurred（持久内存页节点设备通知——SMART 健康状态改变的发生）
DSM 标准接口
Inject Error / Media Temperature Error Inject（注入温度错误）
Inject Error / Spare Blocks Remaining Inject（注入空闲块百分比）
Inject Error / Fatal Error Inject（注入致命错误）
Inject Error / Unsafe Shutdown Error Inject（注入不安全的关机）

2.6　持久内存的管理

2.6.1　带内管理和带外管理

　　管理软件由外部管理实体组成，可以间接访问持久内存。这些组件通常会包含在 IBM Systems Director、HP BTO Software、VMware vCenter 中。英特尔提供的接入现有管理基础架构的组件，可以涵盖整体服务器或企业级管理。管理软件可以通过带内路径或带外路径管理持久内存。一般来说，OEM 交付的管理软件使用的是带外管理路径，而 OSV 或 ISV 交付的管理软件使用的是带内管理路径。

　　持久内存的管理可以是带内的，其中所有可管理性功能通过 UEFI 或操作系统接口在主机上运行；持久内存的管理也可以是带外的，其中一些属性可以通过基板管理控制器（Baseboard Management Controller，BMC）进行管理。可以带外管理的功能包括安全性、运行状态、持久内存控制器固件版本升级等。持久内存管理架构如图 2-11 所示。

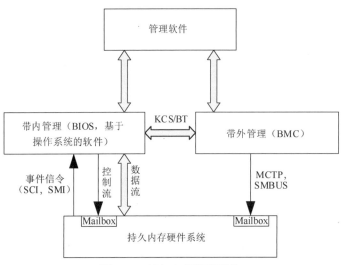

图 2-11 持久内存管理架构

1. 带内管理

在持久内存的系统中，BIOS 负责配置持久内存子系统并建立地址映射。预引导 BIOS 通过 ACPI 机制提供 PCAT 和持久内存固件接口表，其中持久内存的管理依赖于 PCAT。管理库与持久内存驱动通信，后者又使用 ACPI/DSM 方法将邮箱指令（Mailbox，MB）发送到各个持久内存，ACPI/DSM 方法在系统 BIOS 提供的 ACPI ASL 代码中实现。

持久内存 UEFI 管理软件是指用于在预引导环境中管理持久内存的 UEFI 驱动和应用程序。预引导环境（在操作系统加载之前）优于其他管理环境，另外当操作系统不可用或不支持时，仍然可以通过持久内存 UEFI 管理软件管理持久内存。UEFI 驱动具有直接访问硬件寄存器的权限，因此可以提供底层的管理控制，如直接访问持久内存固件邮箱指令或执行硬件指令。此外，在加载操作系统前，UEFI 驱动可能还有更适合的操作，如解锁持久内存。最后，UEFI 驱动可以将持久内存命名空间提供给引导加载程序，以允许直接从持久内存上启动操作系统。持久内存 UEFI 管理软件（见图 2-12）包含如下关键组件。

- UEFI 驱动用于在预引导环境中提供管理接口并向引导加载程序提供命名空间；
- HII 包含 UEFI 驱动中打包的表单和字符串，用于在 BIOS 设置菜单中配置和管理持久内存；
- 命令行接口应用，用于在 UEFI Shell 中提供持久内存的基本管理。

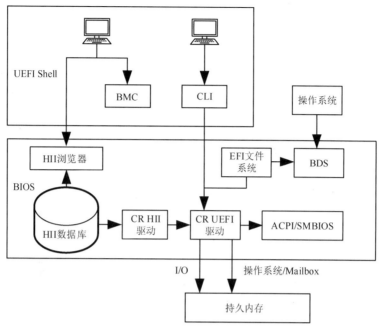

图 2-12 UEFI 管理软件

（1）UEFI HII。

英特尔将为常用的操作系统或 VMM 生成带内操作管理栈，依赖此集合之外的操作系统或 VMM 的最终用户可以使用人机交互接口（HII）管理持久内存，UEFI 允许将操作系统加载程序和平台固件的引导菜单合并到单个平台固件菜单中。UEFI HII 可以提供交互式配置和排除故障的功能，UEFI HII 驱动负责生成 UEFI HII 表单并将其注册到 UEFI HII 管理器。其中，一些表单是静态的（如包含库存信息的表单），其他表单（如命名空间表单）需要回调。HII 浏览器是标准的 UEFI 组件，负责在控制台上显示这些持久内存表单。BMC 通常支持键盘视频鼠标重定向（KVMr）和 LAN 上串行控制台重定向等功能，它们允许从远程管理服务器调用 UEFI HII。UEFI 下持久内存的 HII 驱动使用与基本驱动相同的体系结构构建，但二者有一些区别，CR HII 驱动绑定到由基本驱动安装的 EFI_NVMDIMM_CONFIG_PROTOCOL 上，运行状况协议调用将传递给基本驱动，并且不会创建任何子句柄。

（2）UEFI CLI。

当操作系统不可用时，可以利用 UEFI CLI 来执行持久内存的管理功能。UEFI CLI 是 UEFI

Shell 的应用程序，遵循 UEFI Shell 中使用 SM-CLP 语法的命令，使用持久内存 UEFI 驱动支持协议（主要是自定义协议）作用在持久内存上。UEFI CLI 独立于 BIOS 单独打包，必须从 UEFI Shell 手动加载。

持久内存操作系统管理软件引入了一系列全新的功能属性，随着时间的推移，持久内存和 NVDIMM 将变得无处不在，接口和操作系统将不断发展以适应这些新的功能属性。在此期间，厂商为持久内存提供特定的软件工具用于管理特定操作系统下的持久内存。操作系统为带内管理功能提供了铺垫，但是为了管理数据中心的数千台服务器，服务器管理通常在带外完成。因此，用于持久内存的带内管理软件专注于一些不能独立编写工具的客户，或者以厂商提供的接口为基础，为目标系统提供集中调试和分类环境。持久内存操作系统管理软件包含的关键组件如图 2-13 所示。

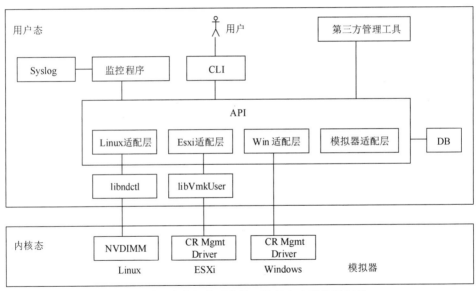

图 2-13 持久内存操作系统管理软件包含的关键组件

应用程序编程接口库（API）为持久内存提供编程管理接口，对于开发人员来说十分方便。API 是底层驱动和操作系统上的抽象层，抽象的目的是简化界面、跨操作系统或驱动统一 API，并在使用该库的应用程序中减少编程错误。API 可以抽象应用程序和操作系统的内部实现细节，同时保留大量适配层接口，实现代码操作的系统不可知。适配层接口抽象了底层通信，底层的库和驱动可以随着时间的改变而改变，而不影响上层应用程序。

操作系统 CLI 在操作系统环境中为最终用户或管理员提供 Shell 访问，以便开发脚本和自动管理持久内存。操作系统 CLI 公开持久内存所有可管理功能，并遵循与 UEFI CLI 相同的语法。

监控程序（Monitor）是一个系统服务（Windows）或守护程序（Linux、ESXi），可以作为操作系统的后台，选择性启动，以实现如下两个目的。

- 健康监视器：检测持久内存以捕获健康变化和事件；
- 性能监视器：随着时间记录持久内存的性能。

2. 带外管理

带外管理一般通过 BMC 实现。对于通过 BMC 实现的带外管理，OEM 厂商一般期望相对于传统内存，持久内存可以拥有更高级别的带外管理权限，以便更灵活地进行配置和监测。BMC 可以通过 OEM 厂商选择的接口反向连接持久内存的可管理功能。

BMC 可与持久内存进行通信，其方式是通过 SPD 总线的直接物理路径与 PECI 接口连接。图 2-14 所示的带外管理流程图说明了这个概念。

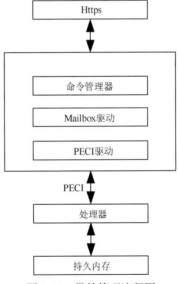

图 2-14 带外管理流程图

2.6.2 温度管理

温度管理可在运行参数范围内管理持久内存温度，并为风扇转速控制算法提供主动反馈。

对于内存子系统来说，其在工作温度范围内正常工作非常重要，该温度管理是通过监控和节流操作的组合实现的，如图 2-15 所示。在发生灾难性组件故障（散热器、风扇故障除外）的情况下，内存子系统必须向平台发出信号以关闭内存子系统的电源。

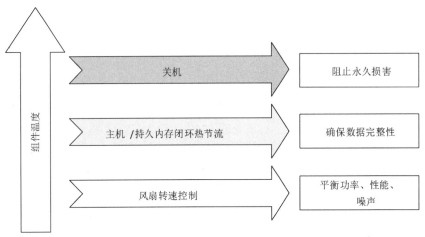

图 2-15　温度管理流程图

　　持久内存的温度管理用于确保其在规定的温度范围内运行，其通过监控温度信息和管理内存带宽的方式，将温度保持在定义的温度范围内。该温度信息会主动传递给风扇转速控制算法，以确保冷却能力随持久内存功耗的变化而调整。由于这种方法需要直接测量持久内存的温度，所以被称为闭环热节流架构（CLTT）。持久内存支持温度传感器，DRAM 的方法是将持久内存上的温度传感器作为 SPD 提供给 I²C；持久内存的方法是将多个温度传感器组合成一个有效的传感器，并将其作为 SPD 提供给 I²C。在任何情况下，温度控制单元（PCU）都会定期轮询温度传感器数据，PCU 通过 PECI 接口将此信息提供给 BMC 或 ME，并将温度信息发送给内存控制器节流单元。内存控制器可以实现基于滞后的阈值逻辑（该逻辑可以在不同带宽级别之间进行选择），具有在温度超过阈值时发出事件信号的功能。

　　持久内存包含多个温度传感器，当通过风扇转速控制算法无法降低温度且持久内存的介质温度或控制器温度超过节流阈值时，就会触发持久内存热节流。此时，持久内存功能会逐渐降低，持久内存的带宽也会相应降低。当热节流仍然无法满足降低持久内存温度的要求时，随着组件温度的上升，将触发持久内存过热关机。

2.7 持久内存的性能

2.7.1 空闲读取延时

延时是读取或写入一个数据块所需要的时间。对于数据中心的应用程序，过长的读取延时会使内核管道停滞并降低性能，过长的写入延时会使资源利用率过高。读取延时包括读取请求通过各种缓冲区、处理阶段和内存接口传播、确定内存单元的物理地址信息、激活和检测必要的内存单元，以及将结果数据传输回微处理器核心的时间。个体请求的延时之间可能会有很大差异，这取决于正在处理的其他请求，尤其是持久内存的配置。

空闲读取延时指系统在空闲时所测量的读取延时；加载读取延时指在有不同程度系统读写负载时所测量的读取延时，后文会对其进行进一步介绍。空闲读取延时是内存子系统性能的关键指标。持久内存的空闲读取延时中有一部分取决于内存介质的延时，另一部分则与微处理器和持久内存控制器相关，如 DDR 总线上的数据传输、微处理器内的数据预取和缓存、持久内存控制器对数据的编解码和纠错开销等。

2.7.2 带宽

内存带宽是单位时间内系统对内存能够进行读取或写入的数据量。

尽管 DRAM 的延时在几年内相对稳定，但带宽有了显著增加。DDR 总线速度提升是单个 DIMM 增加带宽的主要驱动因素，而微处理器内存通道数量的增加进一步增加了系统层面的内存带宽。

持久内存根据种类的不同其带宽也有所差异。采用非易失性存储介质的持久内存的带宽通常受限于内存介质的带宽、控制器的设计及功耗等因素而非总线带宽，这和 DRAM 是不同的。

2.7.3 访问粒度

访问粒度是单次内存读写的最小数据长度。与微处理器的高速缓存行匹配，在内存总线上单次传输的数据是 64 字节，DRAM 和持久内存均一样。在持久内存内部，数据的访问粒度可能等于或大于 64 字节。为了支持纠错、SDDC 等 RAS 特性，持久内存的数据会按块进行编码。在同样的冗余数据量的条件下，增加编码数据块是增加纠错能力的有效手段。当持久内存内部的访问粒度大于 64 字节时，可能会形成读写放大，即持久内存介质上的读写数据量会大于内存总线上的数据量。

2.7.4 加载读取延时

用户的计算机内存（如微处理器核心）和实际存储数据的存储器单元间可以存在许多中间阶段的路由与队列。当没有正在处理的请求时，所有这些中间阶段可以立即处理下一个请求，并且请求可以直达目标存储器单元，就像空荡的高速公路上的汽车一样。但是如果在上一个请求完成之前发出请求，虽然该请求可以在某个时刻赶上之前的请求，但须等待有限的资源处理完之前的请求后才能被处理。

随着需求带宽的增加，请求发出的平均间隔将越来越短。虽然系统可以比请求更快地处理请求，但整个系统的平均活动事件数仍然很低，类似于轻负载公路上的汽车流量。随着需求带宽越来越接近最大内存带宽，相关请求将越来越频繁，新增请求必须在其他请求后面等待，相应的系统完成请求的时间和平均延时都会增加。

加载读取延时（下文简称加载延时）是请求者在特定带宽利用率期间经历的读取延时。它由空闲延时和队列延时组成。队列延时是一种增量延时，是由微处理器核心和内存之间在路径中的资源竞争引起的。无论 DRAM 还是持久内存，随着带宽利用率的增加，加载延时也会增加。当带宽利用率低于 60%时，请求保持相对独立且完整，加载延时是空闲延时的 1.3～1.5 倍，这是因为在一般情况下请求必须等待一个更早的请求完成。当带宽利用率超过 70%时，加载延时会急剧增加，因为请求已经开始堆积，需要持续等待它们前面的多个请求先完成。

图 2-16 是基于 DRAM 的系统读取请求的队列延时和带宽利用率的示例，图中的数据是使用内存延时检测工具以 3∶1 的读写比率进行测量得到的。该系统连接两个 28 核心的微处理器以及 12 条 2667MT/s 的 DRAM。使用内存延时检测工具 MLC，可以将内存配置效率确定为理论峰值带宽的 80%。图 2-16 中 X 轴为带宽利用率；Y 轴为加载延时减去空闲延时，也就是定义的队列延时；虚线为根据所有测试点拟合的曲线，图中只显示了 3∶1 的读写比率的拟合曲线，2∶1 的读写比率和 3∶1 的读写比率拥有非常相似的曲线集合，即二者的通道效率相似。100%的读取情况可以实现更高的效率，并且可以显示出不同的队列行为。几乎所有实际工作负载都会进行一些写入操作，我们比较感兴趣的是读取或写入混合时的曲线及通道效率。

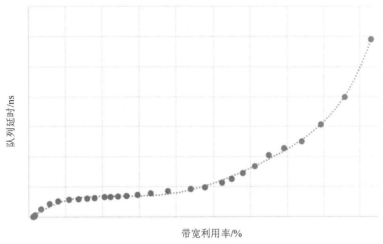

图 2-16　队列延时和带宽利用率示例

改变读取或写入比率对 DRAM 几乎没有影响，但对于持久内存则不同。持久内存的加载延时不仅受带宽利用率的影响，也受读写的比率及如何分配访问地址的影响。持久内存内部介质的读写以分区为最小单位，读取或写入比率和地址分配会影响观察到的分区占用率，从而影响分区冲突和请求的额外队列延时。

在持久内存中，写入操作比读取操作需要花费更多的时间。在写入期间，没有其他操作可以读取或写入数据分区中的任何位置。分区在读取期间同样被占用，但是完成读取操作的时间远远少于完成写入操作的时间。分区占用造成的访问冲突将导致某些请求等待，从而增加其加载延时。

此外，持久内存控制器内的预取缓存命中率也会影响加载延时。如果请求流是完全顺序的，那么预取缓存命中率高，加载延时低。如果请求流在足够大的地址空间中完全随机，那么预取缓存命中率低，相应加载延时将恶化。此外如果有多个并发的顺序请求流，请求到达持久内存时顺序会被打乱，在极端情况下，在持久内存上呈现随机访问特性。

由图 2-17 可知，如预期一样，随机流会导致预取缓存命中率非常低，加载延时比顺序流的加载延时大得多，最大可持续带宽也小很多。

图 2-18 显示了持久内存读写混合流相对于只读流延时会增大，最大可持续带宽会减小。其原因是写操作对分区时间占用更久，形成的读等待队列更长。

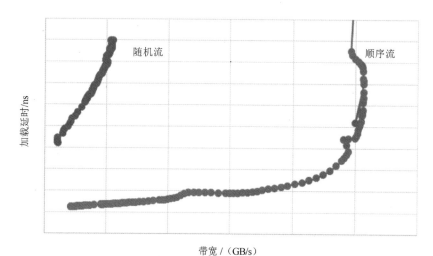

图 2-17 持久内存随机流与顺序流的延时与带宽对比

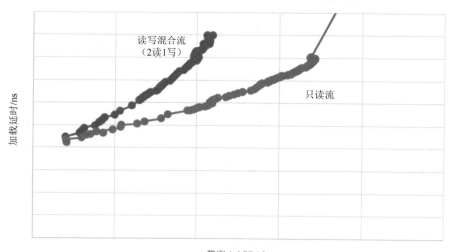

图 2-18 持久内存读写混合流与只读流的延时与带宽对比

2.7.5 应用性能

内存系统的最终衡量标准是实际应用程序在使用时的执行速度。持久内存的性能目标之一是相对于等效内存容量的纯 DRAM 系统,提高整体软件执行效率。实现这个目标很困难,因为应用程序在使用和依赖系统内存方面存在很大差别。持久内存的访问时间波动较大,取决于所访问地址的特定序列以及读取和写入的模式和顺序。因此,我们分析和设计特定的应用程序和基准测试,并根据一般内存配置和使用特征定义预期性能。图 2-19 显示了系统性能与内存带宽之间的关系,纵轴表示性能,在纵轴上向上移动时程序执行时间更短或工作负载吞吐量更高;横轴表示系统所能提供的内存带宽,在横轴上向左移动时,应用程序可用的最大带宽将增大,加载延时将降低;图中折线下方的阴影区域表示工作负载的不同工作状态:带宽限制区和延时限制区。

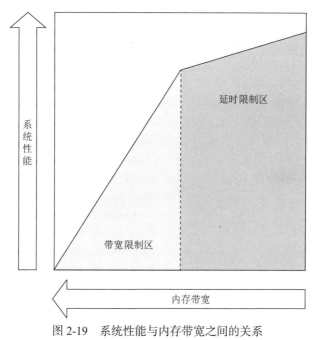

图 2-19 系统性能与内存带宽之间的关系

当内存带宽受限时,工作负载的性能可能受带宽不足的影响,我们称这种情况为工作负载带宽受限。可以通过增加带宽来提高与带宽增加成比例的性能,直到工作负载有足够的带宽。一旦实现这一点,工作负载性能就会受向微处理器提供需求带宽的延时限制。随着带宽的持续增加,负载延时逐渐降低,直到最终接近空闲延时。由图 2-19 可知,通过增加内存带宽来提高系统性能的效果随着内存带宽的增大越来越不明显,这是因为微处理器在执行绝大多数工作负载时,对内存延时不太敏感。最终的结果是,当核心执行停止等待内存时,将有多个尚未完成的请求到达内存子系统。这意味着,核心只会在一段时间内停止从内存中获取高速缓存数据。

在评估带宽能力变化的影响时，通常提出什么样的影响会改变应用程序的性能的问题，我们可以通过图 2-19 来进行评估，如果工作负载执行在带宽限制区，则应用程序的性能将随带宽增加而增加。但是我们应该注意，在带宽限制区运行的工作负载可能会被视为性能不佳，特别是工作负载在仅具有 DRAM 配置的带宽限制区中运行时。如果在带宽增加之前工作负载处于延时限制区，那么其性能可能只会略有改善，或者根本不会引起注意，这取决于工作负载对于延时的敏感性，以及带宽增加对于延时的影响程度。如果通过增加内存带宽将工作负载从带宽限制区转移到延时限制区，那么系统性能的增加量将小于或等于内存带宽的增加量。

第 3 章
操作系统实现

本章介绍操作系统中主机端和虚拟化端对持久内存的支持，包括：①持久内存的内核架构原理、驱动的工作方式、文件系统在持久内存上的存储及访问方式，以及当出现问题时内核和处理器或持久内存的纠错机制。②持久内存在虚拟化系统中的工作原理、实现方案介绍、配置方法、优化途径和相比于传统硬件的性能优缺点。③持久内存的系统管理工具介绍、目标和命名空间的原理，通过管理工具的实例展示持久内存的管理和使用。本章内容主要以 Linux 操作系统为例，并简述 Windows 对持久内存的支持。

根据 JEDEC 标准和 ACPI 规范，操作系统采用 NVDIMM 作为限定词来指代持久内存所采用的软件数据结构、接口和驱动。本章提到硬件模块或中文名词时多使用持久内存，引用相关英文软件概念时多使用 NVDIMM 或 PMEM，没有严格的区分界限。

3.1 Linux 持久内存内核驱动实现

3.1.1 操作系统驱动及实现

Linux 内核中持久内存软件架构如图 3-1 所示，与持久内存相关的部分用浅灰色底纹标注。

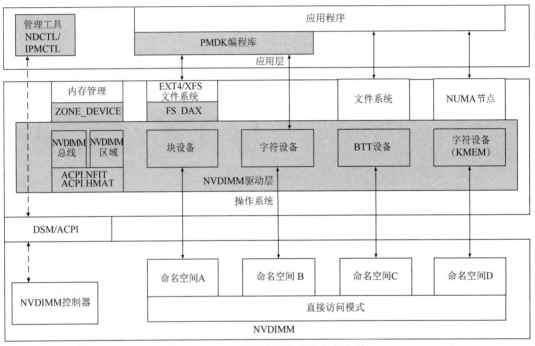

图 3-1 Linux 内核中持久内存软件架构

第一部分，管理工具。该部分用于为用户提供相应的配置工具，允许用户按所需空间类型把持久内存配置成不同的使用模式。除此之外，管理工具还可用于查看持久内存状态信息，这些操作通过 DSM/ACPI 接口来完成。本章第 4 节将对持久内存管理工具进行详细介绍。

第二部分，NVDIMM 驱动。该部分用于解析 ACPI 中的持久内存固件接口表，然后根据用户的具体配置，将持久内存呈现为三种不同的接口形式，如块设备、字符设备或 NUMA 节点。BTT 设备本质上也是块设备，在块设备上具有按扇区大小提供原子访问的功能。

第三部分，文件系统层 DAX 的支持，即 FS DAX。该部分具有把针对文件的读写访问直接作用在持久内存上，即绕过文件页缓存层的功能。

第四部分，PMDK 编程库。用户通过 PMDK 编程库提供的接口函数可以直接访问持久内存提供的非易失性内存，PMDK 编程库自身会适配持久内存的块设备接口和字符设备接口。

第五部分，ZONE_DEVICE。除了把持久内存转换成 NUMA 节点，通常还需要用 ZONE_DEVICE 的方式描述持久内存，并对持久内存的内存空间构建页结构体。NDCTL 管理工具允许用户将指定的页结构体放到 DRAM 或持久内存中。

3.1.2 固件接口表

持久内存固件接口表用于提供操作系统所需的信息、枚举持久内存，以及把持久内存关联到某一段地址空间。持久内存驱动中的 drivers/acpi/nfit/core.c 负责解析持久内存固件接口表。ACPI 规范 6.3 版本定义了 8 张子表，其中前 6 张子表用于组织持久内存，对用户不可见。本节详细介绍刷新提示地址表和平台功能表。

ADR 用来保证内存控制器写请求队列中的数据在等待写操作时即使掉电也能被写入持久内存，保证数据的一致性，内存控制器是持久化域的边界。当应用程序需要主动把写请求队列中的数据写入持久内存时，需要使用刷新提示地址表提供的硬件接口。eADR 用来将持久化域的边界拓展到处理器缓存中，是否支持该技术由平台功能表来决定。查询持久化域如示例 3-1 所示，上层软件通过查看系统导出的 persistent_domain 信息来判断是否支持 ADR 或 eADR，若返回 memory_controller 则表示支持 ADR，若返回 cpu_cache 则表示支持 eADR。当硬件平台支持 eADR 时，软件层不再需要通过刷新处理器缓存来保障数据持久化，这在一定程度上提升了系统性能。在异步内存刷新模式下，操作系统导出 deep_flush 的接口，该接口允许用户主动触发刷新写请求队列的操作。

示例 3-1　查询持久化域

```
1. #cat /sys/devices/LNXSYSTM:00/LNXSYBUS:00/ACPI0012:00/ndbus0/region0/
   persistence_domain
2. memory_controller
3. #echo 1 > /sys/devices/LNXSYSTM:00/LNXSYBUS:00/ACPI0012:00/ndbus0/region0/
   deep_flush
```

3.1.3 驱动框架

Linux 持久内存驱动框架在形式上包含多种驱动模块，它们提供两部分功能：第一部分，提供控制接口，用户通过管理工具可以配置持久内存；第二部分，把用户不同的配置形式通过操作系统呈现给应用层。在 Linux 持久内存驱动框架中，需要区分哪些是软件方面的概念，哪些是硬件配置方面的概念，最后看管理工具是如何通过控制接口配置持久内存的。下面以 Linux v5.3 版本内核为例进行代码分析，从不同角度理解整体架构。

首先介绍 Linux 操作系统的设备驱动模型。对于任何一类设备，不论是否有物理上的总线，操作系统设备驱动模型通常都会引入逻辑上的总线类型，即 bus_type 结构体。以持久内存为例，该总线被定义为 nvdimm_bus_type。在任何属于该总线的设备或者驱动被注册到系统时，设备驱动模式的核心都会对调用该总线的匹配回调函数，为设备找到合适的驱动（nvdimm_bus_type 对应的匹配函数是 nvdimm_bus_match）；反之，则让驱动尝试匹配总线上现有的设备。通常设备会指定所属设备类型，驱动会声明能操作何种类型设备。另外，为了让同一个设备能被不同的驱动操作，设备驱动模型提供了 unbind/bind 操作，即用户根据需要可以为设备指定不同的驱动。

接下来介绍区域（Region）和命名空间（Namespace）的概念。区域是持久内存软件层面的概念，用来描述持久内存中类型相同的地址空间。例如，在直接访问模式下，创建的 nd_pmem_device_type 类型的区域。命名空间是持久内存硬件配置层面的概念，用来描述用户配置的持久内存区域的属性信息。持久内存驱动把硬件的命名空间和操作系统中持久内存的不同接口关联在一起，DSM/ACPI 为软件提供读取和更新命名空间信息的固件接口。

当用户将一部分持久内存配置为块设备时，系统启动后将加载持久内存驱动，以解析持久内存固件接口表，生成块设备。持久内存固件接口表解析流程如示例 3-2 所示，驱动的入口在 drivers/acpi/nfit/core.c 中，acpi_nfit_driver 驱动向 ACPI 注册关注的子表类型为 ACPI0012，之后 acpi_nfit_add 会被 ACPI 核心代码调用，以处理持久内存固件接口表。具体流程是根据持久内存固件接口表汇报的地址范围大小和类型：①创建对应的区域设备；②设备驱动框架自动匹配对应的驱动；③区域设备对应的驱动开始工作，扫描已知命名空间；④创建相应的命名空间设备；⑤PMEM 驱动根据命名空间设备类型，创建对应的块设备。

示例 3-2　持久内存固件接口表解析流程

```
1.  acpi_nfit_add
2.    ->acpi_nfit_init
3.      ->acpi_nfit_register_dimms
4.        ->acpi_nfit_register_regions
```

```
5.      ->nvdimm_pmem_region_create
6.       ->nd_region_create (1)
7.        ->nvdimm_bus_type.match (2)
8.         ->nd_region_probe (3)
9.          ->nd_region_register_namespaces
10.           ->create_namespaces (4)
11.            [nvdimm 总线匹配设备和驱动]
12.             ->nd_pmem_probe (5)
13.              ->pmem_attach_disk
```

用户用 NDCTL 工具创建命名空间并指定对应的模式（fsdax、devdax 等），这些模式会被转化成命名空间信息中的 claim_class 字段，claim_class 再被映射到不同类型的驱动中。对于示例 3-2，块设备的命名空间对应的驱动是 nd_pmem.ko。

最后，介绍命名空间的创建。在持久内存驱动框架中，有各种 seed 存在 region 目录下，主要有 namespace_seed 和 {pfn,dax,btt}_seed 两类。seed 是预先创建好的设备，namespace_seed 是持久内存驱动抽象硬件命名空间的设备结构，{pfn,dax,btt}_seed 是持久内存驱动对用户态支持的持久内存的逻辑接口（块设备、字符设备等）。当用户使用 NDCTL 创建命名空间时，NDCTL 会先根据 namespace_seed 的内容找到下一个可用的命名空间设备名称，然后根据用户指定的命名空间信息来设置对应的命名空间大小、对齐方式等，接着把这个命名空间与用户在创建命名空间时指定的设备关联在一起。以块设备为例，驱动根据 pfn_seed 找到下一个可用的 pfn 设备名称，然后把具体的命名空间关联到 pfn 设备，最后把对应的驱动关联到 pfn 设备，完成驱动设备的匹配，生成对应的持久内存逻辑接口。

3.1.4 块设备接口实现

为了更方便地和现有软件框架衔接，在早期的持久内存软件接口定义上，开发者们更多关注的是如何把持久内存封装成块设备。有了块设备接口，管理员就可以进一步分区，进而加载不同的文件系统；上层软件架构无须修改就可以放在持久内存上，进而把持久内存与 SSD 相比的低延时特性利用起来。

从虚拟文件系统层，到具体的文件系统层，再到块设备层，每次读写文件的数据都会缓存在虚拟文件系统层的文件页缓存模块。文件页缓存作为文件数据在内存中的一份副本，能够避免不必要的 I/O 操作访问底层存储设备，对读写有巨大的加速作用。

持久内存（此处特指英特尔傲腾持久内存）的读写特性明显优于传统的存储设备，但略逊于 DRAM。另外，持久内存本身的空间是处理器可寻址的。基于上述因素，开发者们提出了一种新功能——直接存取访问（Direct Access，DAX），以最优地适配持久内存的特性。简而言之，DAX 功能就是处理器绕过文件页缓存，直接从持久内存上按用户指定的任意长度，将数据读写到用户缓冲区。

持久内存块设备的示例代码存储在 drivers/nvdimm/pmem.c 中。3.1.3 节以块设备为例，讲述了持久内存是如何生成块设备的，而实现块设备还需要向块设备层注册一个接口函数，用于处理 I/O 请求，持久内存的具体实现是 pmem_make_request，如示例 3-3 所示。所有读写操作最后都经块设备层走 BIO 完成。值得一提的是，持久内存的块设备在进行 I/O 操作的时候，本质上执行的还是内存拷贝函数。

示例 3-3　PMEM 块设备读写流程

```
1.  pmem_make_request
2.    ->pmem_do_bvec
3.      ->read_pmem
4.        ->memcpy_mcsafe
5.      ->write_pmem
6.        ->memcpy_flushcache
```

每一种文件系统都需要实现操作文件的一组实现方法，其中涵盖打开、读写、映射文件到进程地址空间的操作接口（mmap 接口）。下面以 EXT4 和 XFS 文件系统为例，介绍 DAX 功能的实现。

1. EXT4 DAX 实现

在 EXT4 文件系统中实现文件操作的结构体是 struct file_operations ext4_file_operations。下面分别解析读写操作和 mmap 接口。

EXT4 DAX 读操作流程如示例 3-4 所示，在 DAX 功能开启的情况下，读文件最后是由内存拷贝函数 memcpy 来实现的，不涉及从文件页缓存中读取数据的操作，这体现了 DAX 的语义。写文件的操作流程与上述读文件无明显区别。iomap 层用 dax_iomap_rw 来统一读写操作。

示例 3-4　EXT4 DAX 读操作流程

```
1.  Sys_read
```

```
2.    ->vfs_read
3.      ->ext4_file_read_iter
4.        ->ext4_dax_read_iter
5.          ->dax_iomap_rw(…, &ext4_iomap_ops)
6.            ->dax_iomap_actor
7.              ->dax_copy_to_iter
8.                ->pmem_copy_to_iter
9.                  ->memcpy_mcsafe
```

读写文件时，memcpy 函数使用的源地址通过以下转换映射关系获得。首先，虚拟文件系统层内部会维护一个逻辑偏移，来记录当前操作文件的地方。然后，该偏移会被 dax_iomap_sector 和 bdev_dax_pgoff 转换成块设备持久内存上的一个物理的偏移，dax_direct_access 会把该物理偏移转换成一个内核可以操作的内核虚拟地址，即 memcpy 的源地址，同时可以返回物理地址对应的页帧号 pfn。

操作文件也可以通过 mmap 系统调用实现，该系统调用把文件内容映射到进程的地址空间中，mmap 系统调用会返回一个虚拟地址，进程在读写这个虚拟地址时，会产生相应的缺页异常，示例 3-5 梳理了在 DAX 功能打开的情况下，操作系统填充页表的过程。缺页异常的处理在 dax_iomap_pmd_fault 中进行，dax_iomap_pfn 通过 dax_direct_access 得到页帧号 pfn，然后 vmf_insert_pfn_pmd 用该 pfn 填充页表。截止到 Linux v5.3 版本，DAX 功能支持 4KB 和 2MB 页面的映射。

示例 3-5　EXT4 DAX 缺页处理流程

```
1. handle_mm_fault
2.   ->create_huge_pmd
3.     ->ext4_dax_huge_fault
4.       ->dax_iomap_fault(…, &ext4_iomap_ops)
5.         ->dax_iomap_pmd_fault
6.           ->dax_iomap_pfn
7.           ->dax_insert_entry
8.           ->vmf_insert_pfn_pmd
```

2. XFS DAX 实现

示例 3-6 和示例 3-7 介绍了 XFS 文件系统下 DAX 读操作流程和 DAX 缺页处理流程，和 EXT4 文件系统下的流程基本一致，这是因为开发者将 DAX 的通用操作抽取出来放入了 fs/dax.c

文件中。任何一个试图实现 DAX 功能的文件系统，只需要在所需的调用路径上接入 dax_iomap_rw 或者 dax_iomap_fault 即可。此外，具体的文件系统需要实现 struct iomap_ops，来完成文件系统对存储块的管理，如 EXT4 中的 ext4_iomap_ops 和 XFS 中的 xfs_iomap_ops。

示例 3-6　XFS DAX 读操作流程

```
1.  Sys_read
2.   ->vfs_read
3.    ->xfs_file_read_iter
4.     ->xfs_file_dax_read
5.      ->dax_iomap_rw(…, &xfs_iomap_ops)
```

示例 3-7　XFS DAX 缺页处理流程

```
1.  handle_mm_fault
2.   ->create_huge_pmd
3.    ->xfs_filemap_huge_fault
4.     ->dax_iomap_fault(…, &xfs_iomap_ops)
```

3.1.5　字符设备接口实现

持久内存的块设备接口允许用户像操作块设备一样对持久内存进行分区，以加载文件系统；同时，可以通过文件系统 mount 的选项来控制是否使用文件页缓存。这种使用方式从根本上讲是基于文件系统的。持久内存软件框架提供了一种更为简洁的接口，即把持久内存封装成一个逻辑意义上的字符设备，是为了满足不需要文件系统支持的业务场景。例如，可以将该字符设备作为虚拟机的后备内存，也可以在 RDMA 场景下把字符设备注册为非易失性存储介质，或者用来满足超大内存分配的需求。

DAX 字符设备注册流程如示例 3-8 所示，持久内存字符设备是在 drivers/dax/device.c 中实现的，配置内核选项 CONFIG_DEV_DAX 后会被编译为名为 device_dax.ko 的内核模块。

示例 3-8　DAX 字符设备注册流程

```
1.  dax_init
2.   ->dax_driver_register(&device_dax_driver)
3.    ->dev_dax_probe
4.     ->cdev_init(cdev, &dax_fops)
5.      ->cdev_add(cdev, dev->devt, 1)
```

probe 设备加载成功后，驱动会生成/dev/daxX.Y 设备，其中 X.Y 代表设备编号。DAX 字符设备使用范例如示例 3-9 所示，应用程序先通过 open 打开字符设备接口；然后调用 mmap 操作，将对应的非易失性存储介质映射到进程地址空间；最后通过 mmap 返回的虚拟地址进行读写操作。

示例 3-9　DAX 字符设备使用范例

```
1.  fd = open(daxfile, O_RDWR, 0666)
2.  addr = mmap(NULL, size,PROT_READ, MAP_SHARED, fd, 0))
3.  *addr = 0xcafebabe
```

当执行到*addr=0xcafebabe 赋值操作时会触发缺页异常，按标准流程进入驱动注册的虚拟地址操作接口 dax_vm_ops->dev_dax_fault，完成页表填充。之后，应用程序赋值操作继续进行。目前持久内存字符设备可以实现基于 4KB、2MB 和 1GB 物理页面大小的映射。示例 3-10 以 2MB 物理页面大小为例展示了 DAX 字符设备的缺页处理流程。

示例 3-10　DAX 字符设备缺页处理流程

```
1.  [Page fault entry]
2.  ->__handle_mm_fault
3.   ->create_huge_pmd
4.    ->vmf->vma->vm_ops->huge_fault
5.     ->dev_dax_huge_fault
6.      ->vmf_insert_pfn_pmd
```

3.1.6　NUMA 节点接口实现

由于持久内存本身存在处理器可以访问的地址，因此除块设备和字符设备接口实现外，开发者们尝试将持久内存接入内存管理子系统，从而使应用程序完全透明地访问持久内存所提供的内存。该实现对应用程序的改动可以做到最小，可以最大限度地利用现有内核接口，为异构内存方面新的应用场景探索做了初步铺垫。

1. 异构内存属性表

HMAT 是 ACPI 规范中的一张子表，用来描述系统的内存拓扑结构和性能指标。以 ACPI 规范 6.3 版本为例，HMAT 包含了三张子表：①内存分布域表，用于描述内存的拓扑结构，也可以理解为 SRAT 的另外一种表述方式；②系统内存延时带宽表，用于描述计算节点访问本地 DRAM

和持久内存,以及访问远端的 DRAM 和持久内存时具体的带宽和延时数据;③内存旁路缓存表,用于描述把持久内存配置成内存模式时,近端内存 DRAM 的大小、DRAM 缓存持久内存数据的粒度大小,以及缓存的属性。

HMAT 在内核中的实现位于 drivers/acpi/hmat/hmat.c 中,这里不进行进一步展开。打开 Linux 内核配置选项 CONFIG_ACPI_HMAT 和 CONFIG_HMEM_REPORTING,系统启动后会在对应的 NUMA 接口目录下生成部分 HMAT 信息,如示例 3-11 所示。关于 HMAT 更详细的描述参考 ACPI 规范 6.3 版本中 5.2.27 Heterogeneous Memory Attribute Table(HMAT)和 Linux 文档 Documentation/admin-guide/mm/numaperf.rst。

示例 3-11　HMAT 信息示例

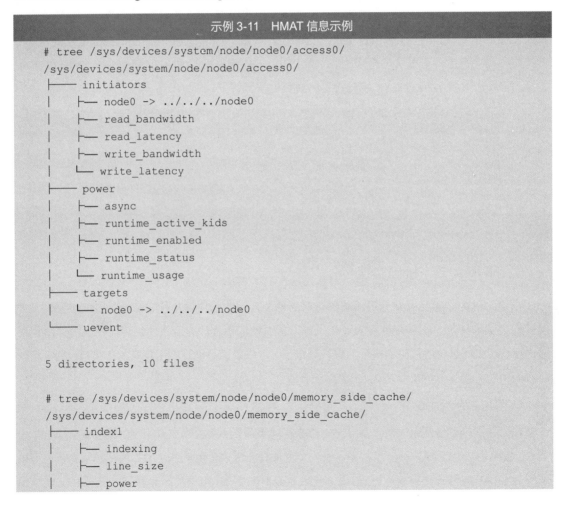

```
│   │   ├── async
│   │   ├── runtime_active_kids
│   │   ├── runtime_enabled
│   │   ├── runtime_status
│   │   └── runtime_usage
│   ├── size
│   ├── uevent
│   └── write_policy
├── power
│   ├── async
│   ├── runtime_active_kids
│   ├── runtime_enabled
│   ├── runtime_status
│   └── runtime_usage
└── uevent
```

2. KMEM 驱动实现

开发者们试图以一种优雅的方式将持久内存转换成 NUMA 节点，同时持久内存的块设备和字符设备接口依然可用，这种方式就是持久内存的 KMEM 驱动。KMEM 在 drivers/dax/kmem.c 中实现，只需调用 add_memory 将持久内存字符设备占用的内存空间加入内存管理系统即可。打开内核选项 CONFIG_DEV_DAX_KMEM 后，通过 DAXCTL 命令可以将持久内存字符设备 dax0.1 转换为一个独立的 NUMA 节点。DAXCTL 命令包含在 NDCTL 管理工具包中。在双路处理器的服务器系统下，新创建的 NUMA 节点编号为 2。利用 KMEM 创建 NUMA 节点如示例 3-12 所示。

示例 3-12 利用 KMEM 创建 NUMA 节点

```
#daxctl reconfigure-device --mode=system-ram dax0.1
#numactl -H
available: 3 nodes (0-2)
  node 0 cpus: 0 1 2 3 4 5 6 7 8 9 10 11 12 13 14 15 16 17 18 19 20 21 22 23 48
49 50 51 52 53 54 55 56 57 58 59 60 61 62 63 64 65 66 67 68 69 70 71
  node 0 size: 60081 MB
  node 0 free: 41074 MB
  node 1 cpus: 24 25 26 27 28 29 30 31 32 33 34 35 36 37 38 39 40 41 42 43 44 45
46 47 72 73 74 75 76 77 78 79 80 81 82 83 84 85 86 87 88 89 90 91 92 93 94 95
```

```
node 1 size: 60470 MB
node 1 free: 59805 MB
node 2 cpus:
node 2 size: 63488 MB
node 2 free: 63488 MB
node distances:
node   0    1    2
  0:  10   21   17
  1:  21   10   28
  2:  17   28   10
```

3.1.7 持久内存的 RAS 适配

1. 通用 RAS 框架介绍

RAS 可提供复杂的高级功能来保证系统的可靠性、稳定性和可用性。对于 DRAM 而言，当单比特发生翻转时，ECC 校验算法能够自动对其进行校正；当多比特发生翻转时，这种不可纠正的错误就会被 BIOS 报给操作系统。操作系统的内存管理模块通过硬件提供的地址信息，对相应的内存页面进行处理，丢弃出现不可纠正错误的页面，并从页表中解除当时存在的映射关系。

2. RAS 对持久内存的适配

持久内存也会出现单比特或多比特翻转现象，当出现不可纠正的错误时，就需要持久内存软件进行处理。目前有如下两种获取不可纠正错误的方式。

第一，地址区间扫描。操作系统通过调用相应的 DSM 接口，来执行地址区间扫描操作，持久内存上的控制器响应该操作之后，返回一组信息来描述所有发生不可纠正错误事件的地址和对应的长度，这些地址被称为有毒地址。这种有毒的状态标记仅表示存储介质里的数据已经无效，并不表示存储介质不可用。操作系统把这些地址信息按块组织成一个坏块列表。有了这些坏块信息后，如果系统执行的读操作落在某个坏块上，那么系统将会返回 EIO 错误信息；如果系统执行的写操作覆盖到某个坏块，那么系统会先清除掉坏块信息的状态，再重新写入之前的存储区域。用户可以通过 NDCTL 中的 start-scrub 命令来发起地址区间扫描操作，定时更新坏块信息。

第二，MCE（Machine Check Error）机制。针对块设备、字符设备，持久内存通过 mmap 操作建立页表映射关系，然后直接从用户态通过虚拟地址访问。当访问的地址出现不可纠正的错误时，在 MCE 的错误处理路径上，就会更新坏块的信息，在 drivers/acpi/nfit/mce.c 中实现。另外，持久内存有别于通用内存，本质上讲，在清除有毒状态信息后，不可纠正错误地址还是可以使用的。因此，还需要在 mm/memory-failure.c 中对持久内存进行特殊处理，具体在 memory_failure_dev_pagemap 中实现。

3.2 Linux 持久内存虚拟化实现

如今云计算盛行，用户的数据逐步迁移到云上。为了在虚拟机内部给用户提供持久内存功能，顺应云计算的时代浪潮，VNVDIMM 设备应运而生。本节将从实现、使用和性能三方面介绍 VNVDIMM 设备。

3.2.1 持久内存虚拟化实现

本节将从整体架构上描述 VNVDIMM 设备在 QEMU 中的实现，为相关使用者、爱好者和开发人员提供一个深入了解 VNVDIMM 设备实现原理的窗口，为进一步的开发工作和问题定位提供一个整体的架构视角。读者可以通过查看 QEMU 源代码来了解具体实现细节。在阅读过程中，读者可以结合 3.2.2 节的内容来加深对实现流程的理解。首先，我们先从整体架构上了解 VNVDIMM 设备。

VNVDIMM 设备的主要任务是将主机上 NVDIMM 设备对应的空间透传给虚拟机。从内存映射角度看，VNVDIMM 软件架构可以划分成图 3-2 中的实线和虚线。

- 主机上的字符设备通过 mmap 操作将空间暴露给虚拟机；
- 虚拟机通过建立 EPT 映射直接访问 NVDIMM 设备空间。

此内存映射功能由 VNVDIMM 设备调用内核和 KVM 相关接口实现。限于篇幅，本章主要叙述 VNVDIMM 设备的实现细节。在 QEMU 中实现一个虚拟设备，通常分成前端和后端两部分。

- 前端：虚拟设备本身；
- 后端：虚拟设备在宿主机上的配套资源。

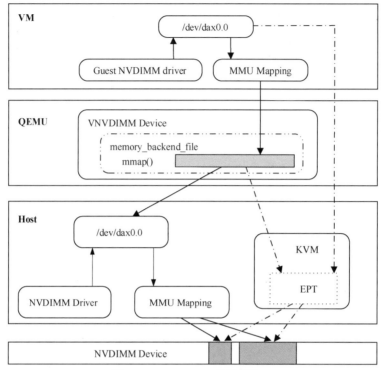

图 3-2　VNVDIMM 软件架构

在 VNVDIMM 设备中，前端是图 3-2 中的 VNVDIMM Device，后端是该 VNVDIMM 设备在宿主机上需要的文件及对应的内存空间，对应图 3-2 中的 memory_backend_file。下文也将分成前端和后端两部分来进行介绍。

1. QEMU 设备模型

在 QEMU 中，不论前端设备还是后端设备，都是基于 QEMU 的设备模型实现的。QEMU 代码结构的一大特点就是采用了一套面向对象设备模型来描述和管理虚拟设备，其中主要操作包括以下三方面。

（1）设备类型注册。

QEMU 中每种设备都对应一种类型，该类型包含对应设备描述，在使用前需要通过 type_register 函数注册，该函数的参数是一个 TypeInfo 类型的指针。例如，VNVDIMM 前端设备的 TypeInfo 对象就是 nvdimm_info。

设备类型数据结构如示例 3-13 所示。

示例 3-13　设备类型数据结构

```
1.    static TypeInfo nvdimm_info = {
2.     .name            = TYPE_NVDIMM,
3.     .parent          = TYPE_PC_DIMM,
4.     .class_size      = sizeof(NVDIMMClass),
5.     .class_init      = nvdimm_class_init,
6.     .instance_size   = sizeof(NVDIMMDevice),
7.     .instance_init   = nvdimm_init,
8.     .instance_finalize = nvdimm_finalize,
9.    };
```

值得强调的一点是，通过 parent/name 字段设备类型之间形成了设备模型的树形结构，也就是面向对象编程中的继承关系。

（2）设备类型初始化。

完成设备类型注册后，还需要对其进行初始化，初始化过程在 type_initialize 函数中完成，其主要作用就是递归调用设备模型树形结构中的每个类型 TypeInfo->class_init 函数，如 VNVDIMM 设备的设备类型初始化的函数就是 nvdimm_class_init。

（3）设备对象初始化。

一种设备类型可以有多个对象实例，每一个对象在生成时都需要经过初始化流程，这个流程在 object_initialize 函数中完成，其主要作用是递归调用设备模型树形结构中的每个类型 TypeInfo->instance_init 函数，如 VNVDIMM 设备的设备类型初始化函数是 nvdimm_init。

2. VNVDIMM 前端设备的实现

虚拟设备的前端即虚拟设备本身，其目标就是实现一个与真实 NVDIMM 设备具有相同功能的虚拟设备。例如，NVDIMM 设备上具有的 label 和持久内存固件接口表都要在 VNVDIMM 设备的前端实现。

（1）前端设备模型。

VNVDIMM 前端设备的设备模型树形结构如图 3-3 所示。

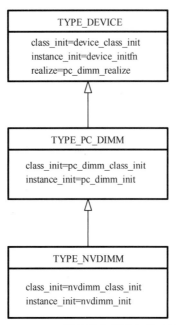

图 3-3　VNVDIMM 前端设备的设备模型树形结构

VNVDIMM 前端设备类型在 QEMU 中名为 TYPE_NVDIMM。从图 3-3 所示的类继承图可以看出，TYPE_NVDIMM 继承自 TYPE_DEVICE 和 TYPE_PC_DIMM。

TYPE_DEVICE 在 QEMU 中有着比较特殊的地位，几乎所有虚拟设备都继承自此类。通过继承 TYPE_PC_DIMM 类，TYPE_NVDIMM 设备拥有和普通 DRAM 一致的接口和大部分相同的属性。TYPE_NVDIMM 定义了自己的类型及对象初始化函数 nvdimm_class_init 和 nvdimm_init，这是真正对 VNVDIMM 设备特有属性的实现细节。图 3-3 中标出了设备各自的类型和对象初始化函数，它们将在初始化流程中发挥作用。

（2）前端设备初始化流程。

在 QEMU 中，基于设备模型的定义，设备对象的初始化包含两层初始化过程：设备类型初始化和设备对象初始化。

在介绍设备模型时已经提到该设备类型初始化和设备对象初始化分别对应了设备类型 TypeInfo 结构中的 class_init 和 instance_init。根据 VNVDIMM 设备模型类别，可以得到初始化顺序。

TYPE_NVDIMM 类型初始化顺序如示例 3-14 所示。

示例 3-14　TYPE_NVDIMM 类型初始化顺序

```
1.  device_class_init
2.    -> pc_dimm_class_init
3.      -> nvdimm_class_init
```

TYPE_NVDIMM 对象初始化顺序如示例 3-15 所示。

示例 3-15　TYPE_NVDIMM 对象初始化顺序

```
1.  device_initfn
2.    -> pc_dimm_init
3.      -> nvdimm_init
```

VNVDIMM 前端设备除了设备对象初始化，还有一套初始化流程。这个初始化流程继承自 VNVDIMM 设备的父设备类型，即 TYPE_DEVICE 类型。限于篇幅和本书重点，这里直接指出该初始化的关键函数是 device_set_realized。

示例 3-16 所示代码片段显示的函数调用关系针对 VNVDIMM 设备做了回调函数的实例替换。

示例 3-16　回调函数替换

```
1.  device_set_realized
2.    -> dc->realize
3.      -> pc_dimm_realize
4.        -> ddc->realize
5.          -> nvdimm_realize
6.    -> hotplug_handler_plug
7.      -> pc_memory_plug
8.        -> nvdimm_plug
```

每一个 TYPE_DEVICE 的子类都会实现自己的 realize 成员，该类型的对象如何初始化将由 realize 函数决定。从设备模型关系中可以看到 TYPE_NVDIMM 的 realize 成员是 pc_dimm_realize，由它调用 nvdimm_realize 函数，创建 VNVDIMM 设备所需要的标签区域。

持久内存固件接口表的实现放在了 nvdimm_plug 函数中，因为直到此时 QEMU 才知道应该把 VNVDIMM 设备放在什么地址。而持久内存固件接口表需要根据这个地址填写。具体如何填写可以参考函数 nvdimm_build_fit_buffer，对照内核和规范中的格式可以查看持久内存固件接口表中的格式。

3. VNVDIMM 后端设备实现

VNVDIMM 前端设备模拟了 NVDIMM 设备的硬件规范，VNVDIMM 后端设备提供了硬件模拟操作在宿主机上的资源，VNVDIMM 设备就是宿主机上 NVDIMM 的内存空间。

（1）后端设备模型。

VNVDIMM 后端设备的设备模型树形结构如图 3-4 所示。

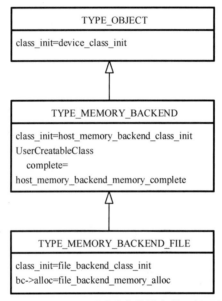

图 3-4　VNVDIMM 后端设备的设备模型树形结构

和前端不同，TYPE_MEMORY_BACKEND_FILE 类继承自 TYPE_OBJECT，与 TYPE_DEVICE 没有任何关系，并且还通过 TYPE_MEMORY_BACKEND 类继承了一个 UserCreatableClass 接口类。所以，后端设备的 realize 流程不会在前端设备上执行，取而代之的是 UserCreatableClass 的对应流程。

（2）后端设备初始化流程。

后端设备初始化分为类型初始化和对象初始化。

类型初始化和前端设备类似，不再进行赘述。需要着重指出的是在 TYPE_MEMORY_BACKEND 类型初始化函数 host_memory_backend_class_init 中，设置了 UserCreatableClass 的 complete 成员函数，这个成员函数将在对象初始化过程中被调用。

TYPE_MEMORY_BACKEND 对象初始化没有对应的 instance_init 成员，所以对象初始化的重要流程不在此，而是隐藏在了 UserCreatableClass 中。示例 3-17 所示代码片段详细指出了具有 UserCreatableClass 接口的 VNVDIMM 后端设备初始化流程。

示例 3-17 Complete 函数调用

```
1.    qemu_opts_foreach();
2.    -> user_creatable_add_opts
3.        -> user_creatable_add_type
4.            -> object_new("memory-backend-file")
5.                -> host_memory_backend_init
6.            -> user_creatable_complete
7.                -> ucc->complete()
8.                    -> host_memory_backend_memory_complete
9.                        -> bc->alloc()
10.                           -> file_backend_memory_alloc
```

从示例 3-17 所示代码片段中可以看到，对 UserCreatableClass 的初始化会调用其对应的 complete 成员函数。对 VNVDIMM 后端设备来说，这个函数就是 host_memory_backend_memory_complete，所以 VNVDIMM 设备对应主机上的内存就是在这个函数中初始化的。

3.2.2 使用配置方法

本节将通过实例展示在实际场景中如何使用 VNVDIMM 设备。

1. VNVDIMM 后端设备配置

在实现上，VNVDIMM 设备可分为前端设备和后端设备。在使用时，只有指定各自命令参数，才能使两者共同生效并相互配合。因为后端设备涉及宿主机提供的资源，所以在使用后端设备前，需要在宿主机上进行适当配置，才能在 QEMU 命令行中正确使用。正如 3.1 节提到的，当前 Linux 系统支持字符设备和块设备接口的 NVDIMM 设备。下面将按照这两种接口分别介绍对应的后端设备配置方式。

（1）字符设备模式配置。

配置成字符设备模式的宿主机上的 NVDIMM 设备，可以在 VNVDIMM 设备后端命令行中直接使用。通过如下命令可以创建字符设备模式，如果成功，将会生成/dev/dax0.0 文件，这就是最后传给 QEMU 的参数。

```
NDCTL create-namespace -f -e namespace0.0 -m devdax
```

（2）块设备模式配置。

配置成块设备模式的宿主机上的 NVDIMM 设备，需要额外的配置才能在 VNVDIMM 设备的后端命令行中使用。配置成块设备模式的 NVDIMM 设备在宿主机上以块设备的形式呈现，而 VNVDIMM 设备后端需要一个宿主机上的文件作为参数，对这个块设备进行分区、制作文件系统、挂载、创建合适大小的文件后，才能将这个文件作为 VNVDIMM 设备的后端参数。需要注意的是在挂载该分区时需使用-o dax 参数保证虚拟机中读写的持久性。示例 3-18 是以/dev/pmem0 为例列出的具体配置方式。

示例 3-18　后端配置

```
1.  NDCTL create-namespace -f -e namespace0.0 -m fsdax
2.  parted /dev/pmem0 mklabel gpt
3.  parted -a opt /dev/pmem0 mkpart primary ext4 0% 100%
4.  mkfs.ext4 -L pmem1 /dev/pmem0p1
5.  mount -o dax /dev/pmem0p1 /mnt
6.  dd if=/dev/zero of=/mnt/backend1 bs=2G count=1
```

dd 文件的大小可以按照需要自己定义，文件/mnt/backend1 就是传给 QEMU 的参数。

2. 在 QEMU 中使用 VNVDIMM 设备

设置完 VNVDIMM 设备的后端，就可以在 QEMU 命令行中使用该后端文件创建 VNVDIMM 设备了。其使用方式在 QEMU 源代码的文档中也有提示，这里只对其中部分内容进行详细解释，并提供一个可以使用的示例。

VNVDIMM 设备支持热插拔特性，该特性和虚拟内存热插拔特性类似，在实现上也复用了虚拟内存热插拔的代码逻辑。

(1)命令行必要参数。

在 QEMU 中使用 VNVDIMM 设备，除了需要指定虚拟设备的前端参数与后端参数，还有一些和该特性相关的参数。如果没有指定这些参数，那么 VNVDIMM 设备将不能生效。示例 3-19 中的几个参数是在 QEMU 中使用 VNVDIMM 设备必需指定的参数。

示例 3-19　在 QEMU 中使用 VNVDIMM 设备必需指定的参数

```
1. -machine pc,nvdimm
2. -m $RAM_SIZE,slots=$N,maxmem=$MAX_SIZE
3. -object memory-backend-file,id=mem1,share=on,mem-path=$PATH,size=$NVDIMM_SIZE
4. -device nvdimm,id=nvdimm1,memdev=mem1
```

- -machine pc,nvdimm：只有加上 nvdimm 参数才能生效。
- -m $RAM_SIZE,slots=$N,maxmem=$MAX_SIZE：$N 必须大于想要使用的 VNVDIMM 设备个数，$MAX_SIZE 必须大于$RAM_SIZE + VNVDIMM 设备容量大小。
- -object memory-backend-file：指定的是 VNVDIMM 设备的后端，其中$PATH 的内容就是在上一小节中配置出的文件。

以上这几个参数要注意其数值大小，以保证可以使用。

(2)完整示例。

示例 3-20 是在 QEMU 中使用 VNVDIMM 设备的完整命令行，除了上述的必要参数，还需要准备一个支持 NVDIMM 设备的系统镜像，该镜像路径用于替换示例 3-20 中的 your_guest_os.img。

示例 3-20　在 QEMU 中使用 VNVDIMM 设备的完整命令行

```
1. qemu-system-x86_64 -machine pc,nvdimm
2. -m 4G,slots=4,maxmem=128G -smp 4 --enable-kvm
3. -drive file=your_guest_os.img,format=raw
4. -object memory-backend-file,id=mem1,share=on,mem-path=/dev/dax0.0,size=1G,align=2M
5. -device nvdimm,id=nvdimm1,memdev=mem1,label-size=128k
```

(3)热插拔。

VNVDIMM 设备的热插拔流程和内存的热插拔流程类似，因为 VNVDIMM 设备继承自 PCDIMM 设备。示例 3-21 给出了在 QEMU monitor 中输入的命令行，可以看到热插拔的命令行和示例 3-20 中的 VNVDIMM 设备的前端和后端部分基本一致。

示例 3-21　VNVDIMM 热插拔

```
1.  (monitor) object_add memory-backend-file,id=mem1,share=on,mem-path=/dev/dax0.0,
    size=1G,align=2M
2.  (monitor) device_add nvdimm,id=nvdimm1,memdev=mem1,label-size=128k
```

3.2.3　性能优化指导

在 QEMU 中使用 VNDIMM 设备时，配置可能会导致虚拟设备的性能和物理机相比有差距，造成这一结果的主要原因是虚拟机的微处理器和内存与 VNVDIMM 设备的 NUMA 节点不一致。下面将分别对微处理器和内存配置给出配置指导。在配置虚拟机微处理器和内存前，要先获得 VNVDIMM 设备的 NUMA 节点（通过 NDCTL 命令可以获得对应的命名空间的 NUMA 节点）。命令空间信息如示例 3-22 所示，其中，numa_node 信息表示在节点 0，所以虚拟机的微处理器和内存需要尽量配置在节点 0 上，以获得较好的性能。

示例 3-22　命名空间信息

```
1.   {
2.     "dev":"namespace0.2",
3.     "mode":"devdax",
4.     "map":"mem",
5.     "size":6440353792,
6.     "uuid":"427ec2a6-c6d5-4c0b-81c6-d2fee2e1101c",
7.     "raw_uuid":"93234c82-2b51-4877-80bc-a7cfcccffa97",
8.     "chardev":"dax0.2",
9.     "name":"ns2",
10.    "numa_node":0
11.  }
```

1. 虚拟微处理器的配置指导

配置虚拟机的微处理器的目标是将各个虚拟微处理器与同一个 NUMA 节点上的物理微处理器内核一一对应绑定。这个过程可以分成以下几步：

- 获取物理机上微处理器对应的 NUMA 节点；
- 获取 VCPU 线程的 ID；

- 绑定 VCPU 到物理微处理器内核上。

物理微处理器内核的 NUMA 节点可以直接通过 lscpu 命令获取。示例 3-23 显示了 16 个物理微处理器内核在两个 NUMA 节点上的分布情况。

示例 3-23　NUMA 节点信息

```
1.  NUMA node0 CPU(s):    0-7
2.  NUMA node1 CPU(s):    8-15
```

获取 VCPU 的线程 ID 需要通过 QEMU 的 monitor 函数来实现，在 monitor 中输入 info cpus 命令会显示所有 VCPU 线程的 ID。示例 3-24 显示了一个有 4 个 VCPU 的虚拟机的 VCPU 信息。

示例 3-24　VCPU 信息

```
1.  (qemu) info  cpus
2.  * CPU #0: thread_id=4041
3.    CPU #1: thread_id=4042
4.    CPU #2: thread_id=4043
5.    CPU #3: thread_id=4044
```

获得上述信息后，就可以将两者绑定了。例如，将 vcpu0 绑定在第四个物理微处理器上，可以使用如示例 3-25 所示命令来实现。

示例 3-25　绑定微处理器

```
1.  taskset -cp 4 4041
```

2. 虚拟内存的配置指导

配置虚拟机的内存的目标和配置微处理器的目标一样，即将虚拟机的内存和 VNVDIMM 的内存绑定在同一个 NUMA 节点上。操作时需要通过 numactl 命令在指定的 NUMA 节点上分配内存。例如，将虚拟机内存都分配至 NUMA 节点 0 上，需要在 QEMU 命令行前加上如示例 3-26 所示内容。

示例 3-26　绑定内存

```
1.  numactl -m 0
```

3.3 Windows 持久内存驱动实现

3.3.1 持久内存支持概述

Windows 11 和 Windows Server 2019 都支持持久内存，其秉承的目标是：访问持久内存时支持零拷贝；对于大多数应用程序来说，不需要修改代码就可以使用持久内存提供的向后兼容的接口，满足不同业务的需求；提供原子的块访问语义。Windows 支持持久内存的方法与 Linux 类似，有如下几种形式：

- DAX 文件系统。这种形式类似于 Linux 中支持 fsdax 的 EXT4 和 XFS 文件系统，提供 DAX 的语义操作。用户可以映射文件，然后用 load、store 和 flush 等指令进行操作。该方式还支持通过读写系统调用来访问，可以选择用缓存的方式操作还是用非缓存的方式操作。
- 块设备模式。这种形式下的用户接口就是一个块设备，访问方式与传统的 Windows 块设备无异。

在 Windows 中操作配置非易失性内存的方法步骤可以参考官方文档，具体细节不再叙述。

3.3.2 持久内存驱动框架解析

如图 3-5 所示，Windows 引入了全新持久内存驱动模型，包括 PMEM 总线驱动和 PMEM 盘驱动。PMEM 总线驱动用于枚举持久内存物理设备和逻辑设备，与 I/O 路径无关联；PMEM 盘驱动负责配置持久内存逻辑设备、传输数据，以及把持久内存按照存储抽象层的接口形式接入 Windows 系统。同时，Windows 的持久内存驱动模型还支持对持久内存硬件的管理接口。

Windows 在用户逻辑接口引入了 DAX 模式的存储卷来支持持久内存，存储卷在格式化的时候可以指定 DAX 模式，目前 NTFS 文件系统支持通过内存映射文件来直接访问持久内存，此时持久内存通过页表映射到用户空间，后续的访问不再需要额外的缓存。在 DAX 模式下，I/O 访问需要由缓存管理模块在用户缓冲区和持久内存之间进行一次数据复制。需要注意的是当按 DAX 模式格式化存储卷时，NTFS 文件系统的 snapshot、filter 等功能会受到限制。

为保持兼容性，Windows 还提供了块模式（Block Mode）的存储卷，这种模式保存了现有的存储语义，所有 I/O 操作都会通过存储层的处理，再通过 PMEM 块驱动来操作持久内存，块模式保持了与现有应用程序一致的兼容性。Windows PMEM 相关驱动的详细介绍请参考

Windows 官方网站。

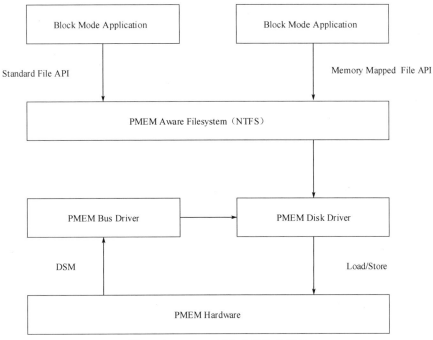

图 3-5　Windows 持久内存软件架构

3.4　持久内存管理工具

3.4.1　持久内存的配置目标和命名空间

1. 持久内存的配置目标原理

在操作系统中传统的 DRAM 容量直接可见；而持久内存只有在配置持久内存的配置目标、创建命名空间后，才可以进行数据存取。配置目标、创建命名空间等管理操作是通过命令行程序（IPMCTL 和 NDCTL）来实现的。

IPMCTL 创建持久内存配置目标的模式如表 3-1 所示。内存模式和 AD 模式的介绍参见第 1 章。

表 3-1　IPMCTL 创建持久内存配置目标的模式

模式	命令	参数说明
内存模式	ipmctl create -goal MemoryMode=x	MemoryMode=x （x 的取值为 5～100，表示多少百分比的持久内存对系统可见）
AD 模式	ipmctl create -goal	PersistentMemoryType=AppDirect（交织式）； PersistentMemoryType= AppDirectNotInterleaved（非交织式）

如图 3-6 所示，AD 模式的配置目标包含交织式和非交织式。交织式把同一微处理器上的所有持久内存设置为一个区域，其容量为所有持久内存容量的总和，一旦其中一条持久内存被物理损坏或软件标签被损坏，其他持久内存中的数据也会丢失。非交织式持久内存以每条持久内存为一个区域，在操作系统中会显示多个持久内存设备，各持久内存间是不受影响的。

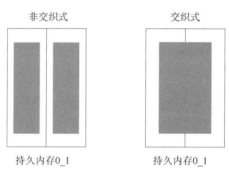

图 3-6　非交织式与交织式持久内存

2. 持久内存命名空间文件管理方式

持久内存的内存模式无须命名空间配置。持久内存的 AD 模式需要将内存区域分割成多个命名空间来管理，同时采用标签定义每个命名空间的使用区域和容量，标签被统一放置在标签区。未使用的内存区域作为未使用设备隐藏起来，将来可以用来创建新的命名空间。持久内存命名空间架构如图 3-7 所示。

命名空间标签的容量超过 128KB，由标签索引和标签存储组成。文件头有两个标签索引，由于这两个标签索引提供了双层保护，所以在异常电源失效的情况下，也能保证标签格式的完整性。标签索引后面有一组存储标签将占据剩下的所有标签，持久内存的厂商会定义标签存储的容量和个数。由持久内存标准规范可知，标签区的容量为 128KB，可以存放 1024 个标签存储，每个标签存储占用 128 字节，对应一个命名空间。标签索引包含的 f 或者 0 表示此标签存储是当前使用还是当前空闲。

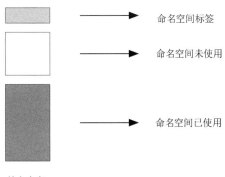

图 3-7　持久内存命名空间架构

标签索引占用 256 字节，标签索引规范如表 3-2 所示。

表 3-2　标签索引规范

名　　称	字 节 长 度	字节偏移量	描　　述
Sig	16	0x0000	字符串 NAMESPACE_INDEX\0
Flags	4	0x0010	标签存储的布尔属性，没有特别定义参数，默认值是 0
Seq	4	0x0014	连续性的数字，用于区分哪个标签索引是当前使用的
Myoffset	8	0x0018	标签索引在标签存储的偏移量
MySize	8	0x0020	标签索引的容量
OtherOffset	8	0x0028	其他标签索引和这个标签索引的偏移量
LabelOffset	8	0x0030	标签存储中的偏移量
NumOflabel	4	0x0038	标签存储总共可以存储的标签个数
Major	2	0x003c	Major 的版本
Minor	2	0x003e	Minor 的版本
Checksum	8	0x0040	64 位的标签索引校验码
Free	NumOfLabel +后缀	0x0048	显示有无标签存储，0 表示有，1 表示没有

示例 3-27 所示标签索引中的 NumOfLabels 是 0x1fe，最多支持 510 个命名空间，Hexdump 中的第二位 0x0=0000 表示已经存在 4 个命名空间，0xf=1111 表示有 4 个连续的位置没有命名空间。

示例 3-27 命名空间标签索引

```
1.     Label Storage Area - Current Index
2.        Signature: NAMESPACE_INDEX
3.        Flags: 0x0
4.        LabelSize: 0x1
5.        Sequence: 0x3
6.        MyOffset: 0x0
7.        MySize: 0x100
8.        OtherOffset: 0x100
9.        LabelOffset: 0x200
10.       NumOfLabels: 0x1fe
11.       Major: 0x1
12.       Minor: 0x2
13.       Checksum: 0x2793e13bd8323c0d
14.       Free:
15.       Hexdump for 64 bytes:
16.       000: f0ffffffffffffff ffffffffffffffff ...
17.       016: ffffffffffffffff ffffffffffffffff ...
18.       032: ffffffffffffffff ffffffffffffffff ...
19.       048: ffffffffffffffff ffffffffffffffff ...
```

标签存储是存放命名空间标签的地方，每个命名空间都有不同的显示信息，标签存储规范如表 3-3 所示。

表 3-3 标签存储规范

名 称	字节长度	字节偏移量	描 述
UUID	16	0x0000	遵循 RFC 4122 UUID 规范
Names	64	0x0010	非必需的名称，可不填
Flags	4	0x0050	命名空间的布尔属性
NumOfLabel	2	0x0054	当前在持久内存上总共激活的命名空间数量
Position	2	0x0056	命名空间在整个标签的位置： 0≤Position≤NumOfLabel 当多条持久内存以交织式配置时，第一条持久内存的值为 0，第二条持久内存的值加 1
ISetCookie	8	0x0058	标记交织式命名空间的身份码

续表

名　　称	字节长度	字节偏移量	描　　述
LbaSize	8	0x0060	非零的 LbaSize 显示区块型命名空间的容量
Dpa	8	0x0068	命名空间在持久内存上开始的内存物理地址
RawSize	8	0x0070	命名空间的容量
Slot	4	0x0078	当前命名空间在标签存储中的顺序标号
Unused	4	0x007c	值为 0

如示例 3-28 所示，该命名空间标签存储从 Dpa 地址 0xb00000000 开始；RawSize 为 0xc80000000=50GB 表示该命名空间的容量是 50GB；NumOfLabels 为 0x4 表示持久内存上总共有四个激活的命名空间；Slot 为 0，表示该命名空间排在所有命名空间中的第一位。

示例 3-28　命名空间标签

```
1.    UUID: 244806fd-c2c9-2a45-b3af-3487b0786a73
2.    Name:
3.    Flags: 0x8
4.    NumOfLabels: 0x4
5.    Position: 0x0
6.    ISetCookie: 0x19bc3d0f5b78888
7.    LbaSize: 0x200
8.    Dpa: 0xb00000000
9.    RawSize: 0xc80000000
10.   Slot: 0
```

命名空间分为持久内存命名空间（PMEM Namespace）和区块化命名空间（Sector Namespace）。

持久内存命名空间用于将多个持久内存设置为一个配置目标。例如，把两个持久内存配置为一个配置目标，这个完整的配置目标允许创建至少一个命名空间，命名空间的容量小于或等于这个完整的配置目标，允许部分命名空间剩余未使用。命名空间的标签信息存放在顶部，其存放格式根据持久内存的规范存储。

区块化命名空间用于在多个持久内存没有配置为一个配置目标的情况下，把一个完整的持久内存分配给一个区块型命名空间，或者在一个持久内存上创建多个区块型命名空间。

持久内存命名空间和区块化命名空间是可以共存的，如图 3-8 所示，持久内存 0 可以同时存在持久内存命名空间、区块化命名空间和命名空间未使用，且持久内存 0 和持久内存 1 上的持久内存命名空间可以组合使用。

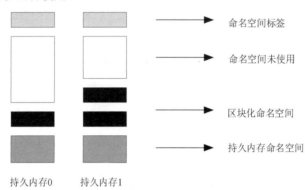

图 3-8　持久内存命名空间和区块化命名空间架构

在创建命名空间时，有 4 种模式可以选择。

- sector，将持久内存设置为一个快速块设备。此模式对于尚未修改为使用持久内存存储的传统应用程序很有用。扇区设备的使用方式与系统上的其他块设备的使用方式相同，在 Sector 文件类型上可以创建分区或文件系统，将其配置为软件磁盘镜像的一部分，或者将其用作动态缓存设备。这样设备会被显示在/dev/pmemNs 中，每个命名空间都有独立的 pmemNs。

- devdax。在这种模式下，持久内存设备可以直接被访问，I/O 可以透传内核的存储软件栈，不需要使用设备映射器驱动。设备 devdax 通过 DAX 字符设备节点提供对持久内存存储的原始访问。微处理器缓存刷新和 Fencing 指令可以使 devdax 设备上的数据持久化。某些数据库和虚拟机管理程序可能会从这种模式中受益，但无法在 devdax 设备上创建文件系统直接访问。这样设备会被显示在/dev/daxX.Y 中，可以作为系统内存分配给虚拟机，提高虚拟机内存的容量并降低单位成本。

- fsdax，与 devdax 模式类似，在这种模式下，持久内存设备被直接访问，I/O 透传内核的存储软件栈，不需要使用设备映射器驱动。fsdax 可以通过创建文件系统直接访问，设备会被显示在/dev/pmemX.Y 中，作为较常用的持久内存使用方式存储和管理用户数据。

- raw，不支持 DAX 的内存磁盘类型，在这种模式下，命名空间是被限制的，没办法创建，设备会被显示在/dev/pmemX.Y 中，是持久内存的初始化模式，需要创建其他文件类型。

示例 3-29 分别创建了 211.39GB fsdax 命名空间和 26.42GB devdax 命名空间。namespace 1.2 是 fsdax 类型的命名空间，容量为 211.39GB，卷标是/dev/pmem1.2；namespace 0.0 是 devdax 类型的命名空间，容量为 26.42GB，卷标是/dev/dax0.0，这两种类型的命名空间可以共存在同一个持久内存上。系统开始自动加载持久内存，用户通过绑定 UUID 的方式固定使用特定的命名空间，因为每个命名空间的 UUID 是独一无二的。

示例 3-29　创建命名空间

```
1.   {
2.     "dev":"namespace1.2",
3.     "mode":"fsdax",
4.     "map":"dev",
5.     "size":"196.87 GiB (211.39 GB)",
6.     "uuid":"a846c3dd-4f63-4003-944a-fa4c8fb8206a",
7.     "sector_size":512,
8.     "align":4096,
9.     "blockdev":"pmem1.2"
10.  }
11.  {
12.    "dev":"namespace0.0",
13.    "mode":"devdax",
14.    "map":"dev",
15.    "size":"24.61 GiB (26.42 GB)",
16.    "uuid":"4662ec26-96eb-4c9d-9934-d4d04a557365",
17.    "daxregionn":{
18.      "id":0,
19.      "size":"24.61 GiB (26.42 GB)",
20.      "align":4096,
21.      "devices":[
22.      {
23.        "chardev":"dax0.0",
24.        "size":"24.61 GiB (26.42 GB)"
25.      }
26.      ]
```

```
27.    },
28.    "align":4096
29. }
```

3.4.2 IPMCTL

1. IPMCTL 工具原理

IPMCTL 工具用来配置和管理英特尔持久内存设备，支持如下功能。

- 发现和读取系统上的持久内存；
- 管理持久内存上的配置信息；
- 读取和更新持久内存上的软件版本；
- 设置持久内存的安全性加密；
- 读取持久内存上的状态信息和性能参数；
- 读取持久内存的软件日志，记录和分析问题。

IPMCTL 可以进行在线安装，如在 Redhat/Centos 系统里使用 Yum 命令（Yum install IPMCTL）安装 IPMCTL，源文件可以在 Github 上下载并安装，注意在安装过程中需要提前安装三个相应的安装包 libsafec-devel、libndctl-devel 和 rubygem-asciidoctor。

2. IPMCTL 工具管理持久内存实例

IPMCTL 工具管理命令如表 3-4 所示。

表 3-4　IPMCTL 工具管理命令

命　　令	说　　明
IPMCTL show device	显示一条或者多条持久内存的信息
IPMCTL show memory-resource	显示所有持久内存的资源使用状态
IPMCTL show socket	显示物理微处理器的基本信息
IPMCTL show system capabilities	显示持久内存的容量
IPMCTL show topology	显示持久内存的连接方式
IPMCTL change device passphrase	修改持久内存的安全密码
IPMCTL change device security	将持久内存的安全锁修改为打开或关闭
IPMCTL create goal	创建一个配置目标或者多个配置目标

续表

命　　令	说　　明
IPMCTL delete namespace	删除一个或者多个命名空间
IPMCTL dump goal	存储持久内存的配置目标为一个文件
IPMCTL enable device security	打开数据安全加密
IPMCTL erase device data	清除持久内存上的数据
IPMCTL load goal	从配置目标的配置文件导入持久内存
IPMCTL show goal	显示持久内存的配置目标信息
IPMCTL show region	显示持久内存的区域信息
IPMCTL change sensor	修改持久内存的状态感应器阈值
IPMCTL show performance	显示持久内存的性能状态
IPMCTL show sensor	显示持久内存的健康状态
IPMCTL version	显示 IPMCTL 的软件版本
IPMCTL dump support	保存可支持的信息到一个文件中
IPMCTL help	显示 IPMCTL 的帮助命令
IPMCTL modify device	修改持久内存的配置参数
IPMCTL show firmware	显示持久内存的软件版本
IPMCTL show host	显示服务器的基本信息
IPMCTL show preferences	显示持久内存软件的优先级
IPMCTL update firmware	更新持久内存软件版本
IPMCTL inject error	插入一个错误
IPMCTL dump debug-log	下载持久内存的软件状态日志
IPMCTL start diagnostic	诊断测试
IPMCTL show acpi	显示持久内存的 ACPI 表
IPMCTL show error log	显示温度和媒介错误状态日志
IPMCTL show pcd	显示持久内存的 PCD 配置信息
IPMCTL dump session	将正在运行状态保存到文件中

除了表 3-4 列出的命令，还可以使用 IPMCTL 显示更多命令来控制和管理持久内存。

显示持久内存的基本状态信息的命令为 IPMCTL show -dimm，如示例 3-30 所示。

示例 3-30　显示持久内存基本信息

```
1.  [root@localhost ~]# IPMCTL show -dimm
2.  DimmID | Capacity  | HealthState|ActionRequired|LockState|FWVersion
3.  ===============================================================
4.  0x0001 | 126.4 GiB| Healthy     | 0            |Disabled |01.02.00.5395
5.  0x0101 | 126.4 GiB| Healthy     | 0            |Disabled |01.02.00.5395
6.  0x0111 | 126.4 GiB| Healthy     | 0            |Disabled |01.02.00.5395
7.  0x0111 | 126.4 GiB| Healthy     | 0            |Disabled |01.02.00.5395
```

- DimmID 是持久内存在服务器里的位置信息，0x0 表示 CPU0；0x1 表示 CPU1；0x0001 表示 CPU0 上第一个插槽的持久内存；0x1001 表示 CPU1 上第一个插槽的持久内存。

- Capacity 是单条持久内存的容量，此单条持久内存的容量为 126.4GiB。

- HealthState 是指持久内存的健康状态，显示为健康和非健康两种类型。

- ActionRequired 是指持久内存是否需要执行相关操作，0 表示不需要执行操作，1 表示需要执行操作。

- LockState 是指持久内存是否在锁定状态，锁定状态下无法对持久内存进行命名空间的管理。

- FWVersion 是指固件的版本信息，根据版本信息决定是否需要更新版本。

显示持久内存的传感器状态的命令为 IPMCTL show -sensor，该命令运行结果如示例 3-31 所示。

示例 3-31　显示持久内存传感器状态

```
1.  ---DimmID=0x0001---
2.     ---Type=Health
3.        CurrentValue=Healthy
4.        CurrentState=Normal
5.        CurrentValue=39C
6.        CurrentState=Normal
7.        LowerThresholdNonCritical=N/A
8.        UpperThresholdNonCritical=82C
9.        LowerThresholdCritical=83C
10.       UpperThresholdCritical=83C
11.       UpperThresholdFatal=85C
12.       EnabledState=0
13.    ---Type=ControllerTemperature
```

```
14.     CurrentValue=41C
15.     CurrentState=Normal
16.     LowerThresholdNonCritical=N/A
17.     UpperThresholdNonCritical=98C
18.     LowerThresholdCritical=99C
19.     UpperThresholdCritical=99C
20.     UpperThresholdFatal=102C
21.     ---Type=PercentageRemaining
22.     CurrentValue=100%
23.     CurrentState=Normal
24.     LowerThresholdNonCritical=50%
25.     ---Type=LatchedDirtyShutdownCount
26.     CurrentValue=38
27.     CurrentState=Normal
28.     ---Type=PowerOnTime
29.     CurrentValue=24864026s
30.     CurrentState=Normal
31.     ---Type=UpTime
32.     CurrentValue=1182330s
33.     CurrentState=Normal
34.     ---Type=PowerCycles
35.     CurrentValue=155
36.     CurrentState=Normal
37.     ---Type=FwErrorCount
38.     CurrentValue=8
39.     CurrentState=Normal
40.     ---Type=UnlatchedDirtyShutdownCount
41.     CurrentValue=100
42.     CurrentState=Normal
```

持久内存支持内嵌传感器显示实时状态，实时状态的信息用于维护机器的稳定性。当状态触发异常阈值时，服务器管理人员会自动收到预警提示，按照信息相关的内容提供解决方案。可以监测的数据有很多，如温度、健康状态、异常关机的次数、芯片模组的完整性等。

例如，0x0001 表示 CPU0 上第一个插槽的持久内存，持久内存介质温度（MediaTemperature）为 39℃，82℃是健康工作温度阈值，83℃触发报警，85℃介质失效。持久内存控制器温度（ControllerTemperature）为 41℃，98℃是健康工作温度阈值，99℃触发报警，102℃管理模块失效。介质可用比（PercentageRemaining）是当前介质的健康百分比，设置的报警阈值为 50%，当健康百分比低于该值后，自动触发系统报警，提醒网络管理人员采取相关措施，管理人员可以设定不同的健康监控阈值。异常关机次数（LatchedDirtyShutdownCount）是机器的非正常关机的次数，如异常掉电。开机时间（PowerOnTime）和运行时间（UpTime）是持久内存使用的总时间和当前开机运行时间。开关机次数（PowerCycles）是持久内存执行过的开关机次数。固件错误次数（FwErrorCount）是持久内存的软件固件在使用过程中自身产生的错误，管理人员通过监控固件错误次数和详细信息，可以提前规避潜在的失效风险。

3.4.3 NDCTL

1. NDCTL 工具原理

NDCTL 是管理 Linux libnvdimm 内核子系统的实用程序，用于支持和管理不同供应商的各种非易失性内存设备（持久内存），是 Linux 系统下的开源工具。libnvdimm 为持久内存资源定义的内核设备模型和控制消息接口，主要包含以下功能：

- 创建命名空间；
- 枚举设备；
- 管理内存、管理命名空间、管理区域；
- 管理持久内存的标签。

NDCTL 可以通过网络进行在线安装，如在 Redhat/Centos 系统里使用 Yum 命令（Yum install NDCTL）进行在线安装；源文件可以在 Github 上进行下载安装，但需要提前安装软件包 libnvdimm。

2. NDCTL 工具管理持久内存实例

NDCTL 为每个命令提供一个命令页，每个命令页都详细描述了所需的参数和特性。可以使用 man 或 NDCTL 实用程序找到并访问手册页。NDCTL 工具管理命令如表 3-5 所示。

表 3-5　NDCTL 工具管理命令

主命令	说明
NDCTL check-labels	检查持久内存是否有命名空间的标签
NDCTL check-namespace	检查命名空间的数据连续性
NDCTL clear-errors	清除命名空间的区块错误

续表

主　命　令	说　　明
NDCTL create-namespace	创建命名空间
NDCTL destroy-namespace	删除命名空间
NDCTL disable-dimm	休眠持久内存
NDCTL disable-namespace	休眠持久内存的命名空间
NDCTL disable-region	休眠持久内存的区域
NDCTL enable-dimm	激活持久内存
NDCTL enable-namespace	激活持久内存的命名空间
NDCTL enable-region	激活持久内存的区域
NDCTL freeze-security	禁止给持久内存设置安全加密
NDCTL init-labels	初始化持久内存的标签
NDCTL inject-error	命名空间的数据注错
NDCTL inject-smart	SMART 信息阈值的注错
NDCTL list	显示持久内存上的配置及基本信息
NDCTL load-keys	加载已知的安全密码
NDCTL monitor	监控持久内存 SMART 的信息
NDCTL read-labels	读取持久内存的标签信息
NDCTL remove-passphrase	删除持久内存的安全密码
NDCTL sanitize-dimm	格式化持久内存
NDCTL setup-passphrase	设置持久内存的安全密码
NDCTL start-scrub	执行地址巡检
NDCTL update-firmware	更新持久内存的固件版本
NDCTL update-passphrase	更新持久内存的安全密码
NDCTL wait-overwrite	等待数据覆盖完成
NDCTL wait-scrub	等待地址巡检完成
NDCTL write-labels	写数据到持久内存的标签
NDCTL zero-labels	清除持久内存的标签

NDCTL create-namespace -r 1 -m fsdax -a 4096 -s 25g 是一个创建一个容量为 25GiB 的命名空间，类型是 fsdax，页为 4KB 的创建命名空间的命令，其运行结果如示例 3-32 所示。

示例 3-32　创建命名空间容量和类型

```
1.    {
2.      "dev":"namespace0.0",
3.      "mode":"devdax",
4.      "map":"dev",
5.      "size":"24.61 GiB (26.42 GB)",
6.      "uuid":"c7a1729f-8474-47ba-b9ea-24d4c30b60b1",
7.      "daxregI/On":{
8.        "id":0,
9.        "size":"24.61 GiB (26.42 GB)",
10.       "align":4096,
11.       "devices":[
12.       {
13.         "chardev":"dax0.0",
14.         "size":"24.61 GiB (26.42 GB)"
15.       }
16.       ]
17.      },
18.      "align":4096
19.    }
```

3. IPMCTL 和 NDCTL 工具的区别

IPMCTL 和 NDCTL 都是管理和配置持久内存的工具。其中，IPMCTL 是英特尔开发的软件工具，用于管理英特尔的持久内存产品，创建配置目标和实时状态监控，更新持久内存软件版本，获取软件日志来分析持久内存底层运行状态，当出现问题时通过软件日志定位和分析问题。IPMCTL 不但可以在操作系统（Linux 和 Windows）下管理持久内存，还具备在 UEFI shell 下管理持久内存的功能。

NDCTL 是系统用户层的持久内存管理工具，主要用于创建和管理命名空间，管理命名空间的加解密。由于 NDCTL 是开源的管理工具，并加入了更多对持久内存的管理功能及注错，所以支持所有品牌的持久内存。

3.4.4　Windows 管理工具

Linux 通过 IPMCTL 和 NDCTL 工具管理持久内存，Windows 通过自带的 Powershell 命令管理持久内存。表 3-6 所示为 Windows Powershell 管理持久内存命令，其操作原理和 Linux 系统管理命令类似，这里不再进行详细说明。

表 3-6 Windows Powershell 管理持久内存命令

命　　令	说　　明
Get-PmemDisk	显示持久内存的逻辑状态信息，包括容量、类型、健康状态、工作模式
Get-PmemPhysicalDevice	显示持久内存的物理状态信息，包括容量、类型、健康状态、工作模式
New-PmemDisk	创建命名空间
Remove-PmemDisk	删除命名空间
Get-PmemUnusedRegion	显示未使用区域，可以用来创建新命名空间
Initialize-PmemPhysicalDevice	给 LSA 标签区填 0，以初始化标签
Getting Help	查看帮助文件

第 4 章
持久内存的编程和开发库

本章介绍持久内存的 SNIA（Storage Networking Industry Association）编程模型和持久内存开发库 PMDK（Persistent Memory Development Kit）。在 SNIA 编程模型中，持久内存有两种使用方式：传统块访问方式和持久内存直接访问方式。持久内存直接访问方式作为 SNIA 编程模型中最为推荐的使用方式，可以将持久内存的性能完全暴露给应用，但这种方式引入了一系列数据持久化和一致性的挑战。持久内存开发库 PMDK 的产生就是为了应对这些挑战，且 PMDK 在相当长的时间里是持久内存最重要的编程库。

本章将在第 3 章的基础上进一步介绍用户态的编程模型和使用方法，第一，介绍 SNIA 编程模型；第二，介绍持久内存直接访问方式引入的挑战和 PMDK 的开发背景；第三，详细介绍 PMDK 编程库的设计框架、接口、示例；第四，介绍 PMDK 的应用场景。

4.1　持久内存 SNIA 编程模型

持久内存具有和内存一样的字节访问特性，同时具有和存储器一样的持久化特性。要做到这一点，持久内存的存储介质要足够快，这样处理器才能等待持久内存访问，而不需要通过上下文切换到其他的线程中执行。持久内存硬件设备具有和普通内存硬件设备一样的形态，并且和普通内存共享内存控制器和内存通道。

持久内存不像内存那样对应用提供匿名的访问方式，应用访问持久内存需要知道如何建立与持久内存中的数据的连接关系。这种连接关系就是 SNIA 编程模型中定义的利用文件的方式提供命名权限及内存映射。

在 SNIA 编程模型中，BIOS 定义的 NFIT 表枚举了所有的持久内存设备。如图 4-1 所示，通用持久内存设备驱动在访问 NFIT 时，接管持久内存并将它们暴露给管理工具、传统文件系统及持久内存感知文件系统。

应用可以通过传统文件系统和通用持久内存设备驱动以块访问方式访问持久内存，这种访问方式和传统的磁盘设备的访问方式完全一致，持久内存被模拟成普通的磁盘设备。而应用通过持久内存感知文件系统访问持久内存，不经过传统块文件系统的软件栈，绕过块文件系统中的页高速缓存而直接访问持久内存。在这种方式下，将持久内存的性能完全暴露给了应用，这是访问持久内存最快的 I/O 方式。

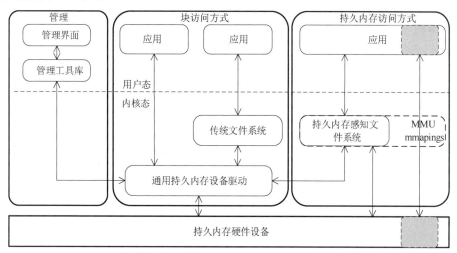

图 4-1　持久内存的 SNIA 访问模型

本书第 1 章中提到的一些当前持久内存硬件设备包括 NVDIMM-N、NVDIMM-F、NVDIMM-P 及英特尔傲腾持久内存。所以本章不再赘述持久内存硬件设备，而重点描述 SNIA 编程模型中的其他部分。

4.1.1 通用持久内存设备驱动

持久内存硬件实现块窗口（SNIA 规范中的 NVM.BLOCK 模式）和持久内存（SNIA 规范中的 NVM.PM.VOLUME 模式）接口的组合统称为通用持久内存设备驱动。《持久内存设备驱动编写指南》（*NVDIMM Block Window Driver Writer's Guide*）可以帮助驱动开发者开发出符合 NFIT、DSM 和持久内存命名空间（Namespace Specification）规范的持久内存驱动。

通过块窗口支持传统操作系统存储堆栈，通过配置 blocknamespace（第 3 章中的 Sector 类型的命名空间）使用驱动和内核将此命名空间模拟成磁盘设备，并在这些设备上创建分区或文件系统，作为软件 RAID 的一部分，或者将其用作较慢磁盘的缓存。

持久内存接口将每个 pmemnamesapce（第 3 章中的 fsdax 类型的命名空间）作为单独的设备呈现给操作系统，操作系统利用这些设备创建持久内存感知文件系统。

虽然持久内存接口提供字节可寻址读写访问，但它不提供最佳的系统 RAS 模型。通过内存接口访问损坏的系统物理地址会导致处理器异常，而通过块窗口访问损坏的系统物理地址会导致块窗口在寄存器中发生错误状态，因此后者更符合主机总线适配器连接磁盘的标准错误模型。

4.1.2 传统文件系统

传统文件系统建立在块窗口的基础上，其中包含虚拟文件系统（Virtual File System，VFS）、页高速缓存、磁盘文件系统、通用块层和 I/O 调度层，即 SNIA 规范中的 NVM.FILE 模式。应用通过传统文件系统访问持久内存与应用直接访问传统磁盘设备的访问方式完全一致，可以简单地将持久内存看作一个速度更快的磁盘设备。

4.1.3 持久内存感知文件系统

持久内存感知文件系统建立在持久文件接口的基础上，它不经过传统块文件系统的软件栈，绕过了传统块文件系统中的页高速缓存直接访问持久内存。这个特性被命名为直接存取访问（DAX），即 SNIA 规范中的 NVM.PM.FILE 模式。

应用或持久内存感知文件系统使用字节可寻址的方式访问持久内存，需要调用驱动获得所有 pmemnamesapce 的地址范围（SNIA 规范中使用 getrange），一旦持久内存感知文件系统或应用获得这些地址范围，就可以直接对这些地址进行字节访问，而不再需要调用驱动执行 I/O 操作。

4.1.4 管理工具和管理界面

持久内存通用驱动的一个重要功能是为持久内存管理软件提供适当的接口。这些接口通过标签管理 blocknamespace 和 pmemnamespace，以便查找、创建、修改、删除这些命名空间。同时，这些接口会为持久内存收集运行状况信息及许多其他功能。其中，管理工具可以在 GitHub 上找到，IPMCTL 和 NDCTL 的功能参见 3.4 节。

4.2 访问方式

第 3 章已经详细介绍了持久内存如何利用命名空间将持久内存的空间暴露给通用设备驱动，经过通用设备驱动和文件系统的软件栈，最终将持久内存以文件的方式暴露给应用。

如图 4-2 所示，应用通过块访问的方式访问持久内存，需要经过磁盘文件系统、通用块层、I/O 调度层和块设备驱动等一系列复杂的软件栈。

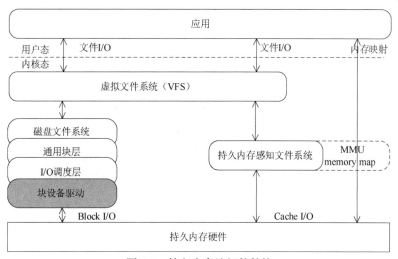

图 4-2 持久内存访问软件栈

① 系统调用 read()、mmap() 等会调用 VFS 的函数。VFS 会判断这个系统调用的处理方式，

如果访问的内容已经在页高速缓存中，就直接访问，否则从磁盘中读取。

② 为了从物理磁盘中读取文件，内核通过磁盘文件系统（映射层）确定该文件所在的文件系统块的大小，并根据文件系统块的大小计算所请求数据的长度。本质上，文件被拆成很多块，因此内核需要确定请求数据所在的块，通过调用具体的文件系统的函数访问文件的磁盘节点，然后根据逻辑块号确定请求数据在磁盘上的具体位置。

③ 内核利用通用块层启动 I/O 操作传达所请求的数据。通常，一个 I/O 操作只针对磁盘上一组连续的块。I/O 调度程序根据预先定义的内核策略对待处理的 I/O 进行重排和合并。

④ 块设备驱动向磁盘控制器硬件接口或持久内存发送适当的指令，进行实际的数据操作，即图 4-2 中的 Block I/O。

应用通过持久内存感知文件系统访问持久内存，绕过了传统文件复杂的软件栈，不经过页高速缓存而直接对持久内存进行 I/O 操作，即图 4-2 中的 Cache I/O。

4.2.1 持久内存访问方式

一个线性区（或称为虚拟内存区域）可以和系统的一个普通文件或块设备文件相关联，这意味着内核把对线性区内某个字节的访问转换为对文件中相应字节的操作，这就是内存映射（Memory Map，MMAP）。

持久内存感知文件系统中的文件经过内存映射后，操作线性区中的某个字节会直接访问持久内存中的内容（之前会经过缺页中断，在内存管理单元中建立虚拟地址到 DAX 文件物理块的链接），这种方式称为 DAX-MMAP。在这种方式下，应用直接访问持久内存介质，没有内核参与中断和上下文切换，使得持久内存的性能完全暴露给了应用，这就是 SNIA 编程模型最佳的使用方式。如示例 4-1 所示，应用以 DAX-MMAP 方式访问持久内存。

示例 4-1　以 DAX-MMAP 方式访问持久内存

```
1.  //以可读可写的方式打开一个文件
2.  fd = open("/my/file", O_RDWR);
3.  …
4.  //将文件以 DAX-MMAP 方式映射到虚拟的地址空间 base
5.  base = mmap(NULL, filesize, PROT_READ|PROT_WRITE,MAP_SHARED, fd, 0);
6.  //关闭这个文件
7.  close(fd);
```

```
8.   …
9.   //将 base 第 100 字节改写为 'X'
10.  base[99] = 'X';
11.  //在文件的开头写入"hello there"
12.  strcpy(base, "hello there");
13.  //使用 pmem_msync 将以 base 开头的 100 字节数据写入持久内存
14.  pmem_msync(base, 100, 0);
```

也可以通过文件读写的方式访问持久内存感知文件系统中的文件，数据需要从持久内存中复制到用户态内存 buf 中并修改，之后将新的数据写回持久内存中。应用需要调用 fsync，将处理器缓存的数据通过 clflush 等硬件指令刷新到持久内存介质中。以文件读写方式访问持久内存如示例 4-2 所示。

示例 4-2　以文件读写方式访问持久内存

```
1.   //以可读可写的方式打开一个文件
2.   fd = open("/my/file", O_RDWR);
3.   …
4.   //从文件中读数据，从持久内存中将数据复制到用户态内存 buf 中
5.   count = read(fd, buf, bufsize);
6.   //对用户 buf 直接进行字节读写操作
7.   strcpy(buf, "hello there");
8.   //将用户态 buf 中的数据复制到持久内存中
9.   count = write(fd, buf, bufsize);
10.  …
11.  //调用 fsync 将处理器缓存中的数据刷新到持久内存介质中
12.  fsync(fd);
13.  //关闭文件
14.  close(fd);
```

从示例 4-1、示例 4-2 中可以了解到，利用 DAX-MMAP 的方法访问持久内存无须中间 buf，在用户态和内核态进行数据复制，访问的效率会更高。

4.2.2　传统块访问方式

块设备的主要特点是处理器和总线读写数据需要的时间与设备硬件速度不匹配。块设备的平均访问时间很长，每个操作可能需要几毫秒才能完成。所以块设备的操作往往是异步操作，处理器不会一直等待数据准备好，而是通过上下文切换到其他的线程或进程执行，在数据准备好的

情况下，通过中断通知处理器进行下一步操作。

块是虚拟文件系统和磁盘文件系统传送数据的基本单位，每一个块都存放在页高速缓存中。当内核需要读物理块的时候，必须检查所读的块是否已经在页高速缓存中了。如果不在页高速缓存中，内核就会产生一个缺页中断并分配一个新页，然后从磁盘物理块中读取数据填充该页。同样，在把数据写到物理块之前，内核首先检查对应的块是否已经在页高速缓存中了，如果不在页高速缓存中，就产生缺页中断并分配一个新页，并用要写入的数据填充该页。在页高速缓存中修改的数据不会马上写回物理块中，而是会延迟一段时间后再对磁盘设备进行更新，从而使进程可以对要写入设备的数据做进一步的修改。

一个被修改过的脏页可能直到最后一刻都在系统的内存中，从延时写的策略来看，其缺点如下。

（1）如果出现硬件错误或断电的情况，系统恢复之后对文件的一些修改会丢失。

（2）页高速缓存的容量需求可能很大，从而会出现无法分配新页的情况。

因此需要在下列情况下将脏页写入硬件设备。

（1）页高速缓存的占用内存过多，新页不能分配。

（2）由页变成脏页的时间过长。

应用可以显式地请求对块设备或特定的文件变化进行刷新，主要通过调用 sync()、fsync()、fdatasync()、msync()等系统调用来实现。

传统的块访问方式通过内存映射的方式访问，写操作访问的不是真正的磁盘，而是页高速缓存。所以，即使只修改一个字节，可能也需要触发内核产生缺页中断，以分配一个新页，并将一些物理块读入新页，然后在这个内存页中进行一个字节的修改，并在合适的时候由内核或应用将这一页的脏数据更新到磁盘中。在示例中，通过 msync()将页高速缓存中的数据刷新到磁盘文件中。

应用有两种方式通过文件读写访问一个块设备：/dev 和文件系统挂载点的方式，前者通常用于配置；后者在挂载之后通过传统文件系统访问一个块设备。如示例 4-2 所示，用户 buf 中的数据通过 write ()写入内核页高速缓存，再通过 fsync()将页高速缓存中的数据刷新到磁盘中。

4.2.3 底层数据存取方式

应用持久内存感知文件系统使用字节可寻址的方式访问系统的线性地址,经过缺页中断在内存管理单元中建立虚拟地址到持久内存物理块的链接,内存控制器通过这些物理地址直接访问持久内存介质。图 4-3 所示为内存接口底层数据访问。

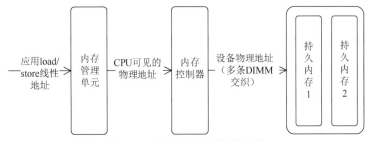

图 4-3 内存接口底层数据访问

传统块访问方式将磁盘文件系统的 I/O 请求通过块窗口驱动访问真正的持久内存。如图 4-4 所示,当读写单个逻辑块时,应遵循以下执行步骤。对于正在传输的每个逻辑块来讲,需要重复这一系列步骤。

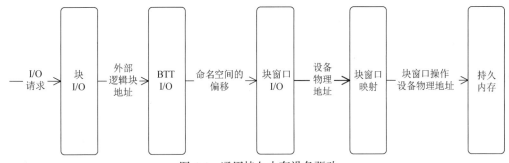

图 4-4 通用持久内存设备驱动

① 确定内核要读写的映射目标缓冲区。

② 确定 I/O 请求的外部逻辑块地址(Logic Block Address,LBA)。

③ 将外部 LBA 传递给块翻译表(Block Translation Table,BTT)I/O,根据写入原子性需求、BTT 空闲块的大小和数量计算出正确的映射后 LBA,将映射后 LBA 转换为命名空间的偏移。

④ 将命名空间的偏移转换为设备物理地址(Device Physical Address,DPA)。

⑤ 选择可用的块窗口（Block Window，BW）命令寄存器、状态寄存器和 BW 孔径编程来使用此命名空间描述的持久内存设备。

⑥ 释放 BW 资源并取消映射目标缓冲区。

由于块刷新在写入完成之前，所有块窗口的写入都是持久的，因此永远不会有任何写入数据需要在稍后的时间点保持持久性，来自应用的块刷新或同步缓存请求可被视为 NO-OP。

4.3 持久内存编程的挑战

对于传统块访问的方式，持久内存的访问方式和常见的磁盘设备的访问方式是一样的，所以只需要熟悉传统磁盘的访问方式就可以对持久内存进行编程访问。而通过标准文件读写接口操作持久内存感知文件，编程的方式和磁盘的相同，但这种方式在突然断电的情况下只能保证元数据的一致性，不能保证数据更新的一致性。

持久内存文件通过 DAX-MMAP 将持久内存的性能完全暴露给应用，应用可以直接通过读写指令对持久内存进行操作，但是这种方式会带来 5 方面的挑战。

① 写指令不能保证数据持久化，必须通过硬件指令写入持久内存。

② 处理器缓存中的数据和断电后持久内存中的数据可能不一致，需要考虑断电安全。

③ 从硬件上只能保证 8 字节数据的原子性，需要从软件上考虑超过 8 字节数据的原子性。

④ 持久内存分配不能使用现有堆的分配函数，因为这些函数没有考虑到数据的持久化。

⑤ 位置独立性，每次 MMAP 虚拟地址的起始地址不一样，需要考虑数据在重启后的恢复。

后面的章节将详细介绍这 5 方面的编程挑战。

4.3.1 数据持久化

在本书的第 2 章中介绍了应用调用写指令之后，数据不会自然地写入持久内存介质中，而是会通过硬件指令（clflush、clfushopt+sfence、non-temporal write+sfence 等）将处理器缓存中的数据刷新到内存控制器的 WPQ 中，内存控制器会负责将 WPQ 中的数据刷新到持久内存介质中。

在系统断电的情况下，ADR 将残存在 WPQ 中的数据刷新到持久内存介质中。可以将内存控制器和持久内存看作一个断电保护的区域，应用需要根据系统和硬件的支持选择合适的指令，将数据刷新到持久内存介质中。

4.3.2 断电一致性

在传统的基于内存的多线程应用中，多线程的共享数据往往必须通过锁的方式保证所有线程可见的改动是一致的，不会出现某个线程只看到数据的局部改动，这种特性称为可见性，即可以被别的线程看到已经完成的改动。

一旦将持久内存放到应用场景里面，需求就从简单的可见性转变到更加复杂的事务性。在遇到断电或宕机情况时，应用要能保证持久内存中的数据和线程看到的处理器缓存中的数据是一致的。这种事务性不同于内存事务性（TSX），TSX 能够保证内存事务的正确性，自动检测数据冲突，减少锁的操作，但其还是在可见性的范围中。

持久内存的断电问题的影响无疑是巨大的，断电后，轻则导致数据丢失，重则导致系统无法恢复，所以需要断电安全（Power Fail Safe）的特性。如示例 4-3 所示，一个断电不安全的代码可能引发资源的重复释放。假设系统在应用调用 persist（第 13 行代码）之前断电，此时持久内存里的值可能是 1，而在应用程序中看到的值是 0（此时资源已经释放），可见的数据和断电后持久内存中的数据不一致。假定在这种情况下重启程序，refcount 的值会从持久内存中重新读进处理器缓存中，调用 obj_deref 后，资源会再次被释放，这不是应用期望的行为。

示例 4-3 断电不安全代码

```
1.  struct my_object {
2.  // refcount 是一个 8 字节对齐的 8 字节整型变量
3.    uint64_t refcount __attribute__((aligned(64)));
4.      type some_resource;
5.  };
6.  static void object_deref(struct my_object *object) {
7.      //atomic 函数 __sync_sub_and_fetch, 处理器缓存中的 refcount 值变为 0
8.      if (__sync_sub_and_fetch(&object->refcount, 1) == 0) {
9.      //应用可见的处理器缓存中的 refcount 是 0, 释放资源
10.     delete_some_resource(object->some_resource);
11.     }
12.     //如果此时断电, 持久内存中的 refcount 可能还是 1
```

```
13.     persist(&object->refcount, sizeof(object->refcount));
14.     //persist 调用完成,refcount 在持久内存中是 0
15. }
16. void main()
17. {
18.     ….
19.     //调用 object_deref,让 refcount 减 1
20.     object_deref(&obj);
21. }
```

解决上述问题的方法是 refcount 需要在做任何决定或计算之前被持久化,这样应用的可见值和持久内存的值在行动之前是一致的。改动的方法是将 persist 移到 delete_some_resource 之前调用,即将示例 4-3 中的第 13 行代码移到第 10 行代码之前。

4.3.3 数据原子性

在持久内存出现之前,如果数据在写入内存的时候遇到断电,应用不会受到什么影响,因为这些数据本来就是易失性的。而对于持久内存,如果在数据写入的过程中遇到断电,那么持久内存中的数据可能被局部更新。

在 x86 的硬件上,只有一个 8 字节边界对齐的 8 字节存储能保证数据原子性。这意味着如果这 8 字节存储因为电源故障中断,则存储器内容要么包含之前的 8 字节,要么包含新写的 8 字节,但不会包含旧数据和新数据的某种组合。示例 4-3 代码中的 refcount 是一个 8 字节边界对齐的 8 字节整型变量,所以在调用 persist 函数的时候,即使断电,仍然可以保证数据原子性。

但是,任何超过 8 字节的数据都可能因电源故障而产生局部的改动,因此必须由软件处理。例如,要在程序中更新两个 8 字节指针,并且希望它以原子方式发生。如果使用锁保护这些指针,只会有助于防止其他正在运行的线程看到部分更新。如果遇到电源故障,数据可能在持久内存中只进行局部更新。在硬件上没有单一指令可以解决这种问题,只能依赖软件解决。

如示例 4-4 所示,在数据超过 8 字节的情形下,使用持久化指令不能保证数据原子性,可能会看到旧数据和新数据的某种组合。

示例 4-4 超过 8 字节不能保证数据原子性

```
1. static void persist_string() {
2.     //打开一个文件
```

```
3.      fd=open(…);
4.      //以内存映射的方式将文件映射到 base 开始的线性地址空间
5.        base=mmap(NULL, filesize, PROT_READ|PROT_WRITE,MAP_SHARED, fd, 0);
6.      //在处理器缓存中写入超过 8 字节的字符串"Hello, World!"
7.      strcpy(base, "Hello, World!");
8.      //将处理器缓存中的数据写入持久内存介质中,若写入过程中断电,则无法保证数据原子性
9.        persist(base, 14);
10.     //persist 之后 base 中的数据是"Hello, World!"
11.   }
```

如果在写入数据和持久化数据的过程中遇到断电情况,数据不能保证其原子性,如在上述示例中,持久内存中的数据可能是"Hello,Wo",这样不满足应用对于数据原子性的需求。

4.3.4 持久内存分配

持久内存的另一个挑战是空间管理。由于持久内存区域作为文件公开,因此由文件系统管理该空间。一旦文件由应用程序进行内存映射并作为内存堆被使用,那么该文件中发生的事情完全取决于应用程序。如果使用 glibc 中的 malloc() 函数分配持久内存堆,当程序重新启动时,因为内存堆分配的元数据没有持久化,所以应用将无法连接到持久内存堆上,也没有措施可以确保内存堆在出现故障时保持一致。

4.3.5 位置独立性

对位置独立性的需求是另一个编程挑战。虽然在技术上可以做到保证一系列持久性存储器始终能映射到程序中完全相同的地址,但是当其映射项的大小发生变化时,映射到相同地址就会变得不切实际。地址空间布局随机化(Address Space Layout Randomization,ASLR)的安全功能可以使操作系统随机调整库和文件的映射位置。

位置独立性意味着当持久性存储器中的一个数据结构使用指针引用另一个数据时,即使文件映射到不同的地址,该指针也必须以某种方式可用。有几种方法可以实现这一点:在映射后重新定位指针、使用相对指针而不是绝对指针、使用某种类型的对象 ID 来引用持久内存驻留的数据结构。

4.4 PMDK 编程库

为了应对上述 5 个编程挑战，英特尔开发了 PMDK 编程库。它是一个不断增长的库和工具的集合，是用 C 语言编写的，并在 Linux 和 Windows 系统上进行了适配和验证。这些库和工具都是开源的，是 BSD 许可的，并在 GitHub 上公开。部分 Linux 发行版已在其存储库中包含 PMDK 库，允许使用简单的包管理命令安装它们。也可以复制 GitHub 并使用 make install 从源安装 PMDK 库。如图 4-5 所示，PMDK 库主要分为持久内存分配库、底层的与硬件相关连的持久库、处理事务类型的相关库及更高层次的多语言支持。PMDK 是基于持久内存感知文件系统的一个用户库，所以在使用 PMDK 之前需要正确地配置持久内存。

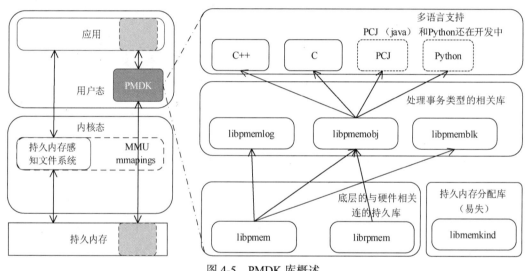

图 4-5　PMDK 库概述

4.4.1　libmemkind 库

libmemkind 是用户可扩展堆管理器，构建在 jemalloc 之上，它可以选择从不同性质的内存分配堆空间。在各种系统、环境中都需要分配内存，并且没有统一的标准，为了实现统一的函数分配就诞生了 libmemkind。

libmemkind 的接口和内存分配标准库的接口非常类似，当前 libmemkind 已经支持从持久内存分配空间，将持久内存作为普通的易失性堆使用。libmemkind 在用于持久内存分配时，并不考虑持久化，所以与持久库相比，它具有更低的总体开销，因为它不需要在出现故障时保证数据一致性。

在 libmemkind 库中，种类（kind）用来表示各种独立的内存池结构，其中包含静态存储器种类，即一些预先定义的内存种类，如 MEMKIND_DEFAULT 在分配时使用标准内存和默认的页面大小，MEMKIND_HBW 在分配时从最近的高带宽内存 NUMA 节点进行分配；动态类型 PMEM 种类支持持久内存。从严格意义上说，libmemkind 库不是 PMDK 的一部分，它主要给持久内存提供一个堆分配器，而不去考虑任何持久化的特性。

1. libmemkind 接口

libmemkind 接口的声明在头文件 memkind.h 中，如果已经正确安装了 libmemkind 库，那么头文件会默认安装在程序可以正确找到路径的位置。当正确引用了 memkind.h 并链接了 libmemkind 库之后，就可以使用 libmemkind 的接口，接口的详细介绍可以通过 libmemkind 手册了解。libmemkind 接口定义如示例 4-5 所示。

示例 4-5　libmemkind 接口定义

```
1.  // 正确引用 memkind.h 并链接 -lmemkind 库，以使用 libmemkind 接口
2.  #include <memkind.h>;
3.  cc … -lmemkind
4.  //动态创建一个种类。memkind_create_kind 创建、分配具有特定内存类型、内存绑定策略和标志的内存类型
5.  int memkind_create_kind(memkind_memtype_t memtype_flags, memkind_policy_t
    policy, memkind_bits_t flags, memkind_t *kind);
6.  //下面 3 个接口从指定种类中分配空间，返回空间的地址
7.  void *memkind_malloc(memkind_t kind, size_t size);
8.  void *memkind_calloc(memkind_t kind, size_t num, size_t size);
9.  void *memkind_realloc(memkind_t kind, void *ptr, size_t size);
10. //从指定的种类中释放空间
11. void memkind_free(memkind_t kind, void *ptr);
12. //获取实际占用的内存空间大小，分配函数中指定的内存空间大小和内存实际占用的空间大小可能不一致
13. size_t memkind_malloc_usable_size(memkind_t kind, void *ptr);
14. //创建一个持久内存的种类，在参数中指定文件目录和内存池的大小，该函数采用 tmpfile 文件创建，
    //在创建的目录中不会显示，并且当程序退出后创建的文件也会被释放和删除
15. int memkind_create_pmem(const char *dir, size_t max_size, memkind_t *kind);
16. //动态销毁一个种类，在参数中指定创建的种类
17. int memkind_destroy_kind(memkind_t kind);
18. //检查种类是否已经存在
19. int memkind_check_available(memkind_t kind);
```

```
20.  //采用内存对齐的方式分配内存，输出分配的内存地址memptr
21.  int memkind_posix_memalign(memkind_t kind, void **memptr, size_t alignment,
     size_t size);
22.  //获取libmemkind接口使用的错误信息
23.  void memkind_error_message(int err, char *msg, size_t size);
```

libmemkind 可以根据已经分配的地址找到这个地址是从哪个种类中分配的内存，所以上述代码第 9 行、第 11 行和第 13 行接口的种类可以是 NULL，但是这种操作会对性能有一定的影响。

2. libmemkind 分配持久内存

利用 libmemkind 的接口可以从各个种类的内存分配空间。示例 4-6 所示为使用 libmemkind 分配和使用持久内存。

示例 4-6　使用 libmemkind 分配和使用持久内存

```
1.   //应用libmemkind的头文件
2.   #include <memkind.h>
3.   //定义持久内存堆的大小为32MB
4.   #define PMEM_MAX_SIZE (1024 * 1024 * 32)
5.   static char path[PATH_MAX]="/tmp/";
6.
7.   int main(int argc, char *argv[])
8.   {
9.       struct memkind *pmem_kind = NULL;
10.      int err = 0;
11.      // 创建持久内存池，输出持久内存的种类pmem_kind
12.      err = memkind_create_pmem(path, PMEM_MAX_SIZE, &pmem_kind);
13.      char *pmem_str1 = NULL;
14.      char *pmem_str2 = NULL;
15.      //从创建的持久内存种类pmem_kind中分配28MB内存，分配成功则返回空间地址
16.      pmem_str1 = (char *)memkind_malloc(pmem_kind, 28*1024*1024);
17.      //从剩下的4MB空间里分配8MB，如果空间不够，则返回NULL
18.      pmem_str2 = (char *)memkind_malloc(pmem_kind, 8 * 1024 * 1024);
19.      if (pmem_str2 != NULL) {
20.          return 1;
21.      }
22.      //向分配的空间写入字符串
23.      sprintf(pmem_str1, "Hello world from pmem - pmem_str1.\n");
```

```
24.    fprintf(stdout, "%s", pmem_str1);
25.    //释放分配的持久内存空间
26.    memkind_free(pmem_kind, pmem_str1);
27.    //销毁持久内存池
28.    err = memkind_destroy_kind(pmem_kind);
29.    return 0;
30. }
```

4.4.2 libpmem 库

libpmem 库是低级别的 C 库，它提供了对操作系统公开原语的基本抽象功能。它自动检测平台中可用的功能，并选择适合持久内存的持久性语义和内存传输方法，大多数应用程序至少需要此库的一部分。libpmem 库主要帮助应对持久内存编程的第一个挑战，即帮助应用高效地将数据持久化。

如图 4-6 所示，libpmem 通过检测 OS 和 CPUID 获得系统支持的指令，将处理器缓存中的数据真正持久地写入内存中。

① 如果从 OS 中了解所映射的文件是普通文件，那么使用 msync() 主动刷新的方式持久地写入数据。

② 如果持久化域中包含 CPU 缓存[①]，那么不需要刷新操作就能够始终保证可见性和断电一致性，这个也就是后续持久内存支持的 eADR 特性。

③ 从 CPUID 中获知 CPU 是否支持 CLWB 的指令，如果支持，就直接使用 CLWB+SFENCE 指令来持久化数据。

④ 从 CPUID 中获知，如果 CPU 不支持 CLWB，而支持 CLFLUSHOPT，那么使用 CLFLUSHOPT+SFENCE 指令持久化数据。

⑤ 如果 CPUID 不支持 CLFLUSHOPT，那么使用 CLFLUSH 指令持久化数据。

从图 4-6 中可以看到高效安全地使用持久化指令依赖于硬件和系统的支持，如果将这部分完全交由编程人员控制，这对他们是一个很大的负担。

---

① 第 3 章列出了持久内存是否支持 eADR。

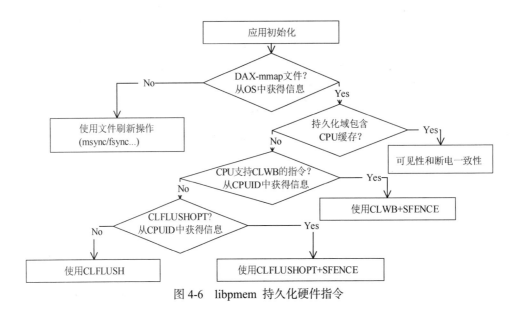

图 4-6 libpmem 持久化硬件指令

在本书的第 2 章中介绍了不同持久化指令的使用方式，CLWB 指令具有并发能力，可以在刷新数据后仍然保证处理器缓存行有效，从而在将数据刷新到 WPQ 后，仍然可以从处理器缓存中访问到数据，CLFLUSHOPT 同样具有并发能力以提升持久化的性能。由于并发的特性，需要调用 SFENCE 以保证数据写入完成。

在 x86 处理器中已经出现一段时间的另一个指令是 NTW（Non Temporal Write），NTW 利用写合并（write-combining）绕过处理器缓存，直接将数据从 store buffer 中写入内存控制器 WPQ 中，因此使用 NTW 不需要刷新，但仍然需要 SFENCE 指令确保数据到达持久化域。

libpmem 通过检测处理器的特性以使用最为高效的持久化指令，当然 libpmem 也提供了丰富的接口帮助高级用户对整个写入流程进行更为细致的控制，以提升系统性能。由于 libpmem 通过对底层硬件进行编程保证数据的持久性，所以这个库也是其他持久库的基础。像 libpmemobj 这样的库通过构建 libpmem 函数来提供事务接口，但 libpmem 中的接口是非事务性的。当决定要使用 libpmem 编程时，意味着必须创建自己的事务，避免当系统或程序崩溃时，持久化文件处于不一致的状态。

1. 持久内存编程对性能的考虑

持久内存的性能在第 2 章中曾提及，但是在应用中，发挥持久内存的真正性能需要考虑以下情况。

（1）利用 NTW+SFENCE 可以不经过处理器缓存，同时利用写合并的特性可以提升持久化的性能。普通的数据写入操作会检查数据是否在内存中，如果不在会发生缓存缺失，CPU 将数据从内存读到缓存中修改后再写回。这样一共会发生两次内存访问和一次缓存缺失。应用可以通过 NTW 的方式，将数据直接写入内存，避免缓存缺失，从而提升数据写入的性能，如示例 4-7 所示。

示例 4-7　使用 NTW 提升性能

```
1.  //数据结构中包含4个缓存行，共256字节
2.  struct my_data {
3.      char cacheL_A[64];
4.      char cacheL_B[64];
5.      char cacheL_C[64];
6.      char cacheL_D[64];
7.  };
8.  //持久内存 MMAP，获得持久内存的线性地址空间
9.  struct my_data *data = mmap(…);
10. //这不是一个好的方法，因为更新的数据在处理器缓存中，所以数据会产生缓存缺失以便从内存中获取数
    //据并重写，这样的性能会很差
11. for (size_t i = 0; i < 256; ++i)   *((char *)data + i) = 0xC;
12. pmem_persist(data, 256);
13. -----------------
14. //这是推荐的使用方法，使用 NTW 直接绕过处理器缓存，减少不必要的缓存缺失
15. pmem_memset(data, 0xC, 256, PMEM_F_MEM_NONTEMPORAL);
16. pmem_drain();   /* SFENCE*/
```

（2）内存的交织可以充分利用内存通道资源提升整体的性能。如 x6 的交织是将 6 条持久内存交织成一个大的内存区域，如同将 6 条独立的通道交织成一个 x6 宽的通路，无须系统管理每一条持久内存上的数据。应用可能经常读写同一个区域，而这片区域位于某条持久内存上，导致这条内存的读写带宽会明显高于其他持久内存（用 pcm_memory 的工具监控）。一旦出现这种情况，对于整体性能的影响会较大，这种情况往往需要使用软件修改，如找出写热点，将一些全局的数据改为线程相关的数据。

（3）当向持久内存的线性地址写入数据时，如果持久内存的线性地址还没有和持久内存的

物理块建立连接关系，写持久内存会在内核中触发一个缺页中断。该缺页中断让持久内存的物理块建立和线性地址的联系，并对新的物理块进行清零操作。为了减少上述操作对性能的影响，可以通过在 MMAP 时加上 MAP_POPULATE 的标志，或者手动对持久化文件进行写操作，以提前完成缺页中断的工作。

（4）访问远端持久内存的代价很高[①]，为了更好地提升应用的性能，可以将应用绑定到正确的 numa 节点上，以保证应用总是访问近端的持久内存。

（5）在 RMF（Read Modify Flush）模式下使用 CLFLUSHOPT 或 CLFLUSH 时，将数据从处理器缓存写入持久内存后，处理器缓存行会改为无效状态，再次读取这个数据会造成缓存缺失，因此需要将数据从持久内存中加载进处理器缓存。持久化一个计数器的步骤如下。

① 从持久内存中读取这个值（R）。

② 然后将这个值累加（M）。

③ 再将累加后的值写入持久内存（F）。

④ 重复①~③步。

那么在上述过程中，每次第一步从持久内存中读计数器会产生一个缓存缺失，所以整体的性能较差。CLWB 指令可以保留缓存行的有效性，再次读计数器时就不会产生缓存缺失了。CLWB 指令的功能在现有的硬件（Cascalake）上和在 CLFLUSHOPT 上一样，英特尔将在后面的硬件上解决这个问题。

（6）应用应尽量减少缓存行的局部改动，防止在缓存行局部改动后刷新数据，立刻改写缓存行的另外一部分，从而再次触发缓存缺失。例如，应用中有两个变量 a 和 b，它们在同一个缓存行里，修改 a 后持久化，修改 b 后再次持久化，那么 a 和 b 的改动都会触发缓存缺失，这也是一种 false sharing 的场景。对于这种情况，可以更改内存的布局，将多个需要改动的数据放到相连的缓存行中一起改动，改动后再一起写入持久内存。

（7）对于多线程或多进程的写（不考虑数据的持久化），如果单纯依赖处理器缓存的踢出和替换策略，将会有很多不连续的数据被踢到内存控制器的 WPQ 中，这会造成这些数据无法在持

---

① 参考第 6 章。

久内存中以连续的 256 字节写入持久内存介质中,减少了写入带宽。因此,在软件中需要经常主动刷新处理器缓存,将连续的数据写入 WPQ 中。

2. libpmem 接口

libpmem 接口的声明在头文件 libpmem.h 中,如果已经正确安装了 PMDK 库,就可以使用 libpmem 的接口,接口的具体描述可以通过 libpmem 手册了解。libpmem 接口如示例 4-8 所示。

示例 4-8 libpmem 接口

```
1.  //引用 libpmem 的头文件
2.  #include <libpmem.h>
3.  //编译时链接 PMEM 的库
4.  cc ... -lpmem
5.  //检查所映射的地址空间是否是持久内存,如果不是,则刷新数据时使用常规的 msync()
6.  int pmem_is_pmem(const void *addr, size_t len);
7.  //为文件创建一个新的读写映射。如果 flag 标志中没有 PMEM_FILE_CREATE,则映射整个现有文件
    //路径,len 必须为 0,并且忽略模式。否则,路径将按标志和模式指定的方式打开或创建,并且 len 不能
    //是 0。成功时,pmem_map_file 返回指向映射区域的指针。如果 mapped_lenp 不为空,则映射的长度
    //将存储到*mapped_lenp 中。如果 is_pmemp 不为空,是否是持久内存的标志将存储到*is_pmemp 中,
    //如果*is_pmemp 为真,则表示所映射的文件是持久内存
8.  void *pmem_map_file(const char *path, size_t len, int flags, mode_t mode,
    size_t *mapped_lenp, int *is_pmemp);
9.  //取消持久内存映射
10. int pmem_unmap(void *addr, size_t len);
11. //持久内存写操作函数提供与它们的名称相同的内存操作函数功能,并确保返回之前将结果刷新到持久内
    //存中(除非使用了 PMEM_F_MEM_NOFLUSH 标志)。例如,pmem_memmove(dest, src, len, 0)等
    //同于下面两句代码:memmove(dest, src, len)和 pmem_persist(dest, len)。使用 pmem_memmove
    //(dest, src, len, 0) 可能比使用上述两句代码的性能更好,因为 libpmem 实现可能利用 pmemdest
    //是持久内存的事实,使用 NTW 指令将处理器 store buf 的数据直接写到持久内存中,可以避免刷新
    //处理器缓存。关于 flag 的详细意义,可以参考 libpmem 手册中的信息
12. void *pmem_memmove(void *pmemdest, const void *src, size_t len, unsigned flags);
13. void *pmem_memcpy(void *pmemdest, const void *src, size_t len, unsigned flags);
14. void *pmem_memset(void *pmemdest, int c, size_t len, unsigned flags);
15. //和 12 行、13 行和 14 行代码中的 3 个函数使用 flag=0 具有相同的意义
16. void *pmem_memmove_persist(void *pmemdest, const void *src, size_t len);
17. void *pmem_memcpy_persist(void *pmemdest, const void *src, size_t len);
18. void *pmem_memset_persist(void *pmemdest, int c, size_t len);
19. //和 12 行、13 行和 14 行代码使用 flag=PMEM_F_MEM_NODRAIN 具有相同的意义
20. void *pmem_memmove_nodrain(void *pmemdest, const void *src, size_t len);
```

```
21. void *pmem_memcpy_nodrain(void *pmemdest, const void *src, size_t len);
22. void *pmem_memset_nodrain(void *pmemdest, int c, size_t len);
23. //强制将地址范围为(addr, addr+len) 的数据写入持久内存中。但是在调用该函数之前，由于缓存机
    //制本身的踢出和替换策略，数据有可能在调用该函数前已经被写入持久内存中
24. void pmem_persist(const void *addr, size_t len);
25. //和 pmem_persist 具有一样的功能，往往在检测出不是持久内存的时候用来刷新数据
26. int pmem_msync(const void *addr, size_t len);
27. //持久化数据的一部分功能，主要将数据从处理器缓存中刷新到WPQ中，但并不保证数据完整
28. void pmem_flush(const void *addr, size_t len);
29. //持久化数据的一部分功能，调用 SFENCE 指令可以保证在此指令之前的写操作全部完成，这样在另一个
    //处理器核里读相同的内存时，几乎不会出错。可以将L15 pmem_persist () 函数看作L17 和L18
    //的功能之和。但是当应用需要刷新几块不相邻数据时，可以通过对每一个数据块调用 pmem_flush，然
    //后一次性调用 pmem_drain 来提升刷新数据的并发性能，并提升整体的性能
30. void pmem_drain(void);
```

3. libpmem 持久化一个数组

如示例 4-9 所示，将一个数组持久化到内存中。

示例 4-9　libpmem 持久化一个数组

```
1.  #include <sys/types.h>
2.  #include <sys/stat.h>
3.  #include <fcntl.h>
4.  #include <stdio.h>
5.  #include <errno.h>
6.  #include <stdlib.h>
7.  #include <string.h>
8.  //引用 libpmem.h 头文件，以便应用访问 libpmem 接口
9.  #include <libpmem.h>
10.
11. //要持久化的数组的长度为 4KB
12. #define BUF_LEN 4096
13.
14. int main(int argc, char *argv[])
15. {
16. //持久化的一个字符数组 buf
17.     char buf[BUF_LEN];
18.     char *pmemaddr;
19.     size_t mapped_len;
```

```
20.     int is_pmem;
21. //调用 pmem_map_file，将文件进行内存映射，其大小为 4KB。获得 MMAP 映射的长度为 4KB，是否是
    //持久内存的指示标识为 is_pmem，并返回映射的线性地址 pmemaddr
22.     if ((pmemaddr = pmem_map_file(argv[1], BUF_LEN,PMEM_FILE_CREATE|PMEM_FILE_EXCL,
    0666, &mapped_len, &is_pmem)) == NULL) {
23.         perror("pmem_map_file");
24.         exit(1);
25.     }
26. //将内存 buf 中的数据初始化，使用 memset()函数的性能会更好，这里没有考虑内存的使用性能
27.     for (unsigned int i = 0; i < mapped_len; ++i) {
28.         buf[i] = 8;
29.     }
30.
31.     if (is_pmem) {
32. //如果 MMAP 的是持久内存文件，is_pmem 是真，可以使用 pmem_memcpy_persist()来将内存 buf 中
    //的值写入持久内存中。这个函数会根据数据的大小考虑是否使用 NTW 提升写的性能
33.         pmem_memcpy_persist(pmemaddr, buf, mapped_len);
34.     } else {
35. //如果 MMAP 的不是持久内存文件，即 is_pmem 是假，那么使用 memcpy()和 msync()函数
    //将数据持久化到该普通文件中
36.         memcpy(pmemaddr, buf, mapped_len);
37.         pmem_msync(pmemaddr, mapped_len);
38.     }
39. //销毁内存映射
40.     pmem_unmap(pmemaddr, mapped_len);
41.     exit(0);
42. }
```

在数组写入持久内存之后，通过编写一个读数据的程序调用相同的 pmem_map_file 函数，直接从映射的内存区域中读出之前写入的数组。

4.4.3 libpmemobj 库

数据需要保持数据原子性、断电一致性，同时还能够恢复数据。这就需要用到具有事务性的 libpmemobj。libpmemobj 是一个通用的持久库，可以解决持久内存面临的各个挑战。

如图 4-7 所示，libpmemobj 依赖 libpmem 提供持久化的原语支持，并且提供和 libpmem 接口类似的原语接口（Primitives APIs），这些接口和 libpmem 的接口一样，不支持具有事务性的操

作，应用需要考虑数据原子性、断电一致性及位置独立性。

```
┌─────────────┬───────────────────────────────┬──────────┬──────────┐
│             │       内存池管理接口          │          │          │
│             ├───────────────────────────────┤          │          │
│             │          偏移指针             │          │          │
│  ACTION接口 ├───────────────┬───────────────┤  原语接口│  配置接口│
│             │   原子接口    │   事务接口    │          │          │
│             ├───────────────┴───────────────┤          │          │
│             │       持久内存分配器          │          │          │
│             ├───────────────────────────────┤          │          │
│             │          统一日志             │          │          │
├─────────────┴───────────────────────────────┴──────────┴──────────┤
│                         持久化原语                                 │
├───────────────────────────────────────────────────────────────────┤
│                          libpmem                                   │
└───────────────────────────────────────────────────────────────────┘
```

图 4-7　libpmemobj 的接口框架

libpmemobj 利用统一的日志（unified logs）来实现数据的事务性。持久内存的原子分配、事务性的接口及行动接口（Atomic APIs、Tracactional APIs、Action APIs）都是基于统一日志来实现的。

为了保证数据的可恢复性，需要考虑持久内存的位置独立性，所以应用不能利用直接地址保存数据。libpmemobj 使用偏移指针（offset pointers）相对于内存池基地址的偏移表示一个数据对象。

libpmemobj 接口的声明在 libpmemobj.h 头文件中，如果已经正确地安装了 PMDK 的库，那么头文件默认会安装在程序可以正确找到路径的位置。当正确引用了 libpmemobj.h 并连接了 libpmemobj、libpmem 库之后，就可以使用 libpmemobj 的接口了。libpmemobj 的接口非常多，具体的接口描述可以通过 libpmemobj 手册查询。

1. 持久内存池管理接口

libpmemobj 提供了统一的接口来管理这些文件，每个文件都是一个持久内存池。如示例 4-10 所示，libpmemobj 通过统一的接口来管理持久内存池。

示例 4-10　libpmemobj 持久内存池管理接口

```
1: //打开一个已存在的持久内存池，layout 参数必须和创建时的 layout 一致，返回持久内存池 PMEMobjpool
   //的指针，如果持久内存池不存在或发生错误返回空，可以检查 errno 来获得出错信息
2: PMEMobjpool *pmemobj_open(const char *path, const char *layout);
3: //创建一个持久内存池，需要的参数包括文件、layout 布局、持久内存池的大小和 mode，是用户创建的
   //文件权限信息，因此这个权限定义和文件 creat 一样，如果创建失败返回空，可以检查 errno 来获得
```

```
    //出错信息
4:  PMEMobjpool *pmemobj_create(const char *path, const char *layout,size_t poolsize,
    mode_t mode);
5:  //关闭一个持久内存池
6:  void pmemobj_close(PMEMobjpool *pop);
```

2. 持久内存原语接口

libpmemobj 依赖 libpmem 库并且和 libpmem 一样可以帮助应用高效地持久化数据。libpmemobj 提供和 libpmem 库类似的原语接口，这些接口是非事务性的。

如示例 4-11 所示，典型的原语接口提供了持久化的接口（flush/drain/persist），还提供了优化过的内存操作原语接口（memmove、memcpy、memset）。由于 libpmemobj 的原语接口的意义和 libpmem 几乎一致，这里不再赘述。

示例 4-11　libpmemobj 的原语接口

```
1.  void pmemobj_persist(PMEMobjpool *pop, const void *addr, size_t len);
2.  void pmemobj_flush(PMEMobjpool *pop, const void *addr, size_t len);
3.  void pmemobj_drain(PMEMobjpool *pop);
4.  void *pmemobj_memcpy(PMEMobjpool *pop, void *dest, const void *src,
    size_t len, unsigned flags);
5.  void *pmemobj_memmove(PMEMobjpool *pop, void *dest, const void *src,
    size_t len, unsigned flags);
6.  void *pmemobj_memset(PMEMobjpool *pop, void *dest, int c, size_t len,
    unsigned flags);
7.  void *pmemobj_memcpy_persist(PMEMobjpool *pop, void *dest, const void *src,
    size_t len);
8.  void *pmemobj_memset_persist(PMEMobjpool *pop, void *dest,int c, size_t len);
```

3. 持久内存对象接口

在持久内存的编程挑战中，位置独立性表示内存映射基地址可能在应用每次执行的时候都不尽相同。如果在应用中保存绝对的内存地址，持久内存将会因为基地址的更改而变得不可访问，除非在应用启动时扫描所有的地址，并根据新的基地址重新改变这些绝对的地址值，或者使用定制化的数据结构来表征相对于内存映射基地址的偏移（offset）。libpmemobj 提供了偏移指针 PMEMoid 来表示一个对象句柄，如示例 4-12 所示。

示例 4-12　libpmemobj 提供的偏移指针 PMEMoid

```
1.  // libpmemobj 提供了一个 16 字节偏移指针的数据结构 PMEMoid 表示一个对象，其中包含一个 8 字节
    //pool_uuid_lo 表明这个对象在哪个内存池中，另外 8 字节表示相对于内存映射基地址的偏移
2.  typedef struct pmemoid {
3.      uint64_t pool_uuid_lo;
4.      uint64_t off;
5.  } PMEMoid;
6.  // 将 PMEMoid 转换成直接指针以访问持久内存池中的数据，但是这个直接指针不带数据类型信息，所以
    //应用在使用该指针时，需要将无类型指针强制转换为类型指针，以访问数据
7.  void *pmemobj_direct(PMEMoid oid);
8.  //将直接指针转换成持久内存对象偏移指针
9.  PMEMoid pmemobj_oid(const void *addr);
10. // OID_IS_NULL 宏用来判断对象句柄是否为空（OID_NULL），如果为空，则返回真
11. OID_IS_NULL(PMEMoid oid)
12. // OID_EQUALS 宏用来判断两个对象句柄是否指向同一个对象，如果指向同一个对象，则返回真
13. OID_EQUALS(PMEMoid lhs, PMEMoid rhs)
14. //返回指定对象的类型号
15. uint64_t pmemobj_type_num(PMEMoid oid);
16. //根据对象句柄或直接指针来获得持久内存池
17. PMEMobjpool *pmemobj_pool_by_oid(PMEMoid oid);
18. PMEMobjpool *pmemobj_pool_by_ptr(const void *addr);
19. //指定根对象的大小，并获取根对象的偏移指针
20. PMEMoid pmemobj_root(PMEMobjpool *pop, size_t size);
```

所有的对象都起源于根对象（root object），根对象总是存在并初始化为 0，用户可以指定根对象的大小。应用需要保证所有的对象都可以通过根对象访问，可以将不能通过根对象访问的对象看作持久内存泄露。

如图 4-8 所示，通过根对象可以访问 A 对象和 C 对象，而通过 A 对象可以访问 B 对象。如果将内存池中的所有对象想象成一棵大树，根对象只有一个，其他的枝干、叶子都可以通过根对象访问。如果一些枝干或叶子从树上掉落，这些对象将不能通过根对象访问，而这些内存就不能被释放，这种情形称为持久内存泄露。

应用调用 PMEMoid pmemobj_root（PMEMobjpool *pop，size_t size）指定持久内存池中根对象的大小，返回根对象。在内存池中的对象会被维护在内部的容器中，可以通过遍历容器找到那些不能通过根对象访问的对象，但这种方式的代价较大。

第 4 章　持久内存的编程和开发库

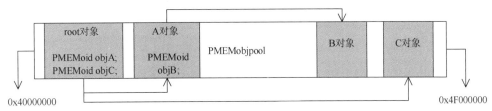

图 4-8　持久内存对象树

4. 持久内存类型对象的宏接口

偏移指针是指一个数据结构，PMEMoid 用来表示一个对象，但是在这个数据结构中没有对象类型的信息，利用 void *pmemobj_direct（PMEMoid oid）将对象句柄转换的直接指针是一个无类型指针 void *。在编程中，对于错误的赋值，无法通过编译器找出错误，在访问数据的时候需要应用将无类型指针变为类型指针，以访问真正的数据，这使得编程和纠错变得异常困难。libpmemobj 提供了一些带有类型信息的宏，这些宏在偏移指针的基础上增加了对象类型的信息，这样一些错误就可以通过编译器发现，如示例 4-13 所示。

示例 4-13　libpmemobj 类型的安全接口

```
1.  //持久内存池的布局接口。持久内存池布局接口总是以 POBJ_LAYOUT_BEGIN 开始,以 POBJ_LAYOUT_END
    //结束,并在这两句中间列出根对象和所有通过根对象能够访问到的对象。其中,根对象为 POBJ_LAYOUT_ROOT,
    //其他对象为 POBJ_LAYOUT_TOID。POBJ_LAYOUT_NAME 是一个字符串常量,表示内存池布局的名称,
    //常用在 pmemobj_create 和 pmemobj_open 接口中。所有使用 libpmemobj 的持久内存程序都应该有
    //一个明确定义的内存布局
2.  POBJ_LAYOUT_BEGIN(layout)
3.  POBJ_LAYOUT_TOID(layout, TYPE)
4.  POBJ_LAYOUT_ROOT(layout, ROOT_TYPE)
5.  POBJ_LAYOUT_END(layout)
6.  POBJ_LAYOUT_NAME(layout)
7.  POBJ_LAYOUT_TYPES_NUM(layout)
8.
9.  //带类型对象的操作宏接口
10. // TOID_DECLARE 声明用户定义类型的对象及类型号 type_num
11. TOID_DECLARE(TYPE, uint64_t type_num)
12. // TOID_DECLARE_ROOT 声明一个类型化的根对象
13. TOID_DECLARE_ROOT(ROOT_TYPE)
14. // TOID 申明类型对象的句柄,其中,type 是用户定义结构的名称,必须首先使用 TOID_DECLARE、
    TOID_DECLARE_ROOT、POBJ_LAYOUT_TOID 或 POBJ_LAYOUT_ROOT 宏声明类型化的对象
15. TOID(TYPE)
```

```
16. //TOID_TYPE_NUM 宏返回指定类型的类型号
17. TOID_TYPE_NUM(TYPE)
18. // TOID_TYPE_NUM_OF 宏返回指定对象的类型号
19. TOID_TYPE_NUM_OF(TOID oid)
20. // TOID_VALID 宏验证存储在对象元数据中的类型号是否等于指定对象的类型号,如果指定对象不在存
    //储对象的元数据中,那么返回假
21. TOID_VALID(TOID oid)
22. // OID_INSTANCEOF 宏检查指定对象是否为特定类型
23. OID_INSTANCEOF(PMEMoid oid, TYPE)
24. // TOID_ASSIGN 宏将对象句柄值 VALUE 分配给类型化的对象 O
25. TOID_ASSIGN(TOID o, VALUE)
26. // TOID_IS_NULL 宏判断对象句柄是否为空(OID_NULL)
27. TOID_IS_NULL(TOID o)
28. // TOID_IS_NULL 宏判断对象句柄是否为空(OID_NULL)
29. TOID_EQUALS(TOID lhs, TOID rhs)
30. // DIRECT_RW 宏及其缩写形式 D_RW 返回指定对象的类型化写入指针,
    //用来改写对象指定的持久内存区域
31. DIRECT_RW(TOID oid)
32. D_RW(TOID oid)
33. // DIRECT_RO 宏及其缩写形式 D_RO 返回指定对象的类型化只读指针,
    //用来读取指定对象的持久内存区域的数据
34. DIRECT_RO(TOID oid)
35. D_RO(TOID oid)
36.
37. //以下代码是使用带类型的宏操作实现的一段简单代码示例
38. //一个二叉树的内存布局。在这个二叉树的实现中,有两个对象,即根对象 struct btree 和对象 struct
    btree_node
39. POBJ_LAYOUT_BEGIN(btree);
40. POBJ_LAYOUT_ROOT(btree, struct btree);
41. POBJ_LAYOUT_TOID(btree, struct btree_node);
42. POBJ_LAYOUT_END(btree);
43.
44. //二叉树的内存布局是一个字符串,所以在管理这个内存池的时候,可以利用 POBJ_LAYOUT_NAME(btree)
    //获知这个布局
45. struct btree_node {
46.     int64_t key;
47.     TOID(struct btree_node) slots[2];
48.     char value[];
49. };
```

```
50.
51. struct btree {
52.     TOID(struct btree_node) root;
53. };
54.
55. //创建或打开内存池
56. pmemobj_create(path, POBJ_LAYOUT_NAME(btree), PMEMOBJ_MIN_POOL, 0666);
57. pmemobj_open(path,  POBJ_LAYOUT_NAME(btree));
58.
59. //使用 POBJ_ROOT 宏直接获得带类型的根对象的句柄
60. TOID(struct btree) btree = POBJ_ROOT(pop,  struct btree);
61. //通过 D_RO(btree)访问根对象的成员 root，获得类型对象的句柄
62. TOID(struct btree_node) node = D_RO(btree)->root;
63. //通过 D_RW()来进行访问，获得带类型的绝对指针后访问数据
64. D_RW(node)->key = 1234;
```

带类型的对象句柄在 PMEMoid 的基础上增加了类型信息，通过 gdb 观察二叉树变量 TOID(struct btree) btree 的数据结构。如示例 4-14 所示，在 PMEMoid 的基础上，增加了类型（_type）和类型号（_type_num）的信息。

示例 4-14　带类型的对象句柄的数据结构

```
1. (gdb) p btree
2. $1 = {oid = {pool_uuid_lo = 9449901260509697359, off = 3934032}, _type =
   0xd1cf6b0ac7fd54f, _type_num = 0xd1cf6b0ac7fd54f}
```

5. 持久内存原子分配接口

内存的分配包括两个步骤：第一，分配内存；第二，将分配的内存对象赋值给一个变量。如果在第二步赋值的时候遇到系统断电，对于 DRAM 而言，所有的操作都是易失性的，所以不会对系统有任何影响。而对于持久内存，此时对象在持久内存中的分配已经完成，但是对象没有赋值，所以不能通过根对象访问，这就出现了持久内存泄露的问题。

要想解决这个问题，就必须让对象分配和对象赋值这两步合成一步。libpmemobj 提供了持久内存原子分配（atomic allocation）的接口，可以将上述两步合并成一步，从而以线程安全和故障安全的方式从持久内存池中分配、调整和释放对象。如果这些操作中的任何一个被程序出现故障或系统崩溃所中断，那么在恢复时，它们将被保证操作完全完成或丢弃，从而使持久内存堆和

内部对象容器处于一致状态。

这些接口是非事务性的，如果在事务中使用这些内存分配的接口，那么操作在完成后（而非事务后）被认为是持久的。如果事务被中断，则不会回滚对于持久内存元数据的更改，也不能回滚到事务开始之前的一致性状态。

持久内存的原子分配接口可以保证内存分配的原子性，但不能使用在事务的过程中。libpmemobj 内存原子分配如示例 4-15 所示。

示例 4-15　libpmemobj 内存原子分配

```
1:  // pmemobj_constr 类型用于从与内存池 pop 关联的持久内存堆中进行原子分配的构造函数。ptr 是
    //指向已分配内存区域的指针，arg 是传递给构造函数的用户自定义参数
2:  typedef int (*pmemobj_constr)(**PMEMobjpool *pop, void *ptr, void *arg);
3:  // pmemobj_alloc 从与内存池 pop 关联的持久内存堆中分配一个新对象。如果 oidp 是 NULL，那么相
    //当于只有分配没有赋值的过程，从根对象中不可能访问到该对象，只有通过内部容器迭代 POBJ_FOREACH
    //才能找到。如果 oidp 不是空，oidp 的内容必须在持久内存中，且和根对象有关联，函数以原子的方式
    //更改 oidp 的值。在接口返回之前，pmemobj_alloc 调用构造函数 constructor，传递 pop，指向
    //ptr 中新分配对象的指针和 arg 参数，可以保证分配对象已正确初始化。如果在构造函数完成之前中断
    //分配，则会回收为该对象保留的内存空间。由于内部填充和对象元数据，分配对象的实际大小比请求的
    //大小大 64 字节，因此，分配小于 64 字节的对象是非常低效的。分配的对象将添加到与 type_num 关
    //联的内部容器中，以便在根对象不能访问时，仍然可以通过内部容器的迭代访问这个对象
4:  int pmemobj_alloc(PMEMobjpool *pop, PMEMoid *oidp, size_t size,uint64_t type_num,
    pmemobj_constr constructor, void *arg);
5:  //和 pmemobj_alloc 的功能基本相同，但是 pmemobj_zalloc 从与内存池 pop 相关联的持久内存堆中
    //分配一个新的归零对象，所以无须构造函数对对象进行初始化
6:  int pmemobj_zalloc(PMEMobjpool *pop, PMEMoid *oidp, size_t size, uint64_t
    type_num);
7:  // pmemobj_free 函数释放由 oidp 表示的内存空间，该内存空间必须是 pmemobj_alloc、
    //pmemobj_zalloc、pmemobj_realloc 或 pmemobj_zrealloc 分配的对象。pmemobj_free 提供
    //与 free 相同的语义。释放内存后，将 oidp 设置为 OID_NULL
8:  void pmemobj_free(PMEMoid *oidp);
9:  // pmemobj_realloc 函数将由 oidp 表示的对象的大小更改为 size 字节。pmemobj_realloc 提供
    //与 realloc 相似的语义。如果 oidp 为 OID_NULL，则该调用等效于 pmemobj_alloc。如果 size 等
    //于零，并且 oidp 不是 OID_NULL，则调用等效于 pmemobj_free。如果 oidp 不是 OID_NULL，并且
    //size 不是 0，该内存空间必须是之前 pmemobj_alloc、pmemobj_zalloc、pmemobj_realloc
    //或 pmemobj_zrealloc 分配的对象。请注意，对象句柄值可能会因重新分配而更改。如果新分配的 size
    //超过原对象的 size，那么新增的空间不进行初始化
10: int pmemobj_realloc(PMEMobjpool *pop, PMEMoid *oidp, size_t size, uint64_t
```

```
      type_num);
11: // pmemobj_zrealloc 等同于 pmemobj_realloc, 但如果新分配的 size 超过原先兑现的 size, 则
    //添加的内存将初始化为零
12: int pmemobj_zrealloc(PMEMobjpool *pop, PMEMoid *oidp, size_t size, uint64_t
      type_num);
13: // pmemobj_strdup 函数在 oidp 中存储新对象的句柄, 该对象存储 str。pmemobj_strdup 提供与
    //strdup 相同的语义。该对象可以通过 pmemobj_free 释放
14: int pmemobj_strdup(PMEMobjpool *pop, PMEMoid *oidp, const char *s, uint64_t
      type_num);
15: // pmemobj_wcsdup 等同于 pmemobj_strdup, 但操作的是宽字符串 (wchar_t), 而不是标准字符串
16: int pmemobj_wcsdup(PMEMobjpool *pop, PMEMoid *oidp, const wchar_t *s,
      uint64_t type_num);
17: //pmemobj_alloc_usable_size 返回真实对象分配的内存大小
18: size_t pmemobj_alloc_usable_size(PMEMoid oid);
19:
20: //一些原子分配的宏接口
21: // POBJ_NEW 是 pmemobj_alloc ( ) 函数的包装器。接受指向类型为 TYPE 的类型化 TOID 的指针, 而
    //且无须指定大小
22: POBJ_NEW(PMEMobjpool *pop, TOID *oidp, TYPE, pmemobj_constr constructor,
      void *arg)
23: // POBJ_ALLOC 宏等同于 POBJ_NEW, 只是它不使用 TOID 的大小, 而是指定大小
24: POBJ_ALLOC(PMEMobjpool *pop, TOID *oidp, TYPE, size_t size, pmemobj_constr
      constructor, void *arg)
25: // POBJ_ZNEW 是 pmemobj_zalloc 函数的包装器; POBJ_ZALLOC 是 pmemobj_zalloc 函数的包装
    //器;POBJ_REALLOC 是 pmemobj_realloc 函数的包装器;POBJ_ZREALLOC 是 pmemobj_zrealloc
    //的包装器
26: POBJ_ZNEW(PMEMobjpool *pop, TOID *oidp, TYPE)
27: POBJ_ZALLOC(PMEMobjpool *pop, TOID *oidp, TYPE, size_t size)
28: POBJ_REALLOC(PMEMobjpool *pop, TOID *oidp, TYPE, size_t size)
29: POBJ_ZREALLOC(PMEMobjpool *pop, TOID *oidp, TYPE, size_t size)
30: // POBJ_FREE 是 pmemobj_free 函数的包装器, 不接受指向 PMEMoid 的指针, 接受 TOID 指针
31: POBJ_FREE(TOID *oidp)
```

6. 持久内存事务阶段接口

根据数据一致性和断电一致性的要求，持久内存要具有 ACID（Atomicity、Consistency、Isolation、Durability）的事务性。原子性（Atomicity）是指一个事务处理要么成功，要么完全失败，而不会出现部分成功的情况。一致性（Consistency）是指持久内存池从一个一致的状态迁移

到另一个一致的状态，持久内存池中的数据不会因为一个事务而被破坏。隔离性（Isolation）是指事务的执行看起来是串行的，但实际上往往是多线程、多事务并发的情况，需要提供锁机制以保证各个事务不会相互冲突。持久性（Durability）是指一旦事务完成，此时即使系统出错，事务也不会受到影响。libpmemobj 为持久内存提供了具有事务性的接口，通过使用 pmemobj_tx_* 函数族和 TX_* 的宏进行管理。

一个事务要经过一系列 pobj_tx_stage 枚举的阶段。持久内存事物的生命周期如图 4-9 所示，持久内存的事务总是从 pmemobj_tx_begin 打开一个事务，到 pmemobj_tx_end 结束一个事务。

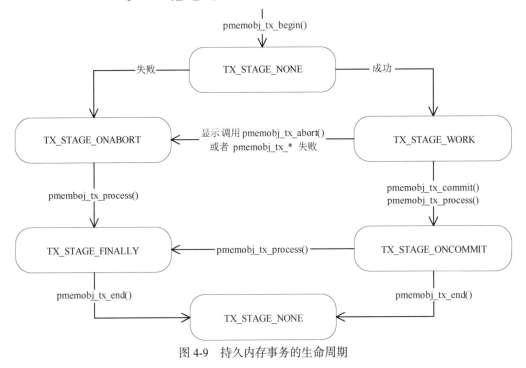

图 4-9　持久内存事务的生命周期

如果事务失败，事务必定会经过 TX_STAGE_ONABORT 和 TX_STAGE_FINALLY，也可能经过 TX_STAGE_WORK，表示在执行事务代码的过程中失败或主动退出事务。

而一个成功的事务会经过 TX_STAGE_WORK 和 TX_STAGE_COMMIT。其中，TX_STAGE_WORK 主要执行事务中的代码，TX_STAGE_COMMIT 主要提交事务，使事务真正持久化在内存中。可能需要经过 TX_STAGE_FINALLY 来做一些必要的清理工作。如果不知道当前处于哪个阶段，可以使用 pmemobj_tx_process 函数代替其他函数来向前移动事务。为了避免对整个过程进行微观管理，libpmemobj 库提供了一组宏，它们构建在这些函数之上，这些宏极大地简化了事务的使用流程，事务管理流程如示例 4-16 所示。

示例 4-16 事务管理流程

```
1.  TX_BEGIN(pop) {
2.      /* 必选——事务性的代码，pop 是持久内存池指针 */
3.  } TX_ONCOMMIT {
4.      /*
5.       * 可选——在上述事务性代码成功完成后执行
6.       */
7.  } TX_ONABORT {
8.      /*
9.       * 可选——在上述事务失败或调用 pmemobj_tx_abort 时退出事务
10.      */
11. } TX_FINALLY {
12.     /*
13.      * 可选——在 TX_ONCOMMIT 或 TX_ONABORT 之后执行
14.      */
15. } TX_END /* 必选——清理当前的事务*/
```

持久内存事务阶段接口用于管理上述事务流程，如示例 4-17 所示。

示例 4-17 持久内存事务阶段接口

```
1.  //返回当前的事务处于什么阶段
2.  enum tx_stage pmemobj_tx_stage(void);
3.
4.  // pmemobj_tx_begin 函数在当前线程中启动一个新事务，如果在一个事务中被调用，它将启动嵌套事
    //务，调用方可以使用 env 参数提供一个指针，指向在事务中止时要还原的调用环境。调用方必须使用
    //setjmp 宏提供此信息
5.  int pmemobj_tx_begin(PMEMobjpool *pop, jmp_buf *env, enum pobj_tx_param, ...);
6.  //pmemobj_tx_lock 函数获取 lock_type 类型的锁 lockp 并将其添加到当前事务中。lock_type 可
    //以是互斥锁 tx_lock_mutex 或读写锁 tx_lock_rwlock;lockp 得到的是 pmemmutex 或 pmemrwlock
    //类型。如果 lock_type 是 tx_lock_rwlock，则获取锁进行写入。如果未成功获取锁，则函数返回错误
    //号。此函数必须在 TX_STAGE_WORK 中调用
7.  int pmemobj_tx_lock(enum tx_lock lock_type, void *lockp);
8.  // pmemobj_tx_abort 退出当前的事务，并会导致当前的事务进入 TX_STAGE_ONABORT
9.  void pmemobj_tx_abort(int errnum);
```

```
10. // pmemobj_tx_commit 函数提交当前事务,并导致转换到 TX_STATE_COMMIT 中,如果在最外层事务
    //的上下文中被调用,则所有更改都可能被视为在成功完成时被持久化写入
11. void pmemobj_tx_commit(void);
12. // pmemobj_tx_end 函数清理当前事务,如释放当前事务的所有锁
13. int pmemobj_tx_end(void);
14. // pmemobj_tx_errno 返回当前事务的错误代码
15. int pmemobj_tx_errno(void);
16. // pmemobj_tx_process 函数执行与事务的当前阶段相关联的操作,并转换到下一阶段
17. void pmemobj_tx_process(void);
18.
19. // TX_BEGIN_PARAM 、TX_BEGIN_CB 和 TX_BEGIN 宏以与 pmemobj_tx_begin ( ) 相同的方式启动
    //新事务,只是它们不使用调用方提供的环境缓冲区,而是设置本地 jmp_buf 缓冲区并使用它来捕获事务
    //中止
20. TX_BEGIN_PARAM(PMEMobjpool *pop, ...)
21. TX_BEGIN_CB(PMEMobjpool *pop, cb, arg, ...)
22. TX_BEGIN(PMEMobjpool *pop)
23. // TX_ONABORT 宏启动一个代码块,只有在由 pmemobj_tx_begin 中的错误导致启动事务失败,或者
    //事务中止 pmemobj_tx_abort 调用时,才会执行该代码块,此代码块是可选的
24. TX_ONABORT
25. // TX_COMMIT 宏启动一个代码块,该代码块只有在事务成功提交时才会执行,这意味着 TX_BEGIN 块中
    //的代码执行没有错误,此代码块是可选的
26. TX_ONCOMMIT
27. // TX_FINALLY 宏在 TX_ONCOMMIT 或 TX_ONABORT 之后启动一个将执行的代码块,此块是可选的
28. TX_FINALLY
29. // TX_END 宏清除并关闭由 TX_BEGIN_PARAM 、TX_BEGIN_CB 和 TX_BEGIN 宏启动的事务。必须使
    //用此宏中止每个事务。如果事务中止,则设置 errno
30. TX_END
```

7. 持久内存事务快照接口

持久内存的事务性主要考虑 3 种不同的事务操作:持久内存分配、持久内存释放和持久内存数据修改,这 3 种事务操作是由统一日志实现的,包括记录事务的撤销日志(undo log)和重做日志(redo log)。

每个撤销日志条目都是内存中某些位置的快照,允许在创建日志条目后就地进行修改。事务完成后,将丢弃日志条目,完成修改。当事务中断或失败时,如在系统断电或宕机的情况下,数据可能只发生局部改动,在恢复事务的时候将从撤销日志中恢复数据,从而保证数据的一致性。

举例说明，在银行存款机上转入一笔款项，假定初始的银行账户余额为 100 元，需要转入 100 元，流程如下。

① 需要将初始的 100 元存入撤销日志中。

② 开始转入 100 元。

③ 如果转入过程顺利，账户余额会变成 200 元，同时将撤销日志中的项删除，事务完成。

④ 如果在转入或更新余额的过程中遇到断电或宕机情况，此时也许写入了局部数据，账户的金额可能已经被改写为 120 元，整个事务失败。

⑤ 在数据恢复时，一旦系统中存在撤销日志，系统将从撤销日志中恢复原有的金额 100 元，表示上次转账事务没有成功。

由于每次的事务操作都需要对一些需要修改的数据做快照，所以对性能会有影响，但是如果把一系列的操作作为一个事务来处理，如将一天之内的所有的存款转入操作看作一个事务，即使在一天内转入 100 笔金额，也只需要在撤销日志中保存初始金额 100 元，而不需要对每一笔转入都保存之前的金额。

libpmemobj 提供了要修改的持久内存数据快照接口，如示例 4-18 所示。

示例 4-18　持久内存数据快照接口

```
1.  // pmemobj_tx_add_range 获取给定大小的内存块的快照，该内存块位于由 oid 指定的对象中的给定
    //偏移处，并将其保存到撤销日志中。然后，应用程序可以自由地修改该内存范围内的对象。如果失败或中止，
    //此范围内的所有更改都将回滚。提供的内存块必须在事务中注册的池中。此函数必须由 TX_STAGE_WORK 调用
2.  int pmemobj_tx_add_range(PMEMoid oid, uint64_t off, size_t size);
3.  // pmemobj_tx_add_range_direct 的行为与 pmemobj_tx_add_range 相同，只是它在虚拟内存地
    //址上操作，而不是在持久内存对象上操作
4.  int pmemobj_tx_add_range_direct(const void *ptr, size_t size);
5.  // pmemobj_tx_xadd_range 和 pmemobj_tx_add_range 行为在 flag=0 时是一致的
6.  int pmemobj_tx_xadd_range(PMEMoid oid, uint64_t off, size_t size, uint64_t flags);
7.  int pmemobj_tx_xadd_range_direct(const void *ptr, size_t size, uint64_t flags);
8.
9.  //TX_ADD 宏获取对象句柄 o 引用的整个对象的快照，并将其保存在撤销日志中，对象大小由其类型决定。
    //然后应用程序可以直接修改对象。如果失败或中止，对象中的所有更改都将回滚
10. TX_ADD(TOID o)
```

```
11. // TX_ADD_FIELD 宏在撤销日志中保存句柄 o 引用的对象的给定字段的当前值。然后，应用程序可以直
    //接修改指定的字段。如果出现故障或中止，将恢复撤销日志中保存的值
12. TX_ADD_FIELD(TOID o,    FIELD)
13. //和上述 TX_ADD、TX_ADD_FIELD 的宏的基本功能一致，只是它是在对象的虚拟地址上进行操作的
14. TX_ADD_DIRECT(TYPE *p)
15. TX_ADD_FIELD_DIRECT(TYPE *p,    FIELD)
16.
17. //在上述宏的基础上增加了 flag，其中，flag 的意义和 pmemobj_tx_xadd 一样
18. TX_XADD(TOID o,    uint64_t flags)
19. TX_XADD_FIELD(TOID o,    FIELD,    uint64_t flags)
20. TX_XADD_DIRECT(TYPE *p,    uint64_t flags)
21. TX_XADD_FIELD_DIRECT(TYPE *p,    FIELD,    uint64_t flags)
22.
23. // TX_SET 宏将句柄 o 引用的对象的给定字段的当前值保存在撤销日志中，然后设置新值。如果出现故障
    //或中止，将恢复保存的值
24. TX_SET(TOID o,    FIELD,    VALUE)
25. //TX_SET_DIRECT 宏在撤销日志中保存直接指针 p 引用的对象的给定字段的当前值，然后设置其新值。
    //如果出现故障或中止，将恢复保存的值
26. TX_SET_DIRECT(TYPE *p,    FIELD,    VALUE)
27. // TX_MEMCPY 宏在撤销日志中保存 dest 的当前内容，然后用 src 制的数据覆盖其内存区域的 num 字
    //节。如果出现故障或中止，将恢复保存的值
28. TX_MEMCPY(void *dest,    const void *src,    size_t num)
29. // TX_MEMSET 宏将 dest 缓冲区的当前内容保存在撤销日志中，然后用常量字节 c 填充其内存区域的
    //num 字节。如果失败或中止，将恢复保存的值
30. TX_MEMSET(void *dest,    int c,    size_t num)
```

8. 持久内存事务分配/释放接口

在事务中分配或释放持久内存时，分配的空间可以写入数据，但是内存分配或释放的元数据需要保存在重做日志中而不能立刻持久地写入。否则一旦事务失败，分配的内存区域会因不能回滚而造成持久内存泄露，释放的内存对象也不能回滚，造成恢复数据后操作对象失败。

事务的提交会读取重做日志中的信息，将分配或释放的持久内存元数据持久地写入。这样在事务提交之前的任何失败操作，都会因为持久内存的元数据没有真正写入而回滚到事务开始之前的状态，所以不会在持久内存中存在不一致的数据。

如示例 4-19 所示，持久内存事务分配接口与非事务性的原子分配函数几乎是一致的，只是意义不同。例如，pmemobj_tx_alloc 函数以事务的方式分配给定大小和 type_num 的新对象。与

非事务性的 pmemobj_alloc 分配不同,对象仅在事务提交后添加到 type_num 的内部对象容器中,使对象能够对 POBJ_FOREACH 宏可见,此函数必须在 TX_WORK_STAGE 中调用。

示例 4-19 持久内存事务分配接口

```
1.  PMEMoid pmemobj_tx_alloc(size_t size, uint64_t type_num);
2.  PMEMoid pmemobj_tx_zalloc(size_t size, uint64_t type_num);
3.  PMEMoid pmemobj_tx_xalloc(size_t size, uint64_t type_num, uint64_t flags);
4.  PMEMoid pmemobj_tx_realloc(PMEMoid oid, size_t size, uint64_t type_num);
5.  PMEMoid pmemobj_tx_zrealloc(PMEMoid oid, size_t size, uint64_t type_num);
6.  PMEMoid pmemobj_tx_strdup(const char *s, uint64_t type_num);
7.  PMEMoid pmemobj_tx_wcsdup(const wchar_t *s, uint64_t type_num);
8.  int pmemobj_tx_free(PMEMoid oid);
9.
10. TX_NEW(TYPE)
11. TX_ALLOC(TYPE, size_t size)
12. TX_ZNEW(TYPE)
13. TX_ZALLOC(TYPE, size_t size)
14. TX_XALLOC(TYPE, size_t size, uint64_t flags)
15. TX_REALLOC(TOID o, size_t size)
16. TX_ZREALLOC(TOID o, size_t size)
17. TX_STRDUP(const char *s, uint64_t type_num)
18. TX_WCSDUP(const wchar_t *s, uint64_t type_num)
19. TX_FREE(TOID o)
```

9. 持久内存事务总结示例

持久内存的事务管理有些复杂,其涉及的接口众多,所以这里将持久内存事务用一个简单的示例来进行总结,如示例 4-20 所示。

示例 4-20 libpmemobj 的持久内存事务总结

```
1. //事务都是从 TX_BEGIN 到 TX_END 的,虽然中间也有其他的阶段,但那些都是可选择的。为了减少复杂
   //性,这里不会详细介绍各个阶段。在 TX_BEGIN 中出现的参数 pool 是内存池对象。"TX_PARAM_MUTEX,
   //&root->lock"是锁,用来保证事务的隔离性
2. TX_BEGIN_PARAM(pool, TX_PARAM_MUTEX, &root->lock, TX_PARAM_NONE) {
3. //记录数据 root 的快照,快照即事务在撤销日志中的一些记录。此后在事务中可以随意修改 root,如果
   //事务失败,重启之后从撤销日志中仍然恢复事务操作之前的 root 对象中的值,保证数据的一致性和原子性
4.     pmemobj_tx_add_range_direct(root, sizeof(*root));
5. //事务内存分配,分配内存的元数据不能立刻持久化,否则一旦事务失败,这块内存区域将丢失,从而造成
```

```
    //持久内存泄露的问题。那就需要将一些信息保存到重做日志中，一旦事务完成，内存分配会读取重做日志
    //中的信息，将分配的元数据真正持久化
6.      root->objA = pmemobj_tx_alloc(sizeof(struct objectA), type_num);
7. //事务内存释放，释放内存需要更改的元数据不能立刻从持久内存中删除或更改，否则一旦因为断电或宕机
   //引起事务失败，这块内存区域已经释放，但是对象objB仍然因为撤销日志而恢复到原先的值，那么再访
   //问这个对象的时候，就会出现由访问已释放的对象而导致的程序崩溃的情况。所以，事务内存的释放同样
   //需要重做日志的支持
8.      pmemobj_tx_free(root->objB);
9. // root->objB对象在内存池pool中释放，将对象赋值为OID_NULL。
   //事务中的内存操作无须调用持久化操作
10.     root->objB = OID_NULL;
11. } TX_END
```

10. 持久内存 action 接口

上面讨论事务性接口是将持久内存分配和初始化合并为单个原子操作。使得在两者之间长时间停顿的工作负载很难处理。

action 接口又称 reserve & publish 接口，允许应用程序首先在 volatile 状态下保留（reserve）持久内存，以这种方式分配的对象在更新操作后必须手动持久化。然后在一系列操作后，发布（publish）这些操作，发布是原子性的。如果程序退出时不发布操作，或者操作被取消，则这些操作保留的任何资源都将被释放回内存池中。

可以假设持久内存是一块土地，土地管理所管理所有土地的元数据。一块土地可以预先分配用来种植庄稼或进行其他操作（reserve），但是这块土地并没有在土地管理所注册。当需要确认这块土体的所有权属时，土地管理中心将这块土地注册在案（publish）后，就可以在整个土地管理系统中找到这块土地。

示例 4-21 所示为持久内存 action 接口。

示例 4-21　持久内存 action 接口

```
1. // pmemobj_reserve 函数执行对象的临时保留。此函数返回的对象可以自由修改，而无须担心在对象发
   //布之前的故障安全原子性。对象的任何修改都必须手动持久化，就像原子分配接口一样。在创建操作时，
   //act 参数必须非空并指向 struct pobj_action，该结构将由函数填充，在发布之前不得修改或释放
2. PMEMoid pmemobj_reserve(PMEMobjpool *pop, struct pobj_action *act, size_t size,
   uint64_t type_num);
3. // pmemobj_xreserve 和 pmemobj_reserve 的定义几乎一样，只是多了一个标志位，标志位的意义请
```

```c
//参考 libpmemobj 手册
4.  PMEMoid pmemobj_xreserve(PMEMobjpool *pop, struct pobj_action *act, size_t size,
    uint64_t type_num, uint64_t flags);
5.  // pmemobj_defer_free 函数创建一个延时的释放内存操作，这意味着在发布操作时将释放提供的对象
6.  void pmemobj_defer_free(PMEMobjpool *pop, PMEMoid oid, struct pobj_action *act);
7.  // pmemobj_set_value 函数准备一个 action，一旦发布，将把 ptr 指向的内存位置修改为 value
8.  void pmemobj_set_value(PMEMobjpool *pop, struct pobj_action *act, uint64_t
    *ptr, uint64_t value);
9.  // pmemobj_publish 函数发布提供的 action 集，该发布是故障安全原子的，一旦完成，持久状态将反
    //映操作中包含的更改
10. int pmemobj_publish(PMEMobjpool *pop, struct pobj_action *actv, size_t actvcnt);
11. // pmemobj_tx_publish 函数将提供的操作移动到调用它的事务的范围中。事务发布仅支持对象保留。
    //一旦完成，保留对象将遵循正常的事务语义，只能在 TX_STAGE_WORK 时调用
12. int pmemobj_tx_publish(struct pobj_action *actv, size_t actvcnt);
13. // pmemobj_cancel 函数释放所提供的操作及所拥有的所有资源，并使所有操作无效
14. void pmemobj_cancel(PMEMobjpool *pop, struct pobj_action *actv, size_t actvcnt);
15.
16. // POBJ_RESERVE_NEW 宏是 pmemobj_reserve 的类型化变体。预订的大小由提供的类型 t 决定
17. POBJ_RESERVE_NEW(pop, t, act)
18. // POBJ_RESERVE_ALLOC 宏是 pmemobj_reserve 的类型化变体。预订的大小由用户提供
19. POBJ_RESERVE_ALLOC(pop, t, size, act)
20. // POBJ_XRESERVE_NEW 和 POBJ_XRESERVE_ALLOC 宏等效于 pobj_reserve_new 和 pobj_reserve_alloc，
    但具有为 pmemobj_xreserve 定义的附加标志参数
21. POBJ_XRESERVE_NEW(pop, t, act, flags)
22. POBJ_XRESERVE_ALLOC(pop, t, size, act, flags)
```

action 接口的使用示例如示例 4-22 所示。

示例 4-22 action 接口的使用示例

```c
1.  //通过 POBJ_ROOT 获得根节点，pop 是持久内存池
2.  TOID(struct my_root) root = POBJ_ROOT(pop);
3.  //定义一个 action 的数组
4.  struct pobj_action action[10];
5.  // POBJ_RESERVE 是一块 struct rectangle 大小的持久内存，返回有类型的 rect 对象中，它的行为
    和 pmemobj_alloc 类似，但是它不保存任何持久化的元数据。此时该对象可以随意修改，而不需要考虑断
    电安全的问题。直到调用 pmemobj_tx_publish 时，持久化的元数据才会在事务完成时写入持久内存
6.  TOID(struct rectangle) rect = POBJ_RESERVE(pool, struct rectangle, &action[0]);
7.  //将注册的持久内存修改，并利用函数 pmemobj_persist 将修改保存到持久内存中
8.  D_RW(rect)->x = 5;
```

```
9.   D_RW(rect)->y = 10;
10.  pmemobj_persist(pop, D_RW(rect), sizeof(struct rectangle));
11.
12.  //可以将一些 action 取消,这些空间就像没有注册过一样
13.  /*pmemobj_cancel(pop, action, 1); */
14.
15.  //利用 pmemobj_tx_publish 将持久化的元数据写入持久内存,此时持久内存的 rect 对象在事务提交
     //后才可以真正被保存在持久内存池中
16.  TX_BEGIN(pop) {
17.      pmemobj_tx_publish(action, 1);
18.      TX_ADD(root);
19.      D_RW(root)->rect = rect;
20.  } TX_END
```

11. 持久内存对象迭代接口

前文提及的 pmemobj_alloc 或 pmemobj_tx_alloc 函数分配给定大小和 type_num 的新对象。对象持久化后添加到给定 type_num 的内部对象容器中,使对象对 POBJ_FOREACH 宏可见。libpmemobj 为容器操作提供了一种机制,允许通过内部对象集合进行迭代,可以查找特定对象,也可以对给定类型的每个对象执行特定操作,但是软件不可以对内部对象容器中的对象的顺序进行任何假设。

持久内存对象迭代接口如示例 4-23 所示。

示例 4-23 持久内存对象迭代接口

```
1.   //pmemobj_first 函数返回内存池 pop 中的第一个对象
2.   PMEMoid pmemobj_first(PMEMobjpool *pop);
3.   // pmemobj_next 函数返回内存池中的下一个对象
4.   PMEMoid pmemobj_next(PMEMoid oid);
5.
6.   // POBJ_FIRST 宏从内存池中返回第一个类型是 type 的对象
7.   POBJ_FIRST(PMEMobjpool *pop, TYPE)
8.   // POBJ_FIRST_TYPE_NUM 宏从内存池中返回第一个类型号是 type_num 的对象
9.   POBJ_FIRST_TYPE_NUM(PMEMobjpool *pop, uint64_t type_num)
10.  // POBJ_NEXT 宏返回与 oid 引用的对象类型相同的下一个对象
11.  POBJ_NEXT(TOID oid)
12.  // POBJ_NEXT_TYPE_NUM 宏返回与 oid 引用的对象具有相同类型号的下一个对象
13.  POBJ_NEXT_TYPE_NUM(PMEMoid oid)
```

```
14.
15. //4个宏提供了一种更方便的方式来遍历内部集合,对每个对象执行特定的操作。POBJ_FOREACH 宏对持
    //久内存池 pop 中存储的每个已分配对象执行特定操作。它遍历所有对象的内部集合,依次为 varoid 的
    //每个元素分配一个句柄
16. POBJ_FOREACH(PMEMobjpool *pop, PMEMoid varoid)
17. // POBJ_FOREACH_TYPE 宏对持久内存池 pop 中存储的与 var 类型相同的每个已分配对象执行特定操
    //作。它遍历指定类型的所有对象的内部集合,依次为 var 的每个元素分配一个句柄
18. POBJ_FOREACH_SAFE(PMEMobjpool *pop, PMEMoid varoid, PMEMoid nvaroid)
19. //POBJ_FOREACH_SAFE 和 POBJ_FOREACH_SAFE_TYPE 宏的工作方式与 POBJ_FOREACH 和
    //POBJ_FOREACH_TYPE 宏类似,只是在对对象执行操作之前,它们通过分别将下一个对象分配给
    //nvaroid 或 nvar 的方式来保留该集合中的下一个对象的句柄,允许在遍历集合时安全删除选定的对象
20. POBJ_FOREACH_TYPE(PMEMobjpool *pop, TOID var)
21. POBJ_FOREACH_SAFE_TYPE(PMEMobjpool *pop, TOID var, TOID nvar)
```

12. libpmemobj 将一个队列持久化

上述的 libpmemobj 接口可以用来将一个先进先出的队列写入持久内存,以保证数据的持久化、一致性和可恢复性。传统的应用将队列持久化,往往通过日志的方式将所有的操作写入内存设备或将内存的快照写到硬盘设备中,但是应用需要考虑数据的一致性。

如图 4-10 所示,该队列包含一个管理节点,该节点包含 head 和 tail 两个变量,用来指向整个队列的头和尾。如果队列为空,那么队列的头和尾都指向空;如果队列只有一个节点,那么队列的头和尾指向同一个节点。每个节点都包含具体的值,这里的值可以是字符串或其他的数据结构,每个节点还包含指向下一个节点的指针 next。对这个队列的主要操作包括入列、出列和显示。入列是指将新节点插入队列的尾部,出列是指将队列的头节点从队列中弹出,显示是遍历队列的所有节点并输出所有节点的值信息。

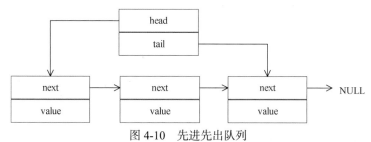

图 4-10 先进先出队列

使用 libpmemobj 将图 4-10 所示的先进先出队列写入持久内存中,如示例 4-24 所示。

示例 4-24　使用 libpmemobj 实现持久化队列

```
1.  #include <libpmemobj.h>
2.  #include <cstdio>
3.  #include <cstdlib>
4.  #include <iostream>
5.  #include <unistd.h>
6.  #include <sys/stat.h>
7.
8.  #define CREATE_MODE_RW (S_IWRITE | S_IREAD)
9.  //持久化队列的 layout，其中，根节点是 struct queue，节点是 struct queue_node
10. POBJ_LAYOUT_BEGIN(pmem_que);
11. POBJ_LAYOUT_ROOT(pmem_que, struct queue);
12. POBJ_LAYOUT_TOID(pmem_que, struct queue_node);
13. POBJ_LAYOUT_END(pmem_que);
14. //检查文件是否存在
15. static inL int  file_exists(char const *file)  {
16.         return access(file, F_OK);
17. }
18.
19. //定义了持久内存的队列操作，主要包含 3 个主要的操作：插入新的节点、删除一个节点和显示队列中所
    //有节点的数据
20. typedef enum que_op{
21.     ENQUE,
22.     DEQUE,
23.     SHOW,
24.     MAX_OPS,
25. }que_op_e;
26.
27. //定义 struct queue_node，每一个 queue_node 中包含一个 int 类型的数据和一个指向下一个节点
    //的指针 next
28. struct queue_node {
29.     int value;
30.     TOID(struct queue_node)  next;
31. };
32.
33. //定义了根节点 struct queue，根节点中包含整个 queue 的头节点指针 head 和尾节点指针 tail
34. struct queue {
35.     TOID(struct queue_node) head;
36.     TOID(struct queue_node) tail;
```

```
37.  };
38.
39.   //将用户输入的操作参数字符串转换成操作枚举变量，方便枚举操作
40.  const char * ops_str[MAX_OPS]={"enque", "deque", "show"};
41.  que_op_e parse_que_ops(char * ops)
42.  {
43.    int i;
44.    for(i=0;i<MAX_OPS;i++)
45.    {
46.      if(strcmp(ops_str[i], ops)==0) {
47.        return (que_op_e)i;
48.      }
49.    }
50.    return MAX_OPS;
51.  }
52.
53.  //定义了持久内存中的全局根变量
54.  TOID(struct queue) pmem_queue;
55.
56.  //定义了持久化队列的插入操作，插入操作是事务操作，如果插入成功，则事务完成队列更新；如果插入
     //中途失败或遇到断电的情况，则事务中断，在重启之后会恢复进行插入操作前的队列。使用 TX_BEGIN
     //和 TX_END 表示在此之间的所有操作都是事务操作
57.  void queue_enque(PMEMobjpool *pop, int value)
58.  {
59.    TX_BEGIN(pop) {
60.      TOID(struct queue_node) head=D_RW(pmem_queue)->head;
61.      //使用 TX_ADD 将根节点的内容做一个快照，并保存在持久化的撤销日志中
62.      TX_ADD(pmem_queue);
63.  //使用 TX_NEW 事务分配一个节点的空间，并构建新的节点，事务性的内存分配在事务中，不会直接将分
     //配空间的元数据保存到持久内存中，而是将对元数据的操作保存到重做日志中
64.      TOID(struct queue_node) newnode= TX_NEW(struct queue_node);
65.      D_RW(newnode)->value=value;
66.      D_RW(newnode)->next=TOID_NULL(struct queue_node);
67.
68.      if(TOID_IS_NULL(head)) {
69.        //如果持久化队列中没有任何节点，那么根节点的头指针和尾指针都指向新的节点
70.        D_RW(pmem_queue)->head=newnode;
71.        D_RW(pmem_queue)->tail=newnode;
72.      }
```

```
73.    else
74.    {
75.        //如果持久化队列中有节点,那么将新的节点插入队列的尾部
76.        D_RW(tail)->next=newnode;
77.        D_RW(pmem_queue)->tail=newnode;
78.    }
79.   }TX_END
80. }
81.
82. //定义持久化队列的出列操作,出列操作是将队列头部的节点弹出删除,输出队列头节点的值。出列操作
    //是事务操作,使用 TX_BEGIN 和 TX_END 来表示中间的所有操作是事务操作
83. int queue_deque(PMEMobjpool *pop, int * value)
84. {
85.    TX_BEGIN(pop) {
86.        TOID(struct queue_node) head=D_RW(pmem_queue)->head;
87.        TOID(struct queue_node) tail=D_RW(pmem_queue)->tail;
88.        //使用 TX_ADD 将根节点的内容做一个快照,并保存在持久化的撤销日志中
89.        TX_ADD(pmem_queue);
90.
91.        if(TOID_IS_NULL(head)) {
92.            //如果持久化队列的头为空,那么弹出操作失败,事务中断
93.            return -1;
94.        }
95.        else
96.        {
97.            //如果持久化队列的头存在,则输出头节点的值
98.            *value=D_RO(head)->value;
99.            //将根节点的头指针更新到头节点的下一个节点
100.           D_RW(pmem_queue)->head=D_RO(head)->next;
101.           //如果原来的队列中只有一个节点,此时要更新根节点的尾指针
102.           if(TOID_EQUALS(head, tail))
103.               D_RW(pmem_queue)->tail=D_RO(tail)->next;
104.//将弹出的头节点空间通过 TX_FREE 释放,TX_FREE 是事务的内存释放操作,TX_FREE 将对元数据的
    //操作保存到重做日志中
105.           TX_FREE(head);
106.       }
107.   }TX_END
108.   return 0;
109. }
```

```
110.
111.//遍历持久化队列中的所有节点，获得所有节点的值。由于所有的操作都是读操作，所以显示持久化队列
    //不是事务操作
112. int queue_show()
113. {
114.    TOID(struct queue_node) head=D_RO(pmem_queue)->head;
115.    if(TOID_IS_NULL(head)) return -1;
116.
117.    while(!TOID_IS_NULL(head))   {
118.        std::cout<<D_RO(head)->value<<std::endl;
119.        head=D_RO(head)->next;
120.    }
121.    return 0;
122. }
123.
124.//判别持久化队列的参数和使用方式
125. int main(int argc, char * argv[])
126. {
127.    if(argc<3) {
128.        std::cerr << "usage: " << argv[0] << "file-name [enque [value]|deque|show]"
    << std::endl;
129.        exit(0);
130.    }
131.    const char * path=argv[1];
132.//持久内存池可能因 SDS feature 出现创建失败的情况，可以通过以下两行代码将 SDS feature 关闭
133.    int sds_write_value = 0;
134.    pmemobj_ctl_set(NULL, "sds.at_create", &sds_write_value);
135.
136.//持久内存池的管理。如果持久内存文件已经存在，使用 pmemobj_open，否则使用 pmemobj_create
    //来获得持久内存池
137.    PMEMobjpool *pop;
138.    if (file_exists(path) != 0) {
139.        pop=pmemobj_create(path , POBJ_LAYOUT_NAME(pmem_que) , PMEMOBJ_MIN_POOL ,
    CREATE_MODE_RW);
140.    } else {
141.        pop=pmemobj_open(path, POBJ_LAYOUT_NAME(pmem_que));
142.    }
143.
144.//获得持久化队列的根节点
```

```
145.    pmem_queue= POBJ_ROOT(pop, struct queue);
146.
147.    //解析用户输入的命令，对持久化队列进行入列、出列和显示操作
148.    que_op_e ops=parse_que_ops(argv[2]);
149.    switch(ops) {
150.      case ENQUE:
151.        queue_enque(pop, atoi(argv[3]));
152.        break;
153.      case DEQUE:
154.        int val;
155.        if(queue_deque(pop, &val)!=-1)
156.        {
157.          std:: cout<<"deque: "<<val<<std:: endl;
158.        }
159.        break;
160.      case SHOW:
161.        queue_show();
162.        break;
163.      case MAX_OPS:
164.        std:: cerr << "unknown ops"<<std:: endl;
165.        break;
166.    }
167.
168.    //关闭持久内存池
169.    pmemobj_close(pop);
170. }
```

编译运行上述示例，操作过的队列始终保存在持久内存中，即使中途断电也不会出现任何数据一致性的问题（为了让程序简单，上述示例使用的是一个整型值），而且上电之后会恢复到最近的一致性的状态。

4.4.4　libpmemblk 和 libpmemlog 库

libpmemblk 实现了一个持久内存常驻的块数组，所有块都是大小相同的，其中，每个块是根据电源故障或程序中断进行原子更新的。

libpmemlog 用于持久化记录 log 文件，采用 append 的方法记录。

4.4.5 libpmemobj-cpp 库

libpmemobj 的目标是在不修改编译器的情况下，实现持久内存编程模型的全部功能。它不是特别完善，也不容易使用。下一步是利用高级语言的特性来创建一个更友好、更不易出错的接口。libpmemobj-cpp 的总体目标是将修改集中到数据结构上，而不是代码上。

libpmemobj-cpp 需要 C++11 兼容编译器，因此，GCC 和 Clang 的最低版本分别为 4.8 和 3.3。pmem::obj::transaction::automatic 需要的版本为 C++17，所以需要一个更新的版本，即 GCC 61 或 CLAN 3.7。

libpmemobj-cpp 是 libpmemobj 的 C++语言支持，其主要概念和 libpmemobj 完全一致，但是在使用方式上，libpmemobj-cpp 符合 C++的语法要求，使用起来比 libpmemobj 方便很多，可以通过源代码编译安装 libpmemobj-cpp。

由于 libpmemobj-cpp 是基于 libpmemobj 开发的，其很多的概念和 libpmemobj 相似，这里将以列表的方式描述 libpmemobj-cpp 的接口，如表 4-1 所示，libpmemobj 包括了事务分配、原子分配、驻留持久内存属性、持久化直接智能指针、持久内存事务管理、持久内存锁及持久内存池等。

表 4-1 libpmemobj-cpp 的接口

接 口 类 型	接　　口
事务分配	#include <libpmemobj++/persistent_ptr.hpp> peristent_ptr<T> pmem::obj::make_persistent<T>(Args &&... args) void pmem::obj::delete_persistent<T>(peristent_ptr<T> &ptr)
事务数组分配	#include <libpmemobj++/make_persistent_array.hpp> peristent_ptr<T[]> pmem::obj::make_persistent<T[]>(Args &&... args) void pmem::obj::delete_persistent　　<T[]>(peristent_ptr<T[]> &ptr)
原子分配	#include <libpmemobj++/make_persistent_atomic.hpp> peristent_ptr<T> pmem::obj::make_persistent_atomic<T>(Args &&... args) void pmem::obj::delete_persistent_atomic<T>(peristent_ptr<T> &ptr)
原子数组分配	#include <libpmemobj++/make_persistent_array_atomic.hpp> peristent_ptr<T[]> pmem::obj::make_persistent_atomic<T[]>(Args &&... args) void pmem::obj::delete_persistent_atomic<T[]>(peristent_ptr<T[]> &ptr)

续表

接 口 类 型	接　　口
驻留持久内存属性	#include <libpmemobj++/p.hpp> template<typename T> class pmem::obj::p< T >
持久化直接智能指针	#include <libpmemobj++/persistent_ptr.hpp> peristent_ptr<T>　　pool<T>::root()
持久内存事务流程	#include <libpmemobj++/transaction.hpp> void transaction::run(pool_base& pool, std::function<void()> tx, ...)
持久内存锁	#include <libpmemobj++/mutex.hpp> class pmem::obj::mutex #include <libpmemobj++/shared_mutex.hpp> Class pmem::obj:: shared_mutex
持久内存池	#include <libpmemobj++/pool.hpp> pool<T> pool<T>::open(const std::string &path, const std::string &layout)

1. libpmemobj-cpp 接口

如果已经正确安装了 libpmemobj-cpp 库，那么头文件会默认安装在程序可以正确找到路径的位置。当正确引用了 Libpmemobj-cpp 的一系列头文件和 libpmemobj-cpp 的库之后，就可以使用 libpmemobj-cpp 的接口了。

根据表 4-1 可知，libpmemobj 包括多个接口，这里通过一个示例来使用这些接口，如示例 4-25 所示。

示例 4-25　libpmemobj-cpp 接口的使用

```
1.  #include <fcntl.h>
2.  //libpmemobj-cpp 的相关头文件
3.  #include <libpmemobj++/make_persistent.hpp>
4.  #include <libpmemobj++/make_persistent_array.hpp>
5.  #include <libpmemobj++/make_persistent_atomic.hpp>
6.  #include <libpmemobj++/make_persistent_array_atomic.hpp>
7.  #include <libpmemobj++/mutex.hpp>
8.  #include <libpmemobj++/persistent_ptr.hpp>
```

```cpp
9.  #include <libpmemobj++/p.hpp>
10. #include <libpmemobj++/pext.hpp>
11. #include <libpmemobj++/pool.hpp>
12. #include <libpmemobj++/shared_mutex.hpp>
13. #include <libpmemobj++/transaction.hpp>
14.
15. //使用namespacepmem::obj
16. using namespace pmem::obj;
17. void libpmemobjcpp_example()
18. {
19. //定义compound_type数据结构，其中包含一个p<int>的变量some_variable、一个p<double>
    //的变量some_other_variable、一个默认的构造函数及set_some_variable成员函数。所有带
    //p<T>的变量都会被存储到持久内存中
20.     struct compound_type {
21.         compound_type() : some_variable(0), some_other_variable(0)
22.         {
23.         }
24.         void set_some_variable(int val)
25.         {
26.             some_variable = val;
27.         }
28.         p<int> some_variable;
29.         p<double> some_other_variable;
30.     };
31.
32. //在内存池根对象数据结构中包含两个p<int>的数组（some_arry和some_other_array）、一个
    //p<double>的变量（some_variable）、两个驻留持久内存的锁（pmutex和shared_pmutex），以
    //及持久化直接智能指针（comp_array和comp）
33.     struct root {
34.         mutex pmutex;
35.         shared_mutex shared_pmutex;
36.         p<int> some_array[42];
37.         p<int> some_other_array[42];
38.         p<double> some_variable;
39.         persistent_ptr<compound_type[]> comp_array; //array
40.         persistent_ptr<compound_type> comp; //
41.     };
42.
43. //持久内存池管理。pool<root>::create创建一个根对象数据结构是root的内存池，返回一个内存
```

```cpp
                //池对象句柄 pop
44.             auto pop = pool<root>::create("poolfile", "layout", PMEMOBJ_MIN_POOL);
45.
46.             // pool<root>::open 打开一个已存在的内存池,返回内存池句柄pop。如果内存池不存在,则返回NULL
47.             // pop = pool<root>::open("poolfile", "layout")
48.             //通过pop.root()获得内存池根对象自动指针 root_obj
49.             auto root_obj = pop.root();
50.
51.     //持久化原语接口
52.     //直接修改根对象中的成员 some_variable,这个变量在持久内存中,为了保证数据刷新到持久内存介
        //质中,需要调用 pop.persist 原语接口将数据持久化
53.             root_obj->some_variable = 3.2;
54.             pop.persist(root_obj->some_variable);
55.
56.     //调用原语接口 pop.memset_persist 将根对象中的 some_array 初始化
57.             pop.memset_persist(root_obj->some_array, 2, sizeof(root_obj->some_array));
58.     //调用原语接口 pop.memcpy_persist 将根对象中的 some_array 复制到 some_other_array 中
59.             pop.memcpy_persist(root_obj->some_other_array,root_obj->some_array, sizeof(root_obj->some_array));
60.
61.     //make_persistent_atomic 原子分配 root_obj->comp,调用过程会调用 compound_type 的构造
        //函数并使用参数来初始化 compound_type 的成员变量
62.             make_persistent_atomic<compound_type>(pop, root_obj->comp, 1, 2.0);
63.     // delete_persistent 原子释放 root_obj->comp 的空间并调用 compound_type 的析构函数
64.             delete_persistent<compound_type>(root_obj->comp);
65.
66.     //使用 make_persistent_atomic<compound_type[]>去分配 root_obj->comp_array 数组,其
        //中,数组的大小可以由函数的参数指定
67.             make_persistent_atomic<compound_type[]>(pop, root_obj->comp_array, 20);
68.     //定义一个大小为 42KB 的 compound_type 数组变量 arr
69.             persistent_ptr<compound_type[42]> arr;
70.     //给数组变量 arr 分配持久内存,使用 make_persistent_atomic<compound_type[42]>,无须在
        //参数中指定大小。数组的分配使用默认的构造函数,不能从参数中指定初始化值
71.             make_persistent_atomic<compound_type[42]>(pop, arr);
72.     //释放数组变量 root->comp_array 及 arr 的内存空间
73.             delete_persistent_atomic<compound_type[]>(root_obj->comp_array, 20);
74.             delete_persistent_atomic<compound_type[42]>(arr);
75.
76.     //持久内存典型的事务处理流程
```

```
77.   try {
78.  //transaction::run 是一个类似闭包的事务接口，pop 是内存池句柄，中间的匿名函数是
     std::function<void ()>类型
79.       transaction::run(pop,
80.           [&] {
81.  //匿名函数用来执行一个事务的代码
82.  //在事务中更新 root_obj->some_variable，libpmemobj-cpp 会自动备份原来的值到撤销日志中，
     以保证事务在中断后可以回滚之前的值（3.2）
83.           root_obj->some_variable = 3.5;
84.
85.  //事务内存的分配和释放，root_obj->comp 在事务内部使用 make_persistent 分配内存，使用
     //delete_persisent 释放内存。内存的元数据操作会保存在重做日志中，以保证在事务提交时，元数
     //据真正被保存到持久内存中
86.           root_obj->comp = make_persistent<compound_type>(1, 2.0);
87.           delete_persistent<compound_type>(root_obj->comp);
88.           root_obj->comp = make_persistent<compound_type[]>(20);
89.           auto arr1 = make_persistent<compound_type[3]>();
90.           delete_persistent<compound_type[]>(root_obj->comp_array, 20);
91.           delete_persistent<compound_type[3]>(arr1);
92.
93.           //在事务的内部使用原子分配和释放函数，事务会退出，并可能导致数据变得不一致
94.           make_persistent_atomic<compound_type>(pop, root_obj->comp, 1, 1.3);
95.           delete_persistent_atomic<compound_type>(root_obj->comp);
96.           make_persistent_atomic<compound_type[]>(pop, root_obj->comp_array, 30);
97.           delete_persistent_atomic<compound_type[]>(root_obj->comp_array, 30);
98.       },
99.       //提供这个事务需要的锁，以保证各个事务的隔离性
100.      root_obj->pmutex, root_obj->shared_pmutex);
101.  } catch (pmem::transaction_error &) {
102. //如果在事务中引发异常，则会中止该事务，锁在事务的整个持续时间内保持不变，它们在作用域的末尾
     //被释放，因此在 catch 块中，它们已经被解锁。如果清除操作需要访问关键节中的数据，则必须再次手
     //动获取锁
103.  }
104.
105. //在事务之外调用持久内存事务分配和释放函数会出现异常 transaction_scope_error
106.  auto comp_var = make_persistent<compound_type>(2, 15.0);
107.  delete_persistent<compound_type>(comp_var);
108.  auto arr1 = make_persistent<compound_type[3]>();
109.  delete_persistent<compound_type[3]>(arr1);
```

```
110.
111. //pop.close 关闭持久内存池 pop
112.     pop.close();
113. //pool<root>::check 检查持久内存的一致性，如果错误，则返回-1；如果文件一致，则返回 1；如果
     //文件不一致，则返回 0
114.     pool<root>::check("poolfile", "layout");
115. }
```

2. libpmemobj-cpp 将一个队列持久化

使用 libpmemobj-cpp 实现一个先进先出的持久化队列，如示例 4-26 所示，其实现方式可以参照示例 4-24，这里不再详细讲述。

示例 4-26 使用 libpmemobj-cpp 实现一个先进先出的持久化队列

```
1.  #include <cstdio>
2.  #include <cstdlib>
3.  #include <iostream>
4.  #include <string>
5.
6.  #include <libpmemobj++/make_persistent.hpp>
7.  #include <libpmemobj++/p.hpp>
8.  #include <libpmemobj++/persistent_ptr.hpp>
9.  #include <libpmemobj++/pool.hpp>
10. #include <libpmemobj++/transaction.hpp>
11.
12. enum queue_op {
13.     PUSH,
14.     POP,
15.     SHOW,
16.     EXIT,
17.     MAX_OPS,
18. };
19.
20. struct queue_node {
21.     pmem::obj::p<int> value;
22.     pmem::obj::persistent_ptr<queue_node> next;
23. };
24.
25. struct queue {
```

```cpp
26.    void push(pmem::obj::pool_base &pop, int value)
27.    {
28.        pmem::obj::transaction::run(pop, [&] {
29.            auto node = pmem::obj::make_persistent<queue_node>();
30.            node->value = value;
31.            node->next = nullptr;
32.
33.            if (head == nullptr) {
34.                head = tail = node;
35.            } else {
36.                tail->next = node;
37.                tail = node;
38.            }
39.        });
40.    }
41.
42.    int pop(pmem::obj::pool_base &pop)
43.    {
44.        int value;
45.        pmem::obj::transaction::run(pop, [&] {
46.            if (head == nullptr)
47.                throw std::out_of_range("no elements");
48.
49.            auto head_ptr = head;
50.            value = head->value;
51.
52.            head = head->next;
53.            pmem::obj::delete_persistent<queue_node>(head_ptr);
54.
55.            if (head == nullptr)
56.                tail = nullptr;
57.        });
58.
59.        return value;
60.    }
61.
62.    void show()
63.    {
64.        auto node = head;
```

```
65.          while (node != nullptr) {
66.              std::cout << "show: " << node->value << std::endl;
67.              node = node->next;
68.          }
69.
70.          std::cout << std::endl;
71.      }
72.
73.  private:
74.      pmem::obj::persistent_ptr<queue_node> head = nullptr;
75.      pmem::obj::persistent_ptr<queue_node> tail = nullptr;
76.  };
77.
78.  const char *ops_str[MAX_OPS] = {"push", "pop", "show", "exit"};
79.
80.  queue_op  parse_queue_ops(const std::string &ops)
81.  {
82.      for (int i = 0; i < MAX_OPS; i++) {
83.          if (ops == ops_str[i]) {
84.              return (queue_op)i;
85.          }
86.      }
87.      return MAX_OPS;
88.  }
89.
90.  int  main(int argc, char *argv[])
91.  {
92.      if (argc < 2) {
93.          std::cerr << "usage: " << argv[0] << " pool" << std::endl;
94.          return 1;
95.      }
96.
97.      auto path = argv[1];
98.      auto pool = pmem::obj::pool<queue>::open(path, "queue");
99.      auto q = pool.root();
100.
101.     while (1) {
102.         std::cout << "[push value|pop|show|exit]" << std::endl;
103.
```

```cpp
104.        std::string command;
105.        std::cin >> command;
106.
107.        // parse string
108.        auto ops = parse_queue_ops(std::string(command));
109.
110.        switch (ops) {
111.            case PUSH: {
112.                int value;
113.                std::cin >> value;
114.
115.                q->push(pool, value);
116.
117.                break;
118.            }
119.            case POP: {
120.                std::cout << q->pop(pool) << std::endl;
121.                break;
122.            }
123.            case SHOW: {
124.                q->show();
125.                break;
126.            }
127.            case EXIT: {
128.                pool.close();
129.                exit(0);
130.            }
131.            default: {
132.                std::cerr << "unknown ops" << std::endl;
133.
134.                pool.close();
135.                exit(0);
136.            }
137.        }
138.    }
139.}
```

4.5 持久内存和 PMDK 的应用

4.5.1 PMDK 库的应用场景

PMDK 作为持久内存最重要的编程库，用户可以根据自己的需求、痛点和开发的难度选择适当的库以改造应用，阿里巴巴已经将持久内存应用在其生产环境中[①]。

如表 4-2 所示，libpmem 可以保证数据的持久化，但不能保证数据的一致性和数据的可恢复性；libmemkind 可以分配持久内存，可以由应用控制热数据和冷数据存放的位置；libpmemobj、libpmemobj-cpp、libpmemlbk 及 libpmemlog 都可以实现数据的 ACID 事务性，由于事务需要维护、撤销和重做日志，所以系统性能的开销也很大。

基于 PMDK 各个编程库的特点，对 PMDK 的应用场景有如下一些建议。

（1）在改造应用之前，直接将所有的堆数据分配在持久内存中，如果延时和吞吐可以满足应用的需求，那么对应用改造的空间较大。如果持久内存每次访问的延时累加都不能满足应用的需求，那么可以将经常访问的数据结构、元数据放到 DRAM 中，将较大且访问次数较少的用户数据放入持久内存中。

（2）如果将所有的堆数据分配在持久内存中，延时和吞吐可以满足应用的需求，那么可以进一步考虑使用事务性满足应用对数据一致性和快速恢复的需求。

（3）事务性对于系统性能的开销的需求非常大，如果应用对数据的一致性没有强制性要求，那么可以利用 libpmemobj 的非事务接口保证数据的可恢复性。

（4）libpmemobj 适用于较为平坦的数据结构，所以对复杂的数据结构而言，libpmemobj 的系统性能开销较大，可以加入一些映射层，将复杂的数据结构映射为较为平坦的数据结构，然后对较为平坦的数据结构使用 libpmemobj 来持久化数据。

为了利用好持久内存的 AD 模式满足各种应用的需求，可能需要单独考虑每个应用，但这也为应用利用持久内存满足各种可能的需求提供了更高的可能性。

---

① 漠冰. 非易失性内存在阿里生产环境的首次应用：Tair NVM 最佳实践总结，2018.
https://102.alibaba.com/detail?id=165.

表 4-2　PMDK 使用场景和须知

PMDK 持久库	描述	使用须知
libpmem	提供底层的库，主要给应用提供最优的数据持久化的方式，帮助应用实现数据的持久化，无须应用对各种平台、各个指令编程	只提供底层 API（memcpy 等），应用需考虑数据断电的原子性、一致性，如 pmem_memcpy_persist（mystring，"Hello，World!"）；一但断电，mystring 中的数据就可能不是 "Hello，World!"
libmemkind	提供持久内存的分配接口	可以控制将热数据放入内存中，将冷数据放入持久内存中，这个库本身不提供持久化的任何特性
libpmemobj libpmemblk libpmemlog libpmemobj-cpp	事务对象的分配和存储	主要通过 undo/redo log 提供原子性的内存分配；写入各种大小的数据并保证其一致性和原子性。libpmemblk、libpmemlog 通过一些更优的方式来保证数据的一致性，可以快速恢复数据

4.5.2　pmemkv 键值存储框架

pmemkv 是一个针对持久内存优化过的键值存储框架。pmemkv 为语言绑定和存储引擎提供了不同的选项。pmemkv 使用 C/C++编写，同时可以绑定其他的高阶编程语言，如 Java、Node.js、Python 和 Ruby。它有多个存储引擎，每个引擎都针对不同的用例进行了优化，在实现和功能上有所不同。

（1）持久性。这是在数据保存和性能之间进行的一种权衡：持久性引擎保存其内容，并且保证在电源故障或应用崩溃的情况下数据的安全性，但速度较慢；易失性引擎的速度较快，但仅在数据库关闭（或应用程序崩溃、电源故障发生）之前保留其内容。

（2）并发引擎在多线程工作负载中提供了不同程度的读写可伸缩性。并发引擎支持非阻塞检索，并且支持高度可伸缩的更新。

（3）键排序。排序引擎支持在给定键值的上下进行检索，在性能上，相对于非排序引擎，排序引擎的开销更大。

持久性引擎通常使用 libpmemobj-cpp 和 PMDK 的其他库来实现。在本节中，只对 cmap 引擎进行基本介绍。cmap 是一个持久性并发引擎，由 hashmap 支持，允许从多个线程中同时调用 get、put 和 remove 等键值操作函数，使用此引擎存储的数据是持久的，且可以在宕机和断电的情况下保证数据的一致性。在内部，cmap 使用 libpmemobj-cpp 库中的持久并发 hashmap 和持久字符串，持久字符串用作键和值的类型。此外，cmap 需要 tbb 和 libpmemobj-cpp 的支持，它是 pmemkv 的默认引擎。

示例 4-27 所示为 pmemkv 使用 cmap 引擎的示例，完整的示例请参考官方文档。

示例 4-27　pmemkv 使用 cmap 引擎的示例

```
1.   #include <cassert>
2.   #include <cstdlib>
3.   #include <iostream>
4.   // libpmemkv.hpp 是 pmemkv 的头文件，一旦正确安装了 libpmemkv，头文件会默认安装在程序可以
     //正确找到路径的位置。正确地链接 pmemkv 库和 libpmemobj-cpp 库就可以使用 pmemkv
5.   #include <libpmemkv.hpp>
6.
7.   #define LOG(msg) std::cout << msg << std::endl
8.   //pmem::kv 是 pmemkv 的名字空间，可以简化程序中类的使用
9.   using namespace pmem::kv;
10.
11.  const uint64_t SIZE = 1024UL * 1024UL * 1024UL;
12.
13.  int main(int argc, char *argv[])
14.  {
15.      if (argc < 2) {
16.          std::cerr << "Usage: " << argv[0] << " file\n";
17.          exit(1);
18.      }
19.
20.  //创建 cmap 的配置，对于 cmap 引擎必须指定 3 个属性：path 值存放文件；force_create 如果是 0，
     //那么使用上面指定的文件，如果是 1，则强制创建文件；size，只有当 force_create 等于 1 时，size
     //才会被使用，size 最小是 8MB
21.      LOG("Creating config");
22.      config cfg;
23.      status s = cfg.put_string("path", argv[1]);
24.      assert(s == status::OK);
25.      s = cfg.put_uint64("size", SIZE);
26.      assert(s == status::OK);
27.      s = cfg.put_uint64("force_create", 1);
28.      assert(s == status::OK);
```

```cpp
29.
30.     //新建一个 pmem::kv:db 的实例, 一个 pmemkv 的数据库
31.     db *kv = new db();
32.     assert(kv != nullptr);
33.     // kv->open 带有两个参数, 即引擎和配置, 表示绑定 cmap 引擎打开 pmemkv 数据库
34.     s = kv->open("cmap", std::move(cfg));
35.     assert(s == status::OK);
36.
37.     // kv->put("key1", "value1")在 pmemkv 数据库中加入一个键值对
38.     s = kv->put("key1", "value1");
39.     assert(s == status::OK);
40.
41.     size_t cnt;
42.     //kv->count_all 得到数据库中键值对的数目
43.     s = kv->count_all(cnt);
44.     assert(s == status::OK && cnt == 1);
45.
46.     // kv->get("key1", &value)通过键从数据库中读出值
47.     std::string value;
48.     s = kv->get("key1", &value);
49.     assert(s == status::OK && value == "value1");
50.
51.     kv->put("key2", "value2");
52.     kv->put("key3", "value3");
53.     // kv->get_all 遍历数据库的每一个键值对, 并通过一个 callback 函数来处理数据库中的键值
        //对。在此例中, callback 函数是一个匿名函数, 用于将键值对的中键输出
54.     kv->get_all([](string_view k, string_view v) {
55.         LOG("  visited: " << k.data());
56.         return 0;
57.     });
58.
59.     // kv_remove 将通过键在数据库中删除一个键值对。kv->exists 通过 key 去判断一个键值对是否存
    //在于数据库中
60.     s = kv->remove("key1");
61.     assert(s == status::OK);
62.     s = kv->exists("key1");
63.     assert(s == status::NOT_FOUND);
64.
65.     LOG("Closing database");
```

```
66.        delete kv;
67.
68.        return 0;
69. }
```

如果想开发自己的 kv 引擎,可以在 pmemkv 的基础上实现,详细的开发方式请参考开源文档。

4.5.3　PMDK 在 Redis 持久化的应用

Redis 是一个非常流行的内存键值数据库,其存储的主要数据结构是使用 hashmap 实现的字典。每一个 dictEntry 都可以使用键计算 hash 值以获得键和值在 hashmap 中存储的位置,其中键是一个简单的字符串,而值比较复杂,有 5 种主要的类型,即 string、hash、list、set 和 zset。

如果使用 libpmemobj 持久化 Redis 整个数据库包括的字典和数据,那么重启后在恢复数据时只需要将 db 的对象从持久内存中读出,再赋值给 Redis server 就可以立即恢复业务,访问所有的数据。但是对字典数据结构的访问非常频繁,如果将字典放到持久内存中,将大大增加数据访问延时,使得性能无法满足业务的需求。

可以将字典数据维护在 DRAM 中,将用户的数据键和值维护在持久内存中,再通过平坦的键值对来维护用户数据的持久化。如图 4-11 所示,持久化的对象句柄 keyoid 和 valueoid 被放在持久内存的键值对中。为了减少在删除键值时去查找整个键值对双向链表,在键中保留了键值对的 kvpairoid,可以通过键快速找到在键值对结构中的对象,以便进行删除和更新操作。

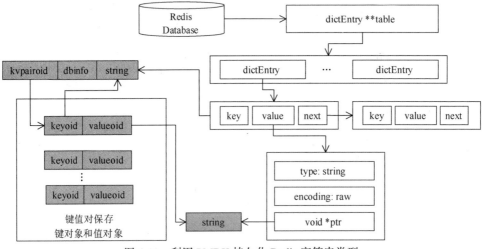

图 4-11　利用 PMDK 持久化 Redis 字符串类型

利用 PMDK 持久化 Redis 字符串类型的核心伪代码如示例 4-28 所示，完整的代码请参考开源文档。

示例 4-28　Redis 字符串类型持久化的核心伪代码

```
1.  //持久内存布局
2.  POBJ_LAYOUT_BEGIN(store_db);
3.  POBJ_LAYOUT_ROOT(store_db, struct redis_pmem_root);
4.  POBJ_LAYOUT_TOID(store_db, struct key_val_pair_PM);
5.  POBJ_LAYOUT_END(store_db);
6.
7.  //在需要维护的持久内存结构中，在键上会带有 pmHeader 的信息。在 pmHeader 中，backreference
    //用来指向键值对 key_val_pair_PM 的对象
8.  typedef struct pmHeader {
9.  //该键值对在 database 里面
10.     int dbId;
11.     unsigned type:4;
12.     unsigned encoding:4;
13.     unsigned lru:LRU_BITS;
14.     PMEMoid    backreference;
15. }pmHeader;
16.
17. //下面的根节点可以通过 PMEMOBJ_FOREACH_TYPE 来获得所有 key_val_pair_PM 的对象，但考虑恢
    //复时间，这里还是使用双向链表的方式将所有 key_val_pair_PM 对象连接起来
18. struct redis_pmem_root {
19.     uint64_t num_dict_entries;
20.     TOID(struct key_val_pair_PM) pe_first;
21. };
22.
23. typedef struct key_val_pair_PM {
24.     PMEMoid key_oid;
25.     PMEMoid val_oid;
26.     TOID(struct key_val_pair_PM) pmem_list_next;
27.     TOID(struct key_val_pair_PM) pmem_list_prev;
28. } key_val_pair_PM;
29.
30. //pmemReconstruct 重启后可以从 redis_pmem_root 中的 pe_first 开始遍历所有的 key_val_pair_PM
    //对象，然后将对象中的键和值添加到指定的数据字典中
31. int pmemReconstruct(void)
```

```c
32.  {
33.      TOID(struct redis_pmem_root) root;
34.      TOID(struct key_val_pair_PM) kv_PM_oid;
35.      struct key_val_pair_PM *kv_PM;
36.      dict *d;
37.      void *key;
38.      void *val;
39.      robj *val_robj;
40.
41.      //遍历 kv pair, 将 kv pair 宏的 key 和 value 加入对应的数据库中
42.      root = server.pm_rootoid;
43.      for (kv_PM_oid = D_RO(root)->pe_first; TOID_IS_NULL(kv_PM_oid) == 0; kv_PM_oid = D_RO(kv_PM_oid)->pmem_list_next){
44.          key = pmemobj_direct(D_RO(kv_PM_oid)->key_oid);
45.          val = pmemobj_direct(D_RO(kv_PM_oid)->val_oid);
46.          pmHeader *header= (pmHeader *) (key - sizeof(pmHeader) - sdsHdrSize (((sds)key)[-1]));;
47.          d = server.db[header->dbId].dict;
48.
49.          val_robj = createObjectPM(header->type, val);
50.          val_robj->encoding = header->encoding;
51.          val_robj->lru = header->lru;
52.
53.          (void)dictAddReconstructedPM(d, key, (void *)val_robj);
54.      }
55.      return C_OK;
56.  }
57.
58.  //initPersistentMemory 启动 Redis server 时可以判断内存池是否已经存在，如果存在，则需要
     //pmemReconstruct 恢复数据
59.  void initPersistentMemory(void) {
60.      ...
61.      server.pm_pool = pmemobj_create (…)
62.      if (server.pm_pool == NULL) {
63.          server.pm_pool = pmemobj_open (…);
64.          server.pm_rootoid = POBJ_ROOT (…);
65.          pmemReconstruct();
66.      } else {
67.          server.pm_rootoid = POBJ_ROOT (…);
```

```
68.            root = pmemobj_direct(server.pm_rootoid.oid);
69.            root->num_dict_entries = 0;
70.        }
71.    ...
72. }
73.
74. //pmemAddToPmemList 将 key 对象和 value 对象保存到 key_val_pair_PM 中,返回 key_val_pair_PM
    //对象的 oid。在函数中使用 pmemobj_tx_alloc 事务分配 key_val_pair_PM 对象,使用
    //pmemobj_tx_add_range 将 redis_pmem_root 的快照保存到撤销日志中,将新的键值对添加到链
    //表的头部,从而更新 key_val_pair_PM 的头指针 pe_first
75. PMEMoid pmemAddToPmemList(void *key, void *val)
76. {
77.     PMEMoid key_oid;
78.     PMEMoid val_oid;
79.     PMEMoid kv_PM;
80.     struct key_val_pair_PM *kv_PM_p;
81.     struct redis_pmem_root *root;
82.
83.     key_oid=pmemobj_oid(key);
84.     val_oid=pmemobj_oid(val);
85.
86.     kv_PM = pmemobj_tx_alloc(sizeof(struct key_val_pair_PM), pm_type_key_val_pair_PM);
87.     kv_PM_p=(struct key_val_pair_PM *)pmemobj_direct(kv_PM);
88.     kv_PM_p->key_oid = key_oid;
89.     kv_PM_p->val_oid = val_oid;
90.     root = pmemobj_direct(server.pm_rootoid.oid);
91.
92.     kv_PM_p->pmem_list_next = root->pe_first;
93.     //事务操作,将新的 kv pair 放到链表的表头上
94.     pmemobj_tx_add_range(server.pm_rootoid,0,sizeof(struct redis_pmem_root));
95.     if (!TOID_IS_NULL(root->pe_first)) {
96.         struct key_val_pair_PM *head = D_RW(root->pe_first);
97.         head->pmem_list_prev.oid=kv_PM;
98.     }
99.
100.    root->pe_first.oid= kv_PM.off;
101.    root->num_dict_entries+=1;
102.    return kv_PM;
```

```
103. }
104.
105. //在 dbAddPM 将键和值保存到数据库的同时调用 pmemAddToPmemList，将 key 对象和 value 对象保
     //存到 key_val_pair_PM 中。将 key_value_pair_PM 的 oid 添加到 pmHeader 的 backreference 中
106. void dbAddPM(redisDb *db, robj *key, robj *val) {
107.     PMEMoid kv_PM;
108.     PMEMoid *kv_pm_reference;
109.     pmHeader *keyHeader;
110.
111.     //创建 key 的一个字符串，同时给出键值对的参考指针
112.     sds copy = sdsdupPM(key->ptr, (void **) &kv_pm_reference);
113.     keyHeader = copy - sizeof(pmHeader) - sdsHdrSize(sdsReqType(sdslen(key->ptr)));
114.     keyHeader->dbId = db->id;
115.     keyHeader->encoding = val->encoding;
116.     keyHeader->type = val->type;
117.
118.     int retval = dictAddPM(db->dict, copy, val);
119.     //分配一个 kv pair 对象，将其保存为 key 的一部分，后面可以通过 key 找到这个 kv pair
120.     kv_PM = pmemAddToPmemList((void *)copy, (void *)(val->ptr));
121.     *kv_pm_reference = kv_PM;
122.
123.     serverAssertWithInfo(NULL,key,retval == C_OK);
124.     if (val->type == OBJ_LIST) signalListAsReady(db, key);
125.     if (server.cluster_enabled) slotToKeyAdd(key);
126. }
127.
128. //对 Redis 的一个 loop 进行事务管理，这样对于 pmemAddToPmemList 的快照，在整个 loop 中只需
     //要做一次。如果快照的内存区域是固定的，即使调用多次 pmemobj_tx_add_range，也只会在撤销日
     //志中记录一次
129. void aeMain_server(aeEventLoop *eventLoop) {
130.     eventLoop->stop = 0;
131.     while (!eventLoop->stop) {
132.         TX_BEGIN(server.pm_pool) {
133.             if (eventLoop->beforesleep != NULL)
134.                 eventLoop->beforesleep(eventLoop);
135.             aeProcessEvents(eventLoop, AE_ALL_EVENTS);
136.         }
137.         TX_END
```

```
138.    }
139. }
```

由于键值对 key_val_pair_PM 对象会保留一个类型号，同时 libpmemobj 会负责将它们加入内部的容器中，因此可以通过 PMEMOBJ_FOREACH_TYPE 来遍历，这样就不需要使用链表的方式来维护了，并且可以避免在 pmemAddToPmemList 中对 root 对象进行快照，整体的性能也会更好。

利用 PMDK 实现 Redis 字符串类型的持久化，Redis 就不需要利用日志将所有的操作记录在磁盘的 AOF（Append Of File）中。在恢复数据库的时候，无须重新运行 AOF 中的所有命令，而是将持久内存中的键值数据快速地加入数据库的字典中。当 Redis 利用日志 AOF 实现持久化时，将日志保存在磁盘中，而磁盘往往是系统性能的瓶颈，使用 PMDK 的实现方式可以提升持久化的性能。在上述示例中，利用 libpmemob 持久化字符串类型的数据性能可以达到 AOF 的 3.5 倍，但恢复的时间是 AOF 的 5 倍左右。

参考文献

[1] https://software.intel.com/en-us/persistent-memory.

[2] http://pmem.io.

[3] https://nvdimm.wiki.kernel.org/.

[4] https://www.snia.org/pm-summit.

[5] https://github.com/intel/ipmctl.

[6] https://github.com/pmem/ndctl.

[7] https://github.com/pmem/pmdk.

[8] https://github.com/pmem/redis/tree/reserve_publish_poc.

第 5 章

持久内存性能优化

本章将介绍持久内存进行性能优化的知识体系、方法论、工具和案例分析。主要内容如下：第一，介绍与持久内存相关的配置选项和性能特点，包括常用性能指标与适用业务的特征；第二，介绍持久内存的相关性能测评与基础性能表现；第三，介绍常用性能优化方式与方法，以英特尔傲腾持久内存与至强 Cascade Lake 平台为例，分为平台配置优化、微架构选项优化、软件编程与数据管理策略优化；第四，介绍性能监控与调优工具。

5.1 与持久内存相关的配置选项和性能特点

5.1.1 持久内存的常见配置选项与使用模式

以英特尔持久内存为例，持久内存有 3 种不同的容量选择：128GB、256GB 和 512GB。在使用时，持久内存可以被配置成以下两种模式。

- 内存模式：作为两级内存模式，连接在同一个集成内存控制器上的 DRAM 会作为远端持久内存的缓存来工作，也称为近端内存。在这种模式下，DRAM 作为持久内存在直接映射缓存策略下的可写回缓存，其中，每个缓存行 64 个字节。由于并非所有的数据改动都会最终写回持久内存，所以该模式并不能保证数据的持久化。此时的持久内存只能作为大容量易失性内存暴露给操作系统和最终用户使用。

- App Direct（AD）模式：作为一级内存模式，持久内存作为可持久化的存储设备，可直接暴露给微处理器和操作系统使用。在这种模式下，持久内存和相邻的 DRAM 都会被识别为操作系统可见的内存设备，并且作为连续地址空间的地址区域，操作系统或最终用户可以直接使用持久内存。如第 4 章介绍的，用户可以通过 PMDK 的编程模型规范对持久内存进行应用程序的编程。

在本章中，我们分别针对内存模式和 AD 模式下的性能特点与适用业务的特征展开介绍。

5.1.2 内存模式下的性能特点与适用业务的特征

在内存模式下，应用程序相应的性能结果取决于两点，一是应用程序的工作集（working set）相对于内存的大小比例；二是应用程序的性能受到内存带宽与延时的影响的程度。如图 5-1 所示，当内存缓存命中时，应用程序的数据会直接由内存缓存返回微处理器的运算单元进行处理；而当内存缓存未命中时，在引发内存缓存未命中事件的同时，内存控制器会继续向持久内存远端内存请求数据并将其直接返回给微处理器的运算单元进行处理，同时会将内存缓存中的数据更新。

对于带宽敏感类型的应用，其得到的带宽是除去管理缓存未命中的成本之后的近端内存的带宽。微处理器的带宽由以下因素主导。

- 当内存缓存命中率较高时，取决于 DRAM 通道的利用率。
- 当内存缓存命中率较低时，受限于持久内存的带宽。

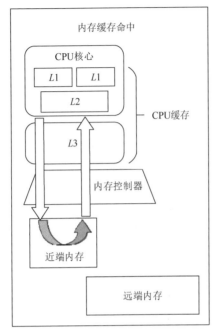 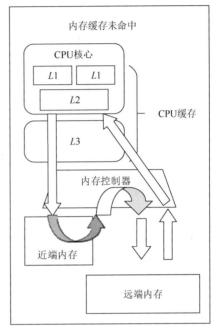

图 5-1 内存模式下的内存缓存命中原理

对于延时敏感类型的应用,其吞吐性能受限于延时增加和相应的每条指令执行的周期数(Cycles Per Instruction,CPI)的增加所带来的影响。

与此同时,系统配置的不同也会对内存性能造成明显的影响,如 DRAM 的容量大小、DRAM 和持久内存配置数目的比例等。配置的 DIMM 内存容量越大,相应的系统内存带宽也会越高。

在内存模式下,即使是同样的 DRAM 容量,应用程序也会因不同的特点而具有不同的性能。与业务相关的性能特征通常反映在硬件性能指标上,这些指标可以通过一些性能监控工具获得,具体工具可参考本章 5.4 节。其中,与持久内存相关的硬件性能指标如下。

- 持久内存总带宽(3DXP_memory bandwidth Total):记录了应用程序运行时使用的所有持久内存的带宽汇总,通常以 Mbit/s 或 Gbit/s 来统计,也可以再细分为持久内存读带宽统计(3DXP_read bandwidth)与持久内存写带宽统计(3DXP_write bandwidth),而持久内存的理论带宽值可以参考 5.2.1 节。
- 持久内存操作队列长度(3DXP avg entries in RPQ/WPQ):记录了应用程序运行时内存通道中操作队列的平均长度。每个内存通道都可以统计设备使用时操作队列的长度,一般分为读操作队列（RPQ）与写操作队列（WPQ）。基于操作队列的统计功能可以获得与持久内存的内存带宽使用大小直接相关的指标。操作队列的长短意味着对持久内存的内存带宽的使用饱和程度，饱和程度越高则意味着应用程序受到内存带宽限制的影响越大。

- 内存缓存命中率/未命中率（Near Memory Cache Hit Rate/Miss Rate）：记录了应用程序在内存模式下缓存的命中或未命中的比例。当缓存命中时，应用程序的读操作将拥有和 DRAM 一样的延时性能，而当应用程序的数据在内存模式中未命中时，延时性能将包括 DRAM 的延时和持久内存的访问延时。一般来说，较高的内存缓存命中率代表较好的本地集中访问特性，也意味着其性能更接近于 DRAM 的性能。

在平台最大内存配置下，即在 12 根 DRAM 条与 12 根持久内存条的配置下，通过模拟业务访问内存压力的工具 MLC（Memory Latency Checker），不同带宽需求与内存缓存未命中率下的业务获得的内存带宽如图 5-2 所示。当设置的 40 个业务线程并发读取内存时，不同带宽需求的业务在不同的内存缓存未命中率下的性能会各不相同。例如，━●━曲线代表内存带宽需求为 16Gbit/s 的业务，即使内存缓存未命中率不断上升，也可以获得满足性能要求的带宽，这样的业务在不同的内存缓存未命中率下对性能的影响都比较小。对于中等带宽需求的业务（━★━40Gbit/s），也可以获得满足性能要求的带宽。而高带宽需求的业务（━▲━110Gbit/s）则更容易因内存缓存未命中率的不同而使业务的性能受到影响。

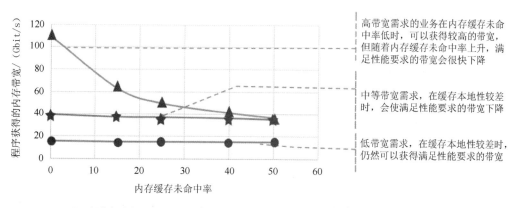

图 5-2　不同带宽需求与内存缓存未命中率下的业务获得的内存带宽

一般来说，适用于内存模式的应用程序应该拥有较高的内存缓存命中率，其内存访问的分布可以大于 DRAM 的容量，但其热点的工作集应该小于 DRAM 的容量，即拥有较好的数据本地性。如图 5-3 所示，此时程序的性能会在访问热数据时和 DRAM 访问一样；而在访问冷数据时，可以通过持久内存设备获得比目前任何 SSD 设备的延时都要小的性能，这样的业务特征非常适合从持久内存大容量的特性中得到益处。而当业务应用的数据无法完全载入近端内存（DRAM），但当程序需要访问一个较大的内存空间时，程序的性能会受到一定程度的影响。

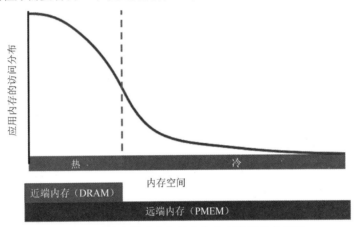

图 5-3　对内存模式友好的业务内存访问分布特征

当然，除了工作集大小与 DRAM 和持久内存的比例这些特征，适用于内存模式的特征表现还包括一些其他的指标，如内存带宽平均使用率较低、程序的读操作数量大于写操作数量、比较小的热数据工作集（如数据库等 I/O 类型的业务）、程序的内存访问与热数据的访问更多分布在 DRAM 缓存中等，拥有这些特征的业务都比较适合使用持久内存的内存模式。

另外，建议常用的分析还包括内存消耗容量分析与内存访问和动态内存对象的分析，这些业务程序特性分析可以通过 Intel VTune Amplifier 工具来完成，更多细节可以参考 5.4 节的工具和方法介绍。

5.1.3　AD 模式下的性能特点与适用业务的特征

在 AD 模式下，持久内存和与其相邻的 DRAM 都会被识别为可按字节寻址的存储设备。按区域配置好的持久内存可以提供持久化的连续地址空间，直接映射到系统的物理地址上，供操作系统和应用程序使用。同时，把持久内存作为用户可按字节寻址使用的内存地址，也避免了在程序操作一般的块存储设备时，按照 4KB 页大小访问的额外开销。这样对于 AD 模式下的持久内存,程序可以通过地址映射直接访问内存或调用 PMDK 的函数库来实现数据的存取逻辑,最终得到比 SSD 磁盘更好的存取性能。

如图 5-4 所示,相较于传统的 DRAM 访问,操作系统在页缓存(page cache)失效时会产生缺页异常(page fault),从而进一步触发磁盘访问来预读取文件。而程序在 AD 模式下,由于 DAX 的直接访问机制,并不需要先通过 DRAM 访问,再由页缓存失效时产生的缺页异常来触发对存储设备的访问,而是可以将持久内存作为内存设备,按字节寻址的方式直接进行数据加载,从而获得更好的访问延时性能。

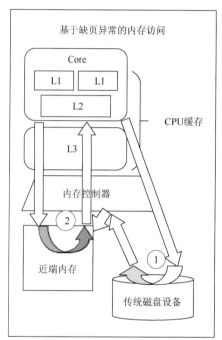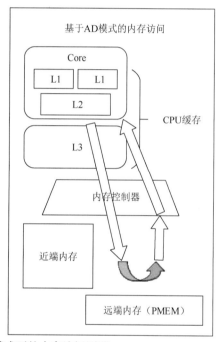

图 5-4 持久内存 AD 模式下的内存访问原理

持久内存拥有较低的访问延时,大大加速了访问与处理存储在磁盘中的数据的性能。为了更好地使用持久内存的 AD 模式,常见的使用方式包括以下几种。

(1)基于容量的优势,将程序的部分数据从原本的 DRAM 中转移至持久内存中。同时可以支持更大的数据集、更多的客户端和线程数等。此时,如果将程序的冷数据和热数据进行分层,其中,被频繁访问和修改的热数据被放置在 DRAM 中,而只读数据或访问与修改频率次之的温热数据被放置在持久内存中。经过这样的数据放置策略优化后,通常可以实现比较理想的性能。

（2）基于更低访问延时的优势，可以将应用的部分数据从传统磁盘（如 HDD、SSD）上移动至持久内存设备中。一般情况下，在将多个持久内存设备配置成交织（Interleave）访问方式时，会获得比磁盘组更低的延时与更高的带宽性能。这时最简单的使用方式就是 Storage over AD（SoAD）模式，通过加载文件系统的方式来使用和访问持久内存。这样可以通过文件系统的 DAX 模式，无须对任何软件代码进行修改，同时避免了传统页缓存数据的复制带来的开销，可以直接受益于低延时设备带来的性能优势。而通过额外的软件编程优化，也可以将指定的数据从磁盘上移动至持久内存中。这样，原来程序基于块的访问方式就变成基于字节访问的方式，利用直接访问的优势减少了额外操作不必要的数据块带来的开销。

与内存模式类似，在持久内存的 AD 模式下，程序会因不同的业务特点而具有不同的性能。与业务相关的性能特征通常反映在以下硬件性能指标上，其中，持久内存总带宽指标和持久内存操作队列长度指标与在持久内存的内存模式下的指标是一致的。

- 持久内存总带宽（3DXP_memory bandwidth Total）指标。
- 持久内存操作队列长度（3DXP avg entries in RPQ/WPQ）指标。
- 磁盘设备的 I/O 等待时间（I/O wait time）指标：通过对 I/O 流量和利用率进行分析，确定应用程序的性能瓶颈为磁盘 I/O 操作，利用持久内存作为更快的持久化存储设备来缓解磁盘相关的性能问题。

除了以上硬件性能指标，通过使用特定工具（如 Intel VTune Amplifier 工具和 Intel PIN 工具）也可以体现系统程序的软件特征。对程序执行动态二进制访问指令分析后，适用于 AD 模式的应用程序最好具有以下软件特征。

- 内存访问的顺序与随机读写的模式（sequential and random read/write pattern）：持久内存在不同的读写模式下，所能提供的具体带宽性能数据可以参照 5.2.1 节。当业务的数据访问特征是顺序访问的占比大于随机访问时，会更好地发挥持久内存在顺序访问模式下能提供较大带宽的性能优势。
- 同时向内存写入的线程数（thread memory write contention）：一般来说，当内存满配的平台的同一颗微处理器上拥有 8 个线程同时写入时，可以达到持久内存的最大性能值，所以推荐业务同时写入的线程数目不要超过 8 个。

- 磁盘块的读写峰度与偏度（kurtosis and skewness read/write block）：以 4KB 页大小的磁盘块读写为例，从统计意义上来说，用峰度和偏度可以表示统计方式下内存访问的集中程度。偏度代表操作数据的大小范围，而峰度意味着写操作的集中程度。读写操作的统计偏度越接近 0，则访问越趋向正态分布，而峰度越高则意味着访问的集中程度越高。一般来说，应用对数据访问的峰度越高越好，这意味着频繁和集中访问的数据可以被存放到持久内存中。

5.2 持久内存的相关性能评测与基础性能表现

5.2.1 不同持久内存配置与模式下的基础性能表现

持久内存会根据不同的功耗使用上限来优化产生的功耗/性能比，如英特尔第一代傲腾持久内存可以支持每根内存条 12 瓦特到 18 瓦特，可以以 0.25 瓦特为粒度单位进行配置，如 12.25 瓦特、14.75 瓦特和 18 瓦特。一般来说，更高的功耗设置会得到更好的基础性能。另外，在同样的功耗设置下，不同的内存访问模式也会对最终性能产生不同的影响。如表 5-1 所示，在单个持久内存模块上，不同的数据长度，如连续 4 个缓存行（256 个字节）与单个随机缓存行（64 个字节），在不同的读写操作比例下会得到不同的性能。

表 5-1 英特尔第一代傲腾持久内存的性能数据细节

数据访问粒度	访问类型	持久内存模块	带宽
256 字节（4×64 字节）	读	256GB，18 瓦特	8.3 Gbit/s
256 字节（4×64 字节）	写		3.0 Gbit/s
256 字节（4×64 字节）	2 读 1 写		5.4 Gbit/s
64 字节	读		2.13 Gbit/s
64 字节	写		0.73 Gbit/s
64 字节	2 读 1 写		1.35 Gbit/s

与 DRAM 类似，在系统上配置多根持久内存时，系统的带宽也会成比例增加。而基于连续的 4 个缓存行（256 个字节）的访问操作能最大限度地利用内存微控制器的缓冲区来获得最大的内存带宽。

5.2.2 内存模式下的典型业务场景

本节介绍一个在持久内存的内存模式下，Redis 业务性能成本提升的场景。Redis 作为一个开源的高性能键值（key-value）存储系统，广泛应用于数据库、缓存和消息中间件中。相对于完全运行在 DRAM 中，Redis 运行在持久内存上仍然能保持 1ms 以下的延时。图 5-5 展示了在不同的容量要求下，运行 Redis 的虚拟机实例相对于完全用 DRAM 内存配置得到的系统的成本节省率。

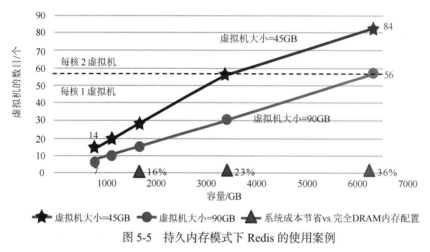

图 5-5　持久内存模式下 Redis 的使用案例

图中的每一个虚拟机内都部署了一个 Redis 和 Memtier benchmark 的实例。圆点曲线 表示 90GB 容量单位的虚拟机（内存模式可以使用更大容量的虚拟机）在增大整机的内存容量之后，在保证虚拟机内 Redis 的延时性满足 1ms 的 SLA 的条件下，能容纳的最大的虚拟机的数目。星型曲线 表示 45GB 容量单位的虚拟机在业务压力较低时，在同样的条件下可以容纳的最大的虚拟机数目，以模拟最大吞吐的场景。当曲线越过虚线时，宿主机上分配的虚拟机数目会高于微处理器的核心数目。此时，系统的瓶颈会出现在微处理器的计算核心上，而非内存的容量上。如果此时继续增加虚拟机的数目，那么会对其他非内存的性能产生影响。最终，在这个场景中，我们可以将单机内存容量由 384GB 扩展到 6TB，最高能节省 30%的系统成本。

5.2.3　AD 模式下的典型业务场景

本节会介绍在持久内存的 AD 模式下，SAP HANA（以下简称 HANA）的业务数据如何重新架构的设计方案[①]。在最初发布的 HANA 版本上，按照功能的区别，OLTP 最大支持的内存容量为 756GB/微处理器，OLAP 最大支持的内存容量为 256GB/微处理器[②]。而在 SAP HANA 2.0 SPS03 版本之后，就开始支持持久内存，在 2018 年，其最大内存容量达到 1.5TB/微处理器。目前，HANA 已经可以支持的内存容量达到了 4.5TB/微处理器，已经是原来的数倍多。作为全球第一个全面支持并优化了持久内存使用方案的大型数据库平台，让我们来看一下 HANA 的软件架构是如何利用底层硬件的优势来达到最佳的性能与成本收益的。

和大多数应用程序一样，HANA 也是通过操作系统来管理和分配所需要的内存空间的。不同的是，HANA 更倾向于在内存首次分配完成之后，将更加优化的空间管理策略放在程序中自行管理。这样的做法对类似于 HANA 的内存数据库来说十分常见，只有这样，才可以针对软件逻辑进行更深层次的优化，而这也为 HANA 使用持久内存的 AD 模式打下了基础。

如图 5-6 所示，在 HANA 的软件架构中，有一个叫列存主体（column store main）的数据结构。该结构会针对可压缩的数据目标进行相应的优化，是 HANA 中稳定且非易失性的数据模块。列存主体一般包括整个数据库中超过 90%的数据，这意味着针对列存主体在持久内存上进行的优化非常有意义。而在使用过程中，即使当数据库表的变动超过一定程度，数据的管理逻辑已经将这些操作合并的情况下，列存主体的变化也非常有限。并且，对于大多数数据库表来说，改动操作的合并行为每天不会超过一次。基于以上特征，HANA 中的列存主体成为最适合放置在持久内存中的数据结构。而这种将 Delta 差异、缓存、中间结果集合，与行存等数据结构单独存放在 DRAM 中进行写优化，而将与之对应的列存主体放置在持久内存中进行读优化的设计方案，非常契合 DRAM 和持久内存各自的性能特点。通过这样的设计方案，HANA 可以将 DRAM 和持久内存配合使用，以优化性能。

由于将列存主体数据结构放置到了持久内存中，在应用程序重新启动的过程中，HANA 就不再需要从磁盘上重新加载数据。通过该方案，一个 6TB 数据量的 HANA 服务器的重新启动时间可以从原来的 50 分钟缩短到 4 分钟，重启性能提升了 12.5 倍，大大满足了客户对于减少设备维护阶段或服务中断的时间的要求。

[①] Mihnea Andrei. SAP HANA Adoption of Non-Volatile Memory. Proceedings of the VLDB Endowment，2017，10(12):1754.

[②] John Appleby. Optimizing SAP HANA Hardware Cost. Blogs.sap.com.2018.

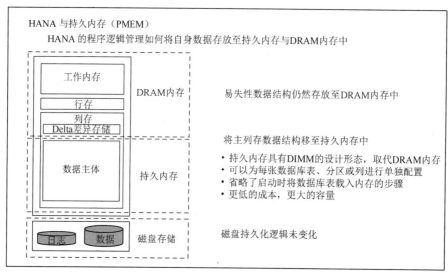

图 5-6 持久内存的 AD 模式下 HANA 的使用方式

当然，除了 HANA 数据库，还有很多其他 AD 模式下的业务程序重新设计与重构的应用场景，如针对 Redis、RocksDB 的优化等。更多细节可以参考后续的第 6 章与第 7 章，此处不再赘述。

5.3 常用性能优化方式与方法

5.3.1 平台配置优化

1）内存配置的推荐插法

目前以英特尔 Cascade Lake 至强系列平台和英特尔傲腾持久内存的使用为例，持久内存支持内存模式和 AD 模式，并且每个内存通道最多可以配置一根持久内存条配合 DRAM 条一起使用。另外，不同容量的持久内存条无法在同一个平台上使用。

值得注意的是，针对业务的不同，内存访问和需求特征会影响最优的平台配置，如数据集的大小、热数据的大小、对内存带宽的需求或读写操作的比例等。一般来说，对于 DRAM 与持久内存的容量和配置建议有以下几点。

- 在同一个平台上，更多的持久内存条的配置会对性能提升有更大的好处。如在英特尔

Cascade Lake 至强系列平台上,当一个微处理器配上 6 根持久内存条时会获得最大的内存带宽性能。

- 在内存模式下,根据业务的不同,会得到相对于完全使用 DRAM 不同的性能,但总体来说,更大的 DRAM 容量比例意味着应用程序会获得更接近 DRAM 的性能。根据经验法则,持久内存和 DRAM 的容量比例应该是 4∶1 或 8∶1,但根据业务数据工作集大小的不同,可以进行适当调整。

2)内存模式下的支持业务优先级的 NUMA 区域定制优化

在内存模式下,由于 DRAM 作为缓存采用的是直接映射策略,当需要保证优先级业务的性能时,往往由于大容量的持久内存上有不同的业务内存需求,所以 DRAM 中的直接映射缓存被逐出,从而影响到性能。NUMA 区域定制优化的目的是保证高优先级业务的性能,通过牺牲一些持久内存的容量来获得和 DRAM 一样的性能。具体实现如下所述。

如图 5-7 所示,定制化的 Linux 内核 NUMA 区域的补丁可以为每个微处理器 Socket 创建多个 NUMA 区域,每个 NUMA 区域节点的大小和近端内存的容量大小是一样的。这样在同一个 NUMA 区域的应用程序所用到的地址就不会与自身所使用的任何内存地址的访问产生冲突,避免近端内存中的缓存被逐出。

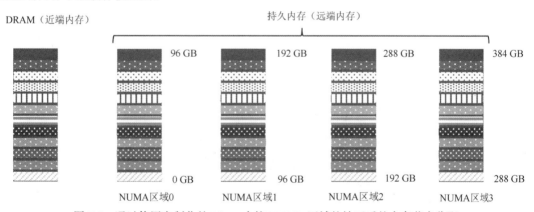

图 5-7 通过使用定制化的 Linux 内核 NUMA 区域的补丁后的内存节点分配

具体细节如图 5-8 和图 5-9 所示,操作系统将可用的内存分配给不同优先级的业务来使用,DRAM 作为近端内存也会被分为高优先级业务的内存预留缓存区域与普通业务的内存预留缓存区域。如图 5-9 所示,通过 OS 的内存分配策略,可以避免使用与第一个 NUMA 区域的高优先级业务的内存预留缓存区域所对应的其他 NUMA 区域的高优先级业务区域，使第一个 NUMA 区域的高优先级业务映射区域独占对应的 DRAM 中的缓存区域，这样，该区域使用的缓存就不会被其他业务或程序逐出，从而使部分性能敏感的程序获得最优的性能。

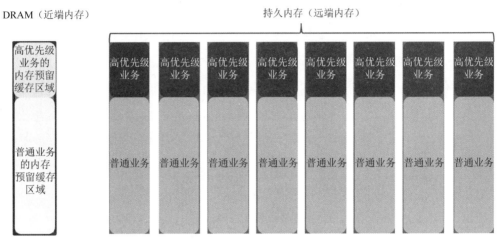

图 5-8　分配不同优先级的应用程序的内存预留缓存区域

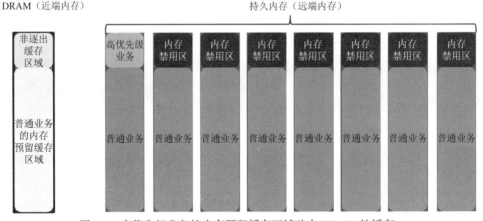

图 5-9　高优先级业务的内存预留缓存区域独占 DRAM 的缓存

上述方式属于 Linux 内核下的非社区版本功能，对内核的补丁和应用程序的使用都有一定的要求，具体如下。

- 在 Linux 内核下定制的 NUMA 区域补丁和原生 NUMA 区域功能的区别。通过使用 Linux 内核下定制的 NUMA 区域补丁，每个微处理器节点会出现 4～8 个 NUMA 区域，并且每个 NUMA 区域都拥有该结点全部的微处理器核心。

- 如何使用 numctl 工具来控制资源。当使用 numactl 时，如果不指定 membind 选项，NUMA 节点会被顺序使用。由于持久内存的远端内存被划分为额外区域，所以每一个 NUMA 区域的实际可用内存要远小于总内存，建议使用—preferred=<NUMA Node#> 的方式来指定需要优先使用的 NUMA 节点和内存。这样，当使用完一个 NUMA 节点的内存后，仍然可以继续使用其他 NUMA 节点的内存。

5.3.2 微架构选项优化

英特尔 Cascade Lake 至强系列平台提供了一系列的微架构选项来优化使用持久内存后在内存模式和 AD 模式下的性能。这些选项主要针对不同的系统配置和业务特征，可以帮助用户在使用持久内存时获得最好的性能。针对持久内存的微架构优化选项如表 5-2 所示。

表 5-2 针对持久内存的微架构优化选项

微架构优化选项	配 置 建 议
CR QoS	建议通过开启或关闭该功能，并针对不同的持久内存配置找到对应的选项（3 种策略），以评估其在不同应用场景和业务模式下对性能造成的影响
NVM Performance Setting	建议通过选择针对带宽优化的选项（默认项）或针对延时优化的选项（2 种策略）来评估其在不同应用场景和业务模式下对性能造成的影响
IO Directory Cache	建议在内存模式或单路系统下选择关闭 IODC（默认项） 建议在 AD 模式或大于双路的系统下选择 "Remote InvItoM and Remote WCiLF"（选项 5）
CR FastGo Configuration	建议开启或关闭该功能（FastGo：加速 Non Temporal 类型的写请求）来评估其在不同应用场景和业务模式下对性能造成的影响
Snoopy Mode for AD	建议在非 NUMA 优化的业务模式下评估 AtoS Enable 选项（默认项）与 AD Snoopy 模式选项（并且需要关闭 AtoS 选项与 IODC 选项）对性能造成的影响
Snoopy Mode for MM	建议在非 NUMA 优化的业务模式下评估 AtoS Enable 选项（默认项）与 MM Snoopy 模式选项（并且需要关闭 AtoS 选项与 hitme-cache 选项）对性能造成的影响

- CR QoS（内存带宽服务质量）。

服务器平台在同样的内存硬件接口上实现 DDR 和 DDR-T 协议，这使得 DRAM 和持久内存可以同时共享数据通道，从而共享可用带宽。而由于持久内存的内存带宽小于 DRAM 的内存带宽，且持久内存的请求延时大于 DRAM 的请求延时，所以在同时拥有多个独立的应用共享系统时，来自持久内存的较低的带宽与较慢的请求会影响并延时内存控制器上 DRAM 的内存请求，从而对内存带宽服务质量造成影响。

针对以上问题，在英特尔 Cascade Lake 至强系列平台上，会提供 CR QoS 的调优选项，保障系统上 DRAM 的内存带宽不会因为一些并发业务对持久内存带宽的使用而明显下降。其原理是通过对持久内存带宽饱和程度的检测找到产生这些持久内存请求的微处理器核心，通过带宽限流来有效地控制持久内存的带宽请求。值得注意的是，限流的对象仅仅针对产生持久内存带宽请求的微处理器物理核心，而限流的粒度也是在微处理器物理核心级别而非超线程级别。

对于单进程的应用程序来说，将按照业务逻辑生成对特定内存类型的数据请求。其中，DRAM 的数据请求很可能受到前面提交的持久内存请求的依赖限制。在这种情况下，通过限制持久内存的请求速度来保障 DRAM 的性能水平得到的收益十分有限。但在多个独立的应用程序共享系统的情况下，如在虚拟机租赁等多租户的场景中，CR QoS 的优化选项则会更加适用，针对 CR QoS 的配置细节如表 5-3 所示。

表 5-3 针对 CR QoS 的配置细节

配 置 细 节	说　明
PMEM QoS Disabled（默认项）	关闭功能
PMEM QoS Profile 1	针对每颗 CPU 4 根或 6 根持久内存 DIMM 的优化配置
PMEM QoS Profile 2	针对每颗 CPU 2 根持久内存 DIMM 的优化配置
PMEM QoS Profile 3	针对每颗 CPU 1 根持久内存 DIMM 的优化配置

参考 BIOS 的选项路径：Socket Configuration → Memory Configuration → NGN Configuration → CR QoS。

- NVM Performance Setting（DDR/DDRT 主模式切换）。

由于 DDR 与 DDR-T 协议是共享通道带宽的设计，任何一种协议类型的请求都可能影响整体系统的可用内存带宽和加载延时。由于 DRAM 发出的每个命令延时是不变的，DDR 协议为了最小化协议的开销，对请求的响应是按照请求的相应顺序返回的。另一方面，相较于 DRAM，持久内存有访问延时更高且不完全一致的特点，在设计持久内存控制器时额外支持了请求的无序回复的功能，以适配 DDR-T 协议的要求。鉴于这种区别，内存控制器会要求在处理持久内存数据时进行特殊的"授权",以方便共享数据总线。但同时,过多的"授权"与模式的切换本身也会对使用性能造成一定程度的影响。

因此,内存控制器本身为了权衡加载延时与带宽效率,会支持对不同的操作类型(如读数据和写数据等)进行批处理,以避免频繁的数据总线上的模式切换和周转次数影响性能。当优化配置策略偏向于 DRAM 请求时,内存控制器可以在一段时间内延时持久内存的响应以创建一组 DRAM 响应。这为最小化 DRAM 的访问延时并确保良好的 DRAM 带宽创造了有利的条件。但在高内存带宽被占用的情况下,这种对 DRAM 的偏好会对持久内存的响应造成严重的延时损失。这时,尽量均衡 DDR 与 DDR-T 的请求更有利于优化整体的带宽性能。综上所述,内存控制器可以根据内存带宽的占用情况,在进行 DDR 与 DDR-T 访问模式的切换时提供不同的优先请求策略,如表 5-4 所示。

表 5-4　针对 DDR/DDR-T 访问模式切换的配置细节

配　置　细　节	说　明
BW Optimized（默认项）	DDR 内存与持久内存的 DDR-T 带宽优化策略
Latency Optimized	DDR 内存的延时优化策略

参考 BIOS 的选项路径：Socket Configuration → Memory Configuration → NGN Configuration → NVM Performance Setting。

- I/O Directory Cache。

由于 I/O 的写操作通常需要组合多个操作指令来满足将一个缓存行从所有的 Cache Agent 中无效化的需求,然后通过一个 writeback 操作指令将更新的数据放置在内存或本地微处理器的三级缓存中。如果将目录信息存放在内存中,通常对目录状态信息的查询和更新需要引入多次内存的访问,因此,英特尔至强平台处理器在每个核心特别为远端微处理器的 I/O 写操作提供了一个多表项目录缓存的实现,称为对于 I/O 目录缓存的优化（IODC）。IODC 将这些目录信息缓存在专门的 IODC 结构中,以减少对内存的访问需求和对 CPU 互联总线的需求,加快内存的读写速度,并提升了程序的整体性能。在多路系统持久内存的 AD 模式配置下,通过开启 IODC 功能可以专门优化访问远端微处理器的内存节点的性能,其具体原理是减少对内存目录的访问带宽需求,以提高对远端微处理器的非临时性写操作（Non-Temporal Write, NTW,即绕过处理器缓存的写操作）的带宽性能。在持久内存的内存模式或单路系统中则建议关闭该选项,针对 I/O 目录缓存的配置细节如表 5-5 所示。

表 5-5 针对 I/O 目录缓存的配置细节

配 置 细 节	说　　明
Disabled（默认项）	建议在持久内存的内存模式或单路系统下选择关闭 IODC（默认项）
Remote InvItoM Hybrid Push	N/A
Remote InvItoM Alloc Flow	N/A
Remote InvItoM Hybrid Alloc Non Alloc	N/A
Remote InvItoM and Remote WCiLF	建议在持久内存的 AD 模式或多路系统下选择 "NT write to remote socket optimization using IODC"

参考 BIOS 的选项路径：Socket Configuration → UPI Configuration → UPI General Configuration → IO Directory Cache。

- CR FastGo Configuration。

针对 FastGo 功能的开关提供了是否在持久内存上针对 NTW 操作带宽进行优化的选项。

通过关闭 FastGo 功能选项，微处理器的数据处理部分会支持在 DRAM 上调整为更短的 NTW 操作类型的队列。这样可以从另一方面更好地支持持久内存数据的串行化，提高持久内存可用的内存带宽。当非临时类型的数据访问较多时，建议关闭 FastGo 功能来优化 DDR-T 场景，针对 FastGo 功能的配置细节如表 5-6 所示。

表 5-6 针对 FastGo 功能的配置细节

配 置 细 节	说　　明
Auto	=option 1，关闭 FastGo 功能，优化 DDR-T 场景
Default	Enables FastGO
Option 1	Disables FastGO
Option 2	N/A
Option 3	N/A
Option 4	N/A
Option 5	N/A

参考 BIOS 的选项路径：Socket Configuration → Memory Configuration → NGN Configuration → CR FastGo Configuration。

- Snoopy Mode for AD/MM。

持久内存下的 Snoopy 模式提供两种场景的优化，分别针对 AD 模式与内存模式。一般来说，Snoop 机制是用来同步不同的微处理器之间缓存一致性的一种机制。目录机制（Directory）通过将远端微处理器节点的一些信息缓存在本地 Socket 节点而避免了缓存同步所需要的 Snoop 带来的延时开销。另一方面，目录机制需要不断地查找与更新缓存的目录信息，从而增加了对内存带宽的需求。这些额外的内存带宽访问对 DRAM 的影响并不大，但是对持久内存相对有限的带宽容量来说，其性能有继续优化的空间。

因此，在开启该功能时，在非 NUMA 优化的业务场景中，目录更新机制会避免在持久内存上生效，从而帮助节省持久内存的带宽，提高 DDRT 带宽限制的业务的总体性能。值得注意的是，虽然 Snoopy 模式节省了对持久内存的写带宽，但最终会导致更大的内存访问延时。对于某些对延时敏感的业务来说，这是一个需要权衡的选项。

最终，在开启 Snoopy 模式时，系统会避免在 AD 模式下的持久内存上使用目录机制，从而通过对远端节点进行 Snoop 来保持缓存一致性。不过在该模式下，目录机制仍然会在访问 DRAM 时生效。在内存模式下，系统会避免对远端内存（持久内存）使用目录机制，而是通过对远端节点进行 Snoop 来保持缓存一致性。在该模式下，目录机制会在访问近端内存时生效。另外，在 AD 模式下或 MM 模式下使用 Snoopy 选项，仍然需要额外配置关闭 AtoS 选项。在内存模式下使用 Snoopy 选项，需要关闭 hitme-cache 选项；在 AD 模式下使用 Snoopy 选项，则需要关闭 IODC 选项，如表 5-7 所示。

参考 BIOS 的选项路径：*Socket Configuration → UPI Configuration → UPI General Configuration → Stale AtoS（Directory State Optimization Feature）。

表 5-7 针对内存模式与 AD 模式的 Snoopy 的配置细节

配 置 细 节	说　　明
内存模式 Snoopy	在 NUMA 优化的业务场景中建议关闭； 在非 NUMA 优化的业务模式下建议评估 AtoS Enable 选项（默认项）与 AD 模式 Snoopy 选项（并且需要关闭 AtoS 选项与 IODC 选项）对性能造成的影响

续表

配置细节	说 明
AD 模式 Snoopy	在 NUMA 优化的业务场景中建议关闭； 在非 NUMA 优化的业务模式下建议评估 AtoS Enable 选项（默认项）与 MM 模式 Snoopy 选项（并且需要关闭 AtoS 选项与 hitme-cache 选项）对性能造成的影响

参考 BIOS 的选项路径：Socket Configuration → Memory Configuration → NGN Configuration → Snoopy mode for AD | Snoopy mode for 2LM。

5.3.3 软件编程与数据管理策略的优化

基于持久内存的软件编程可以通过数据管理和放置策略等优化手段来提升应用性能。

- 当发现应用的性能受制于持久内存的内存带宽时，可以通过监控内存带宽和微处理器性能的一些相关指标找到程序对应的热点函数来进行定制优化。这些性能事件与特定内存对象的指标或源代码的关联可以用作性能优化的基础。可以将较热的数据放到 DRAM 中，将较冷的数据放到持久内存中，将真正冷的数据放到更大、更慢的存储设备中。这样既实现了数据的分层，还能充分利用系统的资源。在这种场景下直接访问持久内存，对于延时敏感型的应用可以获得相对于内存模式更加稳定的延时性能。

- 在存储 I/O 变成系统的瓶颈时，可以利用 DRAM 或持久内存作为系统 I/O 的缓存来加速 I/O 的性能。在一些数据密集型的场景中，DRAM 的空间较小，往往不能有效扩展缓存容量，而持久内存基于容量大、非易失性的特点可以有效增加缓存的容量，并提升性能。

如图 5-10 所示，Redis 的持久化操作日志 AOF 对于磁盘的压力成为瓶颈就是一个具体的例子：在大量写压力的情况下，为了保证数据的持久化，需要在每一条写操作指令后立刻调用 fsync，以保证所有的操作立刻持久化到磁盘中（fsync 磁盘的写操作的最小单位是 4KB），这样磁盘的 I/O 就是整个系统的性能瓶颈。这时，利用持久内存作为一个持久化的缓存，不需要在每一条写操作指令之后调用 fsync，这样大大降低了磁盘的写 I/O 压力，而持久内存缓冲区中没有被刷入磁盘的数据仍然可以从持久内存中获得，从而可以保证所有的数据持久化。

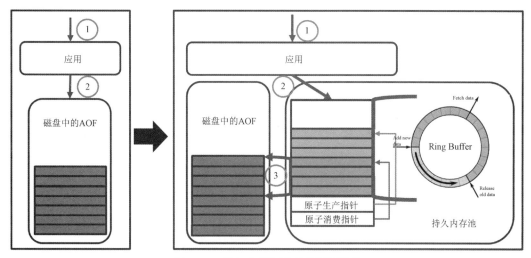

图 5-10 持久内存加速磁盘的写操作

（1）数据产生并要求应用将数据持久化。

（2）应用在写数据到磁盘的同时，将数据写入持久化 Ring Buffer（环形缓冲区）中。持久内存还维护了 Ring Buffer 读写管理所需的 8B 的原子生产指针和 8B 的原子消费指针，用于保障原子操作，并在写时更新原子生产指针。

（3）当 Ring Buffer 中的数据足够多时，应用调用 fsync/fdatasync，将数据刷入磁盘，当 fsync 返回后，更新原子消费指针。

因为持久内存可以在用户态通过微处理器的 load/store 指令进行访问，无须系统调用，所以应用程序通过将日志写入持久内存中的 Ring Buffer，可以减少对 fsync 的调用，提升数据持久化的性能。当系统断电时，磁盘中的 AOF 文件加上持久内存 Ring Buffer 中的残留数据，就是完整的 AOF 日志数据。关于此项目的具体实现，可以参考 Github 网站上关于 pmem-redis 的开源项目。

5.4 性能监控与调优工具

随着持久内存的产品化应用，如何更好地开发和优化基于混合内存系统的软件以获得最佳的性能成为软件开发者非常关心的问题。此时，对于应用软件的软件和硬件一体化调优来说，性能监控和调优工具就显得尤其重要。本节介绍几个常用的针对持久内存的工具与软件，包括 Memory Latency Checker、Performance Counter Monitor 和 VTune Amplifier。

5.4.1 Memory Latency Checker

Memory Latency Checker（MLC）是用来测量在不同的系统负载时的内存延时和带宽的工具，也可以提供一些选项专门测量一些定制微处理器核心到缓存和内存系统的延时和带宽。

由于现代的微处理器包含复杂的硬件指令和数据预取功能，为了防止这些功能对性能结果造成影响，MLC 在运行时，一般会先将这些微处理器的预取功能关闭，在运行完毕后再将其打开。这样，就要求 MLC 在运行的系统上拥有管理员的权限，可以控制微处理器预取功能的打开和关闭。Windows 平台提供了签名的驱动用于访问控制预取功能的相应寄存器。

MLC 可以测量不同内存带宽负载下的数据访问延时。MLC 创建了多个线程用来生成负载（负载生成线程），即尽可能地生成更多的内存引用。此时另一个延时测量线程（latency thread）进行相关的数据读取操作，这个线程会遍历一个由内存指针级联的数组，其中，每一个指针的地址都会指向下一个指针，这样就创建了连续的内存读操作，而其中每次读取花费的平均时间就是带负载时的延时性能指标。通过向负载生成线程的访问注入延时，可以调整负载强度，从而得到在不同的负载强度下的延时性能指标。

运行时，每个负载生成线程会绑定在一个微处理器逻辑核心上执行。例如，在启用超线程的 10 核系统时，MLC 创建 18 个负载生成线程并保留物理核来运行延时线程。每个负载生成线程可以针对缓存层级生成不同程度的读写配置。同时，每个线程分配一个缓冲区用于读，并分配另一个独立的缓冲区用于写（任何线程之间都没有共享数据）。通过设置不同大小的缓存参数，可以确保数据的读取可以由任意的缓存或内存来提供。另外，还有一些选项可以控制负载生成线程的数量、每个线程使用的缓存大小、在哪里分配它们的内存、读写的比例，以及顺序存取或随机存取等。

不使用任何参数调用 MLC 会测量一系列内容，使用参数则可以指定特定任务。

1. ./mlc --latency_matrix

输出本地和远端微处理器互相访问的内存延时。

```
Measuring idle latencies (in ns)...
            Numa node
```

```
Numa node         0      1
    0           74.0   132.7
    1          130.8    72.7
```

2. ./mlc --peak_injection_bandwidth

输出在不同读写速率下本地内存访问的峰值内存带宽。

```
Measuring Peak Injection Memory Bandwidths for the system
Bandwidths are in MB/sec (1 MB/sec = 1,000,000 Bytes/sec)
Using all the threads from each core if Hyper-threading is enabled
Using traffic with the following read-write ratios
ALL Reads        :      222712.0
3:1 Reads-Writes :      205190.3
2:1 Reads-Writes :      203040.4
1:1 Reads-Writes :      193667.4
Stream-triad like:      186007.1
```

3. ./mlc --bandwidth_matrix

输出本地和交叉 Socket 的内存带宽。

```
Measuring Memory Bandwidths between nodes within system
Bandwidths are in MB/sec (1 MB/sec = 1,000,000 Bytes/sec)
Using all the threads from each core if Hyper-threading is enabled
Using Read-only traffic type
            Numa node
Numa node         0         1
    0         111644.1   33788.4
    1          33773.0  111533.7
```

4. ./mlc --loaded_latency

输出有负载的平台的内存延时。

```
Measuring Loaded Latencies for the system
Using all the threads from each core if Hyper-threading is enabled
Using Read-only traffic type
Inject  Latency Bandwidth
Delay   (ns)    MB/sec
==========================
 00000  250.55   222808.3
 00002  250.48   222730.4
 00008  250.43   222761.3
```

```
00015    249.85    223134.2
00050    246.72    223378.9
00100    244.74    223242.8
00200    130.96    197616.1
00300    104.28    135975.6
00400    100.45    102973.8
00500     98.66     82897.8
00700     98.63     59698.9
01000     90.33     42220.3
01300     87.46     32724.9
01700     85.19     25256.2
02500     83.00     17460.5
03500     82.34     12710.1
05000     82.14      9138.1
09000     81.98      5430.2
20000     81.43      2878.8
```

5. ./mlc --c2c_latency

输出平台的缓存至缓存间数据传输时在 hit/hitm（读取命中未修改/修改过的缓存行）时的延时。

```
Measuring cache-to-cache transfer latency (in ns)...
Local Socket L2->L2 HIT  latency      48.9
Local Socket L2->L2 HITM latency      48.9
Remote Socket L2->L2 HITM latency (data address homed in writer socket)
                Reader Numa Node
Writer Numa Node     0        1
          0          -      110.1
          1        110.3      -
Remote Socket L2->L2 HITM latency (data address homed in reader socket)
                Reader Numa Node
Writer Numa Node     0        1
          0          -      172.2
          1         73.0      -
```

6. ./mlc -e

输出不修改预取器设置的测试结果。当使用 -e 参数时，MLC 在所有测量中都不会修改硬件预取器。这个参数适用于虚拟机内部测试（无法修改宿主机功能的场景）。

7. ./mlc -X

当使用-X 参数时，每个核心只有一个超线程（hyperthread）用于所有的带宽测试，否则这个核心的所有线程都会被用于带宽测试。

5.4.2 Performance Counter Monitor

Performance Counter Monitor（PCM）提供了基于 C++的示例代码与工具，评估英特尔至强处理器中的资源使用率的统计信息，并基于这些数据获得提升性能的优化方案。

PCM 的工具集中包含的 pcm-memory.x 工具可以专门针对内存访问的流量进行统计与监控，该工具会统计每一个内存通道中针对内存产生的读和写的内存带宽，并将其汇总为系统级别的内存访问带宽信息。

命令示例：

```
sudo ./pcm-memory.x -pmm [Delay]/[external_program]
```

参数：

- pmm：监控持久内存的带宽与内存模式下 DRAM 的缓存命中率。
- Delay：可以把 Delay 或一个外部程序作为参数传递给主程序执行。如果 Delay 的值被设置为 5，那么 pcm-memory.x 对内存带宽的统计会以 5s 为时间间隔进行输出。pcm-memory.x 的默认输出是以 1s 为时间间隔的统计结果。
- external program：如果外部程序是一个脚本或应用，那么 pcm-memory.x 会在外部程序脚本或应用执行完毕后进行输出。

```
|---------------------------------------||---------------------------------------|
|--              Socket  0            --||--              Socket  1            --|
|---------------------------------------||---------------------------------------|
|--         Memory Channel Monitoring --||--      Memory Channel Monitoring    --|
|---------------------------------------||---------------------------------------|
|-- Mem Ch 0: Reads (Mbit/s):    3.79 --||-- Mem Ch 0: Reads (Mbit/s):    2.79 --|
|--          Writes(Mbit/s):     1.64 --||--          Writes(Mbit/s):     1.51 --|
|--          PMM Reads(Mbit/s): 1770.63 --||--        PMM Reads(Mbit/s) :   0.00 --|
|--          PMM Writes(Mbit/s) :  0.12 --||--        PMM Writes(Mbit/s) :   0.00 --|
|-- Mem Ch 1: Reads (Mbit/s):    4.53 --||-- Mem Ch 1: Reads (Mbit/s):    2.76 --|
|--          Writes(Mbit/s):     1.67 --||--          Writes(Mbit/s):     1.32 --|
|--          PMM Reads(Mbit/s) : 1770.57 --||--      PMM Reads(Mbit/s) :     0.00 --|
```

```
|--        PMM Writes(Mbit/s) :    0.34 --||--       PMM Writes(Mbit/s) :    0.00 --|
|-- Mem Ch  2: Reads  (Mbit/s):    3.86 --||-- Mem Ch  2: Reads  (Mbit/s):   2.60 --|
|--            Writes(Mbit/s):     1.69 --||--            Writes(Mbit/s):    1.39 --|
|--        PMM Reads(Mbit/s)  :    0.00 --||--       PMM Reads(Mbit/s)  :    0.00 --|
|--        PMM Writes(Mbit/s) :    0.00 --||--       PMM Writes(Mbit/s) :    0.00 --|
|-- Mem Ch  3: Reads  (Mbit/s):    3.00 --||-- Mem Ch  3: Reads  (Mbit/s):   2.20 --|
|--            Writes(Mbit/s):     1.34 --||--            Writes(Mbit/s):    0.84 --|
|--        PMM Reads(Mbit/s)  : 1770.63 --||--       PMM Reads(Mbit/s)  :    0.00 --|
|--        PMM Writes(Mbit/s) :    0.13 --||--       PMM Writes(Mbit/s) :    0.00 --|
|-- Mem Ch  4: Reads  (Mbit/s):    2.92 --||-- Mem Ch  4: Reads  (Mbit/s):   2.28 --|
|--            Writes(Mbit/s):     1.32 --||--            Writes(Mbit/s):    0.84 --|
|--        PMM Reads(Mbit/s)  : 1770.63 --||--       PMM Reads(Mbit/s)  :    0.00 --|
|--        PMM Writes(Mbit/s) :    0.13 --||--       PMM Writes(Mbit/s) :    0.00 --|
|-- Mem Ch  5: Reads  (Mbit/s):    3.16 --||-- Mem Ch  5: Reads  (Mbit/s):   2.10 --|
|--            Writes(Mbit/s):     1.42 --||--            Writes(Mbit/s):    0.73 --|
|--        PMM Reads(Mbit/s)  :    0.00 --||--       PMM Reads(Mbit/s)  :    0.00 --|
|--        PMM Writes(Mbit/s) :    0.00 --||--       PMM Writes(Mbit/s) :    0.00 --|
|-- NODE 0 Mem Read (Mbit/s) :  21.26 --||-- NODE 1 Mem Read (Mbit/s) :  14.73 --|
|-- NODE 0 Mem Write(Mbit/s) :   9.07 --||-- NODE 1 Mem Write(Mbit/s) :   6.64 --|
|-- NODE 0 PMM Read (Mbit/s): 7082.46--||-- NODE 1 PMM Read (Mbit/s) :    0.00 --|
|-- NODE 0 PMM Write(Mbit/s) :   0.72 --||-- NODE 1 PMM Write(Mbit/s) :   0.00 --|
|-- NODE 0.0 NM read hit rate :0.99 --||-- NODE 1.0 NM read hit rate : 0.93 --|
|-- NODE 0.1 NM read hit rate :1.02 --||-- NODE 1.1 NM read hit rate : 0.91 --|
|-- NODE 0 Memory (Mbit/s): 7113.51 --||-- NODE 1 Memory (Mbit/s) :  21.36 --|
|---------------------------------------||---------------------------------------|
|---------------------------------------||---------------------------------------|
|--          System DRAM Read Throughput(Mbit/s):        35.99                --|
|--          System DRAM Write Throughput(Mbit/s):       15.71                --|
|--          System PMM Read Throughput(Mbit/s):       7082.46                --|
|--          System PMM Write Throughput(Mbit/s):         0.72                --|
|--          System Read Throughput(Mbit/s):           7118.45                --|
|--          System Write Throughput(Mbit/s):            16.43                --|
|--          System Memory Throughput(Mbit/s):         7134.88                --|
|---------------------------------------||---------------------------------------|
```

  PCM 提供了监控处理器内部性能事件的能力。通过处理器内部的性能监控单元（PMU）可以获得处理器内部更精确的资源使用状态。该工具与现有的一些性能采集框架（如 PAPI[①]和

[①] Terpstra D，Jagode H，You H，et al. Collecting Performance Data with PAPI-C. Tools for High Performance Computing. 3rd. Berlin: Springer，2009:157-173.

Linux Perf）的不同之处在于：PCM 不仅支持计算核心（Core）的性能事件，也支持最新的英特尔平台的非计算核心（Uncore）中单独的 PMU 提供的性能事件。其中 Uncore 部分的性能监控包括处理器中的高速缓存、集成的内存控制器、通过 QPI（Quick Path Interconnect）与平台上的其他处理器或 I/O Hub 连接的高速互联部分等。简单来说，可以支持以下微处理器的性能事件。

- Core：instructions retired、elapsed core clock ticks、core frequency、L2 cache hits and misses、L3 cache misses and hits（including or excluding snoops）。
- Uncore：bytes read from memory controller（s）、bytes written to memory controller（s）、data traffic transfered by the Intel QPI links。

这些性能指标提供了对平台性能观察的接口，甚至可以用来快速、实时地定位底层性能的瓶颈问题。这是和 5.4.3 节介绍的 VTune Amplifier 不一样的使用方式，因为 VTune Amplifier 主要对应用程序和系统进行性能分析而非实时监控。

5.4.3　VTune Amplifier

VTune Amplifier（以下简称 VTune）性能分析套件是一个针对 32 位和 64 位 x86 平台进行性能分析和诊断的商用软件，它包括图形化的用户界面（GUI），以及针对 Linux 和 Windows 操作系统的命令行使用接口。对于开发者来说，VTune 也可以用来分析应用程序的代码热点、算法优化和系统的性能瓶颈等。VTune 中的性能分析功能大多可以同时支持英特尔和 AMD 的 x86 平台的运行，但只有英特尔的微处理器才支持一些基于硬件采样进行分析的高级功能。

使用 VTune 的内存访问分析功能可以分析程序是否能从持久内存的使用中获得收益，还可以获得一些常用的优化指导建议，具体步骤如下。

1. 确定应用程序的内存访问足迹

通过运行 VTune 中的内存使用分析（Memory Consumption Analysis）软件，可以跟踪应用程序所有的内存分配请求。分析结果中会显示采样过程中的内存使用情况，同时得到 VTune 的最大内存访问足迹分析界面，如图 5-11 所示，应用程序的内存消耗为图形界面时序图中 Y 轴上的最高值，大小约为 1GB。

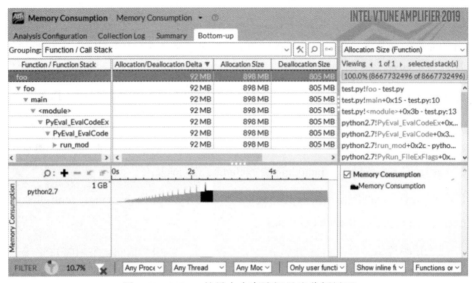

图 5-11　VTune 的最大内存访问足迹分析界面

要从持久内存的使用中获得收益，应用程序应该拥有满足对大容量内存的需求的使用特征，其内存的使用足迹应该接近（如 90%左右）或大于系统的可用内存。考虑到在有限的物理内存资源中，操作系统或其他系统进程也会消耗一定数量的内存容量，所以当目标应用程序和其他的系统占用的内存接近总内存容量时，就可以推测，该应用非常适合运行在使用持久内存的场景下。

另外一方面，如果从应用程序在内存资源扩展的趋势或直接修改代码的逻辑方面进行分析，在更大的内存容量下，当应用性能得到提升时，即使现有内存容量暂时满足了程序的需求，也可以继续参照以下几点来继续进行优化。

2. 确定应用程序的工作集大小

通过对应用程序的内存足迹进行分析，可以了解内存使用的容量大小，但仍然无法获知内存使用的频率。通过对工作集大小进行分析，可以掌握应用程序经常使用和访问的内存对象的信息。

通过运行 VTune 中的内存访问分析（Memory Access Analysis）软件，选择"分析动态内存对象"选项之后，可以从如图 5-12 所示的 VTune 的应用程序工作集大小分析界面中得到应用程序分配的所有内存对象、占用的内存大小（括号中的数字），以及对应的 Load 与 Store 的操作数目。这些对象的汇总结果就是该应用程序的数据工作集大小。当然，界定是否在数据工作集中的判断标准由开发者自己来定。

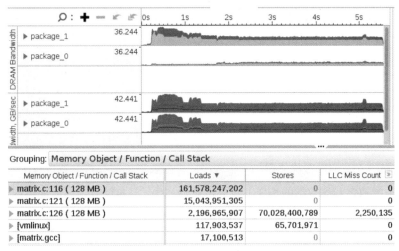

图 5-12　VTune 的应用程序工作集大小分析界面

3. 设计系统的最佳内存比例配置

通过应用程序工作集大小信息，结合对成本与性能要求的权衡，可以确定系统中合理的 DRAM 与持久内存的分配比例。一般来说，通过配置足够的缓存工作集大小的内存（基于 Load 和 Store 操作的内存热对象），剩余的大容量持久内存就可以覆盖应用程序剩余的使用需求。

一般来说，在确定系统上的 DRAM 与持久内存的配置比例之后，建议先尝试使用持久内存的内存模式。此模式不需要对任何软件进行修改，应用程序会自动将持久内存视为可寻址的系统内存来使用。这时应用程序的工作集可以被 DRAM 缓存，而剩余的其他内存请求则会在持久内存上被分配，而不是向磁盘进行读写。

4. 为确定的内存配置进行应用程序的优化

除了内存模式，持久内存还可以被配置成 AD 模式，这样用户可以根据程序设计决定内存对象应该分配在 DRAM 中，还是持久内存中。而决定分配的策略就显得非常重要，因为这和能获得的程序性能密切相关。通常情况下，这样的分配需要通过相应的 API 和库函数来完成，具体的方法可以参考 PMDK 函数库和 libmemkind 函数库。

通过对应用程序对象的三级缓存未命中等性能事件进行监控，可以将缓存未命中事件最多的对象分配至 DRAM 中，以确保它们拥有相对于持久内存来说较低的内存访问延时。而剩余的对象由于拥有较低的三级缓存未命中率，可能在内存需求过大的时候，通过分配函数被分配到持久内存中。通过这样的优化，可以确保最近常访问的对象被放置到离微处理器最近的路径上（DRAM 中），而不经常访问的对象则可以利用额外的持久内存。最后把剩余的较冷的或不经常使用的数据放置在硬盘中，通过这样的方式，仍然可以获得不错的性能收益。

另外一个需要考虑的因素是应用程序内存对象的 Load 和 Store 的比例。因为针对持久内存读操作的性能要远高于写操作。通过 Load 和 Store 的比例来确定应用程序对象的读写比例之后，可以将读操作更多的对象分配至持久内存中，而将写操作更多的对象分配至 DRAM 中。

最终，针对内存结构进行优化后，应用程序的性能表现仍然会与业务自身的特点密切相关，而设计热数据、温数据和冷数据的构成并没有固定的比例，但通过将以上原则作为使用持久内存的基础，程序开发人员可以继续通过 VTune 完成对完整系统的分析和调优。更多的方法和资料读者可以自行搜索与参考 VTune 官方网站。

第 6 章
持久内存在数据库中的应用

大部分数据库应用对内存容量的需求较大,由于系统吞吐量受限于网络带宽,内存带宽并非性能瓶颈,所以数据库应用可以使用带宽略低但容量更大的持久内存,使工作负载容纳更大的数据集。同时,相比于 DRAM,持久内存还支持数据持久性,这可以作为数据库应用的独特优势。本章分别介绍了在 Redis 和 RocksDB 中使用持久内存的具体方式。

6.1 Redis 概况

Redis 作为一个高性能、低延时的缓存数据库，被广泛应用在游戏、视频、新闻、导航、金融等各个领域，其根本原因是 Redis 将所有的数据都存放于内存中，而内存拥有着磁盘难以比拟的带宽和延时。Redis 是一个键值数据库，其中，键是一个简单的字符串，而值比较复杂，值有 5 种主要类型：string、hash、list、set 和 zset。

如图 6-1 所示，Redis 数据库的主要数据结构是字典（dict），其实现需要使用哈希表。每一个 dictEntry 都使用键计算哈希值以获得键值对在哈希表中存储的位置，如果哈希冲突，就用链表的方式将冲突的键值对通过单向链表连接在同一个 dictEntry 中。在读取值时，需要计算键的哈希值，以获得值在哈希表中的位置，在内存中以哈希表的方式存储数据可以减少搜索延时，还能够达到微秒级的数据存取。如果冲突增加，即单个 dictEntry 链表长度过长，搜索和读取值的时间就会增加，此时需要通过扩展哈希表的机制来减少哈希冲突。Redis 还提供了冷备（如 RDB 机制）、主备（如多副本机制）及 AOF（Append Only File）等功能，以满足 Redis 的数据持久化和恢复功能。

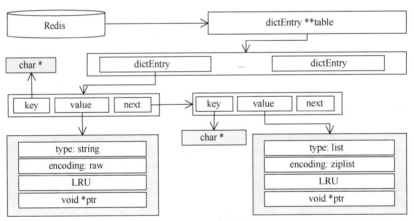

图 6-1　Redis 架构框图

Redis 不只是一个简单的键值存储，实际上它支持各种类型的数据结构。这意味着，在传统的键值存储中，将字符串键关联到字符串值，但是在 Redis 中，该值不局限于简单的字符串，还可以容纳更加复杂的数据结构。

Redis 可以利用上述的 RDB、多副本、AOF 等机制进行持久存储，由于内存容量较小，因此这些方式只能用来存储较少的数据。由于现代业务数据量巨大，所以 Redis 主要作为缓存业务以减少热数据访问延时，而数据的存储往往借助于数据库来保证。对于数据库和 Redis 缓存的同步一般有下列几种方式。

（1）有改动时先修改数据库，然后将数据插入 Redis，这样数据就永远不会丢失。当应用需要读数据时，先从 Redis 中读数据，如果数据缺失，则从数据库中获取数据。

（2）有改动时先修改数据库，当应用需要读数据时，如果数据不在 Redis 缓存中，则将数据从数据库中读出，写入 Redis 缓存中。和第一种方式相比，这种方式不会在修改数据库后立即将数据写入 Redis 缓存中。

（3）有改动时先修改 Redis 缓存中的数据，然后在业务空闲的时候，批量地将数据同步到数据库中，但是这样无法保证数据安全。

6.2 使用持久内存扩展 Redis 内存容量

现今的 DDR4 内存的容量的增长趋势缓慢，但处理器的核心数越来越多，处理能力也越来越强，较小的内存容量无法充分发挥处理器的能力，造成了资源的浪费。

持久内存给 Redis 带来了新的价值，持久内存单根容量大、性价比高，可以通过运行更多的 Redis 实例来充分释放单机处理器的能力，纵向扩展单机业务能力。相对于使用多台服务器横向扩展业务，纵向扩展业务还可以减少多台服务器间的管理开销，降低运维成本。总体而言，通过持久内存来扩展内存，可以大大降低业务的总成本（Total Cost of Ownership，TCO）。

如果将 Redis 作为存储，利用持久内存可以存储更多的数据。而对于缓存的业务，缓存中的数据越大，缓存命中率（hit rate）就越高，从而整体的性能就越好。但是大容量缓存也带来了一个挑战，即如果断电或 Redis 宕机，预热整个缓存数据需要很长的时间，业务的性能会受很大的影响。而持久内存提供了持久化的能力，在某些特别的场景下，可以快速恢复缓存中的数据，而不必经过预热的过程。

另外，持久内存的读写速度不均衡，读的性能远高于写的性能，而 Redis 主要作为缓存业务，数据预热到缓存中后主要进行读操作，只有从 Redis 中读不到时，才会从数据库中读出，再写入 Redis，所以持久内存对于读多写少的 Redis 是比较适用的。

6.2.1 使用持久内存扩展内存容量

持久内存可以配置成内存模式，DRAM 作为持久内存的缓存，系统所见的内存空间是持久内存的大小，这样可以为系统提供更大容量的内存。

Redis 作为一个读多写少的应用，往往使用 memtier-benchmark80/20 的读写比来测试，测试的命令为"memtier_benchmark --ratio=1:4 -d 1024 -n <key_number> --key-pattern=G:G --key-minimum=1 --key-maximum=210000001 --threads=1 --pipeline=64 -c 3 --hide-histogram -s <server ip> -p <port>"。如表 6-1 所示，在保证 Redis 的 SLA（99%延时<1ms）的情况下，持久内存的使用可以将处理器的利用率从 31%提升到 83%，同时将实例数扩展为原来的 4 倍，而吞吐量是 DRAM 的 2.67 倍。表 6-1 中的 Redis 值均为 1KB，Redis 实例均为 45.1GB，读写比均为 80%读，20%写，配置了 80GB 网络的双路至强处理器。

表 6-1 多种配置下的 Redis 性能对比

内存配置	内存容量	实例数	使用内存/TB	吞吐量/MOPS	99%延时/ms	处理器使用率
DRAM	DRAM 768GB	14	0.66	4.68	0.54	31%
持久内存内存模式	持久内存 1TB DRAM 192GB	20	0.88	8.07	0.45	44%
持久内存内存模式	持久内存 1.5TB DRAM 192GB	28	1.23	10.71	0.48	59%
持久内存内存模式	持久内存 3TB DRAM 192GB	56	2.46	12.46	0.83	83%

某用户使用持久内存的内存模式测试了在相同 Redis 实例数的情况下，100%写和 100%读的性能。其中，测试的环境是 24 核×2 至强处理器，DRAM 内存为 768GB，持久内存（PMEM）的内存模式使用的是 192GB DRAM+8×128GB 的持久内存，运行 48 个 Redis 实例。如图 6-2 所示，持久内存的 100%写的吞吐量性能非常接近 DRAM，在某些数据量较小的情况下，甚至要优于 DRAM，而在 99%延时方面，持久内存大概比 DRAM 要高 20%～30%；持久内存的 100%读的吞吐量性能和 DRAM 几乎相同，而在 99%延时方面，持久内存比 DRAM 约高 10%。

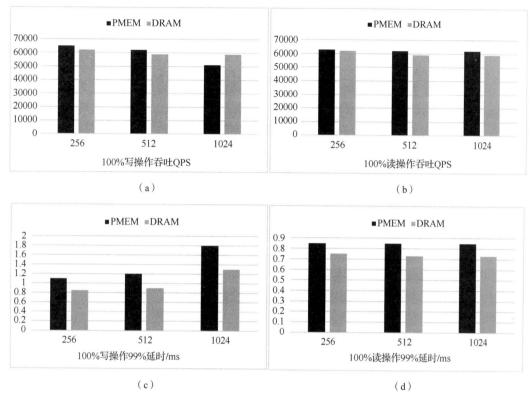

图 6-2 客户的 Redis 使用持久内存模式的性能

6.2.2 使用 NUMA 节点扩展内存容量

在第 3 章中介绍了持久内存的 NUMA 节点，通过将持久内存接入通用的内存管理系统，应用程序可以完全透明地访问持久内存和 DRAM。如图 6-3 所示，该实现方式可以为异构内存应用场景提供支持，在系统中存在较快的内存和较慢的持久内存。

与前面的内存模式相比，应用可以同时访问 DRAM 和持久内存，充分使用系统的资源。但是应用需要进行一些改变以决定将什么样的数据放在持久内存中，将什么样的数据放在 DRAM 中，或者由 kernel 将热数据迁移到 DRAM 中，而迁移冷数据到持久内存（冷/热数据迁移的特性还在研究过程中）中。和持久内存的内存模式相同的是，NUMA 节点的方式不能实现数据持久化。

Redis 利用持久内存 NUMA 节点的实现方式，通过一些策略将 Redis 的数据分布在各个内存节点上。

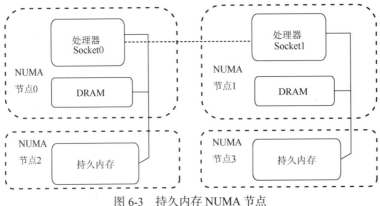

图 6-3 持久内存 NUMA 节点

（1）Redis 中大的用户数据放置到持久内存中，当持久内存空间不够时，数据可以回落到 DRAM 中。

（2）代码、栈、数据索引默认放在 DRAM 中，当 DRAM 空间不够时，索引数据可以回落到持久内存中。

默认的 NUMA 分配策略是将所有的数据优先放到 DRAM 中，如果 DRAM 空间不够，再将数据回落到持久内存中。Redis 刚开始的性能是 DRAM 的性能，但当 DRAM 空间耗尽后，所有的数据（包括索引的数据）就只能放到持久内存中，所以其性能会下降很多。也可以通过动态调整 threshold 来决定将一些数据放到持久内存中，将另一些数据放到 DRAM 中，始终维持持久内存和 DRAM 的使用比例。

如图 6-3 所示，持久内存关联的处理器核心是空。如果 NUMA Balance 打开，持久内存上的数据会自动回迁至 DRAM，所以需要通过关闭 NUMA Balance 来保证数据分布策略的实施。可以通过 "echo 0 > /proc/sys/kernel/numa_balancing" 关闭 NUMA Balance。

利用上述策略和方法，只需要控制数据分布到合适的内存节点上，就可以用较小的改动来扩展 Redis 的内存。由于持久内存也是一个 NUMA 节点，所以可以利用 MEMKIND 去控制两种静态的内存分配，MEMKIND_DEFAULT 用于 DRAM，而 MEMKIND_DAX_KMEM 用于持久内存。

其性能情况根据数据分布的策略和 Redis 实例数的多少各有不同。将大于 64 字节的数据放到持久内存下，使用 1024 字节大小的值，每个处理器核心运行一个 Redis 实例，Redis 100%读的性能在稳态下可以达到 DRAM 的 90%以上。

在 4.4.2 节中，对于多线程或多进程的写，如果单纯依赖处理器缓存的踢出和替换策略，将会有很多不连续的数据被踢到内存控制器的 WPQ 中。这样会造成这些数据无法以连续的 256 字节写入持久内存介质，减少写入带宽，所以在应用中需要经常主动调用刷新操作，将连续的数据写入 WPQ 中。

如果使用内存模式和 NUMA 节点模式，数据就不能利用持久内存的持久特性，但在性能方面基本可以满足业务需求。

6.2.3 使用 AD 模式扩展内存容量

在 Redis 中使用持久内存的 AD 模式以扩展内存，持久内存以文件的形式存在，通过 SNIA 编程模型中的 DAX-MMAP 方式直接访问持久内存。持久内存可以通过 MEMKIND 中的 PMEM 动态类别分配持久内存堆。

和上述的持久内存 NUMA 节点在数据分布的策略类似，使用 AD 模式需要考虑将数据放入持久内存还是 DRAM 中。在设计之初，Redis 只考虑使用 DRAM 的情况，所以有一些数据结构（如 ZIPLIST 结构）对于持久内存来说并不友好，要获得对所有的值类型都友好的性能表现，就要对 Redis 的一些数据结构进行适当的修改。如表 6-2 所示，可以通过调整 Redis 现有的数据结构获得在持久内存中更好的性能。

表 6-2 Redis 数据结构更新

值的类型	编码方式	值指针数据类型及如何修改
STRING	RAW	SDS 和 Redis 字符串类型，只有大于某个阈值的字符串，才能放到持久内存中
	INT	INT，整形值转为字符串，不进行改动
	EMBSTR	较小的字符串，Redis 设置长度限制 #define OBJ_ENCODING_EMBSTR_SIZE_LIMIT 44，可以不进行改动
HASH	HT	哈希表，如果键和值超过设定的阈值，则放到持久内存中
	ZIPLIST	压缩列表结构对持久内存不太友好，需要进行一些改动
SET	INTSET	整形集合，不进行改动
	HT	哈希表，如果键和值超过设定的阈值，则放到持久内存中

续表

值的类型	编码方式	值指针数据类型及如何修改
ZSET	SKIPLIST	跳跃表，如果其中的键超过阈值，则将数据放到持久内存中
	ZIPLIST	压缩列表结构对持久内存不太友好，需要进行一些改动
LIST	QUICKLIST	快速列表，不进行改动，其中，当它的节点是 ziplist 时，需要进行改动

在 Redis 3.0 及以前的版本中，list 是使用 linked list 实现的。linked list 的优势是增删性能非常好，但是其额外内存空间较大（为每一个元素都要创建一个 list node，包括 prev、next 指针，以及 value 字段，当 value 本身很小时，额外空间的开销非常明显）。在 Redis 3.0 以后的版本中，list 的实现使用 quick list，而 quick list 是由 zip list 构成的，zip list 就是将多个元素很紧凑地存放在同一个 buffer 中。使用 zip list 是为了节省内存，Redis 用"时间"换"空间"。在 zip list 中，数据的变化可能会导致内存的重新分配和移动，这对于持久内存而言，代价是非常大的。所以对于这种数据结构，需进行以下改动。

（1）一开始将 zip list 存放在 DRAM 中，如果有一个较大的字符串要加入 zip list，则将该字符串存入持久内存，并在 zip list 中存入其指针，这样大量的操作仍然是在内存中进行的。

（2）在 list 这个数据类型中，当 zip list 节点已满时，Redis 会将整个 zip list 节点移至持久内存中。

考虑到性能，要尽量减少数据在持久内存中的移动和重新分配。可以考虑在 zip list 中加入一些头尾信息，不需要在头尾数据弹出和压入操作时移动和重新分配内存，而是在不忙的时候进行一些清理工作。

由于持久内存的 AD 模式和 NUMA 节点模式都需要选择一些数据放到持久内存中。如果应用程序写入 Redis 的数据长度较小，那么 DRAM 可能会先被写满，而此时持久内存还有剩余空间，那么只能将所有的数据放到持久内存中，在这种情况下，写的性能可能无法得到满足。可以在 Redis 中将用户数据放到持久内存中，然后统计出 DRAM 的内存使用量，如表 6-3 所示。

表 6-3　Redis 堆栈和数据索引所占用的 DRAM 内存

结构类型	100 万条记录需要使用的 DRAM/字节	平均每条记录需要使用的 DRAM/字节
string	94387584	94
dict	78388840	78

续表

结构类型	100万条记录需要使用的DRAM/字节	平均每条记录需要使用的DRAM/字节
set	46388832	46
sorted set	99725984	99
list	2076568	20

假如内存容量/持久内存容量=1/8，则字符串类型有以下几个特点。

（1）当用户数据的平均值大于 800 字节时，持久内存会先被写满，然后将所有数据都写入 DRAM。

（2）当用户数据的平均值小于 800 字节时，DRAM 会被先写满，即 Redis 内部数据结构已经先将 DRAM 消耗完，此时只能将所有数据回落到持久内存中，性能可能会受到一定的影响。

因此，这种方案有一定的限制，对于一些用户数据较大的场景更为适用，这样可以充分利用系统的 DRAM 和持久内存资源。

6.3 使用持久内存的持久化特性提升 Redis 性能

Redis 持久化就是 Redis 可以把内存中的数据持久化到磁盘上面，在这种模式下，数据如果出现异常情况，是可以进行恢复的，而不需要在从数据库中读的同时不断预热 Redis 的数据。此外，如果 Redis 可以将数据持久化，那么可以将 Redis 用来存储数据。

Redis 提供了两种持久化方案，分别是 RDB（Redis Data Base）和 AOF（Append Only File）。如图 6-4 所示，RDB 会在某个时间点把内存数据写到一个临时文件里，当保存好之后，Redis 会使用这个临时文件去替换上传的持久化文件。Redis 主进程将派生一个子进程来保存此时的内存快照，同时主进程仍然可以服务于 Redis 客户端的命令来执行读写操作。一旦系统崩溃或需要恢复特定时间的数据，Redis 服务器可以读取 RDB 文件并快速恢复数据库。RDB 文件的尺寸比较小，恢复数据比较快，但是 RDB 模式是间隔一段时间执行一次持久化操作的，如果在这段时间之内 Redis 出现了故障，那么部分数据就会丢失。因此，这个方案更加适合在对数据要求不是很严格的情况下使用。

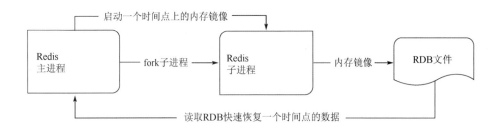

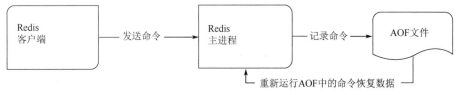

图 6-4　Redis 的持久化方式

Redis 客户端将命令发送到 Redis 服务器，Redis 服务器将命令记录到 AOF 文件中。这种模式通过日志存储，当需要恢复数据时，直接从日志文件里重放所有的操作。相对于 RDB 而言，AOF 比较可靠，数据丢失不会很严重，同时可以设置追加文件的时间，如果设置成 1 秒，那么最多损失 1 秒的数据。但是 AOF 文件比 RDB 文件大，且需要重放所有操作，相对而言，AOF 比较慢。AOF 模式在 Redis 里默认是关闭的，如果要使用 AOF，需要在 Redis.conf 配置文件中配置"appendonly yes"进行开启。AOF 同步数据的策略主要有 3 种，且这 3 种策略也需要在配置文件中进行配置。

（1）always，表示每条记录会立即同步到文件中，虽然这样不会导致数据丢失，但是磁盘的开销比较大。

（2）everysec，表示每秒同步一次，是性能和数据安全的折中选择，但出现故障时，还是会丢失 1 秒的数据。

（3）no，表示不显示同步数据，交给操作系统处理，操作系统会检查页缓存里面的情况，如果达到一定量，会进行同步，在这种情况下，数据丢失量由操作系统决定。

如果使用持久内存模式或 NUMA 节点模式，Redis 仍然使用现有的方式来进行数据持久化；如果使用持久内存 AD 模式，则可以利用持久内存的持久化特性来提升其持久化性能。

6.3.1 使用 AD 模式实现 RDB

Redis 的 RDB 需要 fork 一个子进程并依赖内核的 COW（Copy-On-Write）来存储某个时间点的内存快照到磁盘中。在持久内存 SNIA 编程模型中，就是使用 DAX-mmap 的方式来访问持久内存的，由于应用直接操作持久内存，不经过内核的操作，所以持久内存中的数据无法依赖内核的 COW。

在 Redis 存储某个时间点的内存快照的同时，如果主进程修改某些持久内存中的用户数据，那么这些修改就是子进程可见的，子进程会将更新的数据保存到磁盘中，或者子进程会保存主进程正在删除的数据，从而会导致整个应用崩溃，如图 6-5 所示。

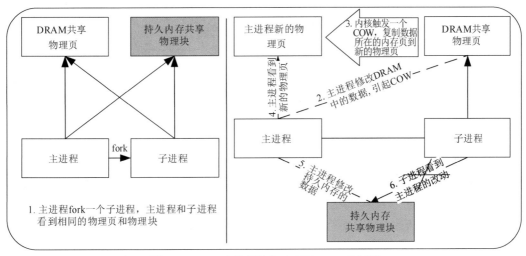

图 6-5 Redis 在使用持久内存后 RDB 的问题

（1）主进程 fork 一个子进程，主进程和子进程看到相同的物理页和物理块。

（2）主进程修改 DRAM 中的数据，引起 COW。

（3）内核触发一个 COW，复制数据所在的内存页到新的物理页。

（4）主进程看到新的物理页，而子进程看到原始的物理页，这样子进程就可以保存这个时间点的 DRAM 的内容。

（5）主进程修改持久内存的数据。

（6）子进程看到主进程的改动，这会引起很多问题。

对于持久内存中的数据，如果主进程对数据进行删除，在进行删除操作的时候，需要由应用对数据进行复制，并在 RDB 结束的时候对复制过的数据进行清理。

如图 6-6 所示，在 RDB 之前，系统中有数据 D1、D2、D3 和 D4，其中，D1 处于内存中间，所以 kernel 中的 COW 能够对其进行正确的处理。而 D2、D3、D4 在持久内存中，需要进行特别的处理。

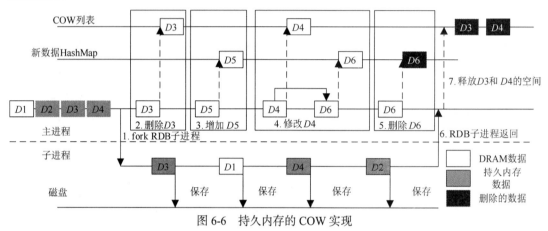

图 6-6　持久内存的 COW 实现

（1）主进程 fork 一个子进程，子进程开始保存 D1、D2、D3、D4。

（2）在子进程保存数据的过程中，主进程删除 D3。由于 D3 不在新数据 HashMap 中，但在持久内存里，即主进程的操作会被子进程看见，所以主进程不能将 D3 删除，而是将其加入 COW 列表中。

（3）在主进程中增加 D5，由于 D5 是新加入的数据，在后续的操作中为了避免将 D5 复制，将 D5 加入新数据 HashMap 中。

（4）在主进程中修改 D4。D4 在持久内存里，但不是新增加的数据，主进程需要将 D4 复制一份，在图 6-6 中显示把 D4 复制到 D6，将 D4 加入 COW 列表中，并将新的复制后的数据 D6 放入 HashMap 中。

（5）主进程删除 D6。D6 在新数据 HashMap 中，此时将 D6 从 HashMap 中移出并直接删除。

（6）当 D1、D2、D3、D4 已经保存到磁盘中后，RDB 子进程返回。

（7）当 RDB 子进程返回后，主进程将 COW 列表中的数据全部删除，同时销毁 COW 列表和新数据 HashMap。

通过上述描述可知，内核的 COW 是以页为单位的，即使主进程只修改了一个字节的数据，COW 也会复制一个页并修改。而从应用中处理持久化数据，只需要复制真正的数据，减少了复制的内容，从而可以提升 RDB 的性能。当删除数据时，应用只是将需要删除的数据放入 COW 列表中延时删除，这样性能的开销很小。

持久内存通过 NUMA 节点的方式接入内存管理系统，持久内存中的数据就能利用内核的 COW 了。但在这种方式中，数据的复制是以页为最小单位的，即一个字节的改动也需要复制一整个页，这样的操作对 RDB 的性能影响比较大，需要客户调整系统中各个 Redis 实例的 RDB 存储的时机，避免同时进行 RDB 存储对性能造成较大的影响。

6.3.2 使用 AD 模式实现 AOF

启用 AOF 后，Redis 会把所有命令（只读命令和执行失败的命令除外）顺序写入一个后缀为 aof 的磁盘文件。高容灾性的代价是高昂的性能开销，AOF 引入了频繁的磁盘操作，严重降低了 QPS 并增加了延时。但是持久内存可以大幅缓解这些问题。对于已经存放在持久内存上的值，AOF 文件中只需要记录该值在持久内存中的地址，而不需要写入其真实的字面值。例如，假设向 Redis 发送一条命令：

```
set alphabet ABCDEFGHIJKLMNOPQRSTUVWXYZabcdefghijklmnopqrstuvwxyz
```

如果使用社区版本的 Redis，则其会在 DRAM 中创建 key = alphabet，以及 value = lABCDEFGHIJKLMNOPQRSTUVWXYZabcdefghijklmnopqrstuvwxyz，并且在 AOF 文件中写入记录"set alphabet ABCDEFGHIJKLMNOPQRSTUVWXYZabcdefghijklmnopqrstuvwxyz"。此时，社区版本的 Redis 启用 AOF 后的存储结构如图 6-7 所示。

如果使用持久内存，则其会在 DRAM 中创建 key = alphabet，而在持久内存中创建 value = ABCDEFGHIJKLMNOPQRSTUVWXYZabcdefghijklmnopqrstuvwxyz（假设持久内存映射到虚拟地址空间中的首地址是 0x7f0000，而该 value 的地址是 0x7f5678），并且在 AOF 文件中写入记录"set alphabet @5678"（其中，@5678 表示 value 在持久内存上的偏移量为 0x5678 的地址）。此时，持久内存 Redis 启用 AOF 后的存储结构如图 6-8 所示。

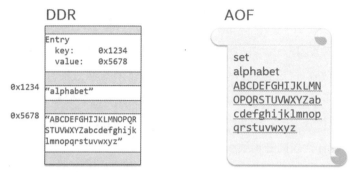

图 6-7　社区版本的 Redis 启用 AOF 后的存储结构

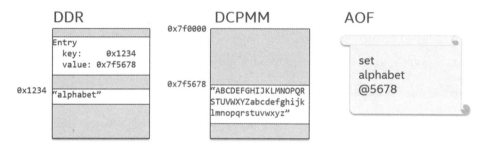

图 6-8　持久内存 Redis 启用 AOF 后的存储结构

可见，在以上两种情况中，内存系统的用量是一样的，但是后者的磁盘用量大幅减少。而 AOF 模式下 Redis 的性能瓶颈正是在于写磁盘，因此，后者大幅降低了磁盘写入量，从而减少了写磁盘的延时，提高了系统的 QPS。在该优化方案中，AOF 中存放的是指针（虽然考虑到内存映射地址的不确定性而采用了偏移量，但是依旧可以将其看作广义上的指针），故名为 PBA（Pointer-Based-AOF）。

PBA 虽然可以大幅提升 AOF 模式下的性能，但是需要先解决两个问题才能正确工作：①过滤无效的指针；②保留有效的数据。以图 6-8 为例，如果 Redis 后续收到命令：

```
del alphabet
```

那么 key 和 value 都会被从内存中删除。然而，由于 AOF 只能追加记录"del alphabet"，所以之前的 @5678 就成了无效的指针。那么当 Redis 重启后，在读取到 AOF 中的"set alphabet @5678"命令时，如何判断 0x5678 是否指向有效数据呢？如果通过某种方法判断出 0x5678 指向有效数据，那么又如何通知内存分配器（如 jemalloc）保留这一段内存，视之为已分配状态，不可再分配出去呢？

对于第一个问题，即过滤无效的指针，Redis 在读取 AOF 时，所有的 "@xxxx" 都被当作普通字符串读入，因此在重放 AOF 的过程中，并不涉及持久内存的访问。当 AOF 重放结束后，遍历数据库，把所有形如 "@xxxx" 的字符串转换成指针即可。如在上例中，在重放 AOF 时，先创建了 {key = alphabet, value = @5678} 的键值对（注意，其中的 value 是 DRAM 上的字符串 @5678），而后遇到 del alphabet 时，该键值对就被删除了。那么在最后遍历数据库的阶段，就不可能访问 0x5678 了。反之，如果某个 "@xxxx" 能够 "幸存" 到重放 AOF 结束时，那么可以断定该地址一定有效。

对于第二个问题，即保留有效的数据，则是通过对 jemalloc 打补丁实现的。传统的 malloc() 调用只接收一个 size 参数，但是打补丁的 jemalloc 提供了 malloc_at(size, addr) 接口，同时指定了长度和地址，使得 jemalloc 保留这一段内存，将其视为已分配状态。通过 malloc_at() 保留的内存与通过 malloc() 分配的内存的状态是一样的，也可以通过 free() 释放。在最后的遍历数据库的阶段，对所有有效的地址调用 malloc_at()，就可以保证之前有效的数据所占用的持久内存空间不会在后续运行 malloc() 时被分配出去。

6.4 RocksDB 概述及性能特性

RocksDB 是 Facebook 开源和维护的持久化键值（key-value）存储程序库，使用 C++ 实现，同时可以提供 Java API。它支持键值的增、删、改、查等操作，这里的查操作包括键值的单点查找和范围查找。在 RocksDB 中，键和值可以是任意的字节流，并且支持原子的读和写。

RocksDB 是基于 Google 开源的 LevelDB 构建的，而 LevelDB 是 Google 2006 年发布的著名论文 Bigtable: A Distributed Storage System for Structured Data[1]中描述的键值存储系统的单机版实现，它的主要开发者之一是 Google 的传奇工程师 Jeff Dean。RocksDB 在 LevelDB 的基础上进行了很多的性能优化和功能扩展，被应用于各种应用程序。它既可以被直接链接到应用程序中负责数据存储，如用于存储 Apache Flink 的状态管理信息，作为 Hadoop Ozone 的底层键值存储等，也可以二次开发后作为关系型数据库服务程序的存储引擎，如 MyRocks 就是使用 RocksDB 作为存储引擎的 MySQL 版本的。目前，RocksDB 也被阿里巴巴、腾讯、今日头条、Facebook 等公司

---

[1] https://static.googleusercontent.com/media/research.google.com/en//archive-/bigtable-osdi06.pdf.

广泛应用于各种生产系统中。

RocksDB 的广泛应用和它所具备的一些特性是直接相关的，下面列出了主要的几方面。

（1）适用于对写吞吐和延时有较高要求的场景。

RocksDB 的核心存储算法是 LSM 树（6.5 节会进行较详细的介绍），该算法对写操作是非常友好的，因为在 LSM 树中，所有的磁盘随机写操作都会被转换成顺序写操作。硬盘的顺序写的性能之所以远远优于随机写的性能，是因为硬盘采用传统的磁头探针结构，而随机写时则需要频繁寻道，这就严重影响了硬盘的写入速度。而对于 SSD，虽然没有了磁头寻道的开销，但顺序写的性能往往是随机写的几倍。随机写会产生更多的不连续块，因此在 SSD 内部需要定期进行大量的垃圾回收操作，而垃圾回收的过程会额外占用 SSD 的介质读写带宽，这样真正可用于用户数据的带宽就变少了。

（2）适用于存储太字节（Terabyte）级别的数据。

在实际生产环境中，对于用户数过亿的互联网应用系统，磁盘通常是成本比较大的硬件之一。相比于其他存储引擎，RocksDB 的一个重要优势是可以使用更少的磁盘空间存储相同的数据，如在 Facebook 的环境中，RocksDB 相比 InnoDB 节省了约一半的磁盘空间[1]。

RocksDB 能节省磁盘空间，可以很好地控制写空间放大，主要是因为 LSM 树的分层结构特性和它采用的各种数据压缩策略。传统的基于 B+树的存储引擎因为页碎片的问题，一般空间可以放大 1.5～2 倍，而基于 LSM 的算法，可以控制空间放大倍数在 1.1 倍左右，所以能显著节省存储设备空间并延长存储设备的使用寿命。因此，RocksDB 对那些需要存储大量数据的用户是很有吸引力的。

（3）适用于多处理器核心的场景。

目前主流服务器的 CPU 都包含越来越多的核心数目，如英特尔至强 8280 处理器中有 28 个物理核。由阿姆达尔定律可知，程序性能的提升和处理器核心数目的增加并不一定呈线性关系，要使应用程序的性能随 CPU 核心数目线性提升，需要使更多的程序逻辑可以并行执行。因此 RocksDB 在 LevelDB 的基础上进行了很多优化工作来提升多核心下的并发性能，如各种锁优化，

---

[1] Yoshinori Matsunobu.InnoDB to MyRocks migration in main MySQL database at Facebook. (2017-5). https://www.usenix.org/sites/default/files/conference/protected-files/srecon17asia_slides_yoshinori.pdf.

实现了内存表的并发插入和多线程的合并操作等,从而使 RocksDB 能很好地利用多核心的优势。

（4）支持高效的单点查找和范围查找。

所谓单点查找是指在 RocksDB 中随机获取某一个键对应的值。相比 B+树，LSM 树的读性能不占优势，因为 LSM 是多层结构，一次读可能要按层搜索多个文件，会带来较高的读放大。为此，RocksDB 在工程实现上进行了很多的读优化使其读性能接近 B+树。例如，通过使用布隆过滤器，可以避免读那些不包含键的文件；使用块缓存（Block Cache）在内存中缓存磁盘数据块可以减少磁盘读，以提升读性能，这在有热点数据的情况下，收益尤其明显。

同时，RocksDB 也支持高效的范围查找，因为磁盘文件中的多个键值之间就是按照键来排序存储的，因此可以较方便地读取两个键之间的内容。同样，布隆过滤器和块缓存也能提升范围查找的性能。

（5）配置灵活可调。

RocksDB 提供了丰富的运行配置参数，允许使用者根据自身硬件和软件的配置环境进行调整并进行取舍。例如，它可以设置内存表（MemTable）的大小和个数；可以配置块缓存的大小和替换策略；可以设置后台合并（Compaction）、刷新（Flush）线程的数目及策略等。通过这些丰富的设置，用户可以在读写性能、读写放大和空间放大之间根据自己的需要找到一个平衡点。

6.5 RocksDB 的 LSM 索引树

尽管 RocksDB 在 LevelDB 上进行了很多优化，但是它的核心数据结构一直没有改变过，就是 Bigtable 论文中提到的 LSM 树。自从 The Log-Structured Merge-Tree(LSM-Tree)[①]论文于 1996 年被发表后，LSM 树就被广泛应用于各种数据存储系统，除了 Bigtable，它还用于 Dynamo、HBase、Cassandra、AsterixDB 等。虽然被称作 LSM 树，但它其实并不是严格的树结构，更像是一种算法的设计思想。

在数据存储和检索系统中，如何实现索引直接决定最终的性能。从本质上来说，索引就是增加额外的写操作和管理数据来提升系统中数据检索的效率。目前，常见的索引结构有哈希表、

---

① Patrick O'Neil, Edward Cheng, Dieter Gawlick, et al. https://www.cs.umb.edu/~poneil/lsmtree.pdf.

B+树及 LSM 树，下面简单总结一下它们的特点。

（1）哈希表。

- 支持增、删、改、查操作，但不支持范围查找。
- 支持键值的插入及查找，哈希表的时间复杂度都是 $O(1)$，如果不需要有序地遍历数据，哈希表的性能最好。

（2）B+树。

- 支持增、删、改、查操作，并且支持范围查找，其插入和查找性能较均衡。
- 通过 B+树叶子节点之间的连接可以实现高效的范围查找。MySQL 的默认引擎 InnoDB 就是基于 B+树实现的。

（3）LSM 树。

- 支持增、删、改、查及范围查找操作，其插入操作快，但查找性能一般。
- LSM 树通过避免磁盘随机写入的问题，大幅提升了写性能。但凡事有利有弊，LSM 树和 B+树相比，牺牲了部分读性能，不过在具体实现中可以通过一些方式来提升其读性能。

通过前面的对比可知，传统的 B+树在读写性能之间比较均衡，因此 B+树或它的变种被广泛应用于各种存储产品中，然而当内存小于数据集时，大量的随机写会使得插入和更新操作变得很慢。采用随机写是因为在 B+树中，写操作是原地（In-Place）更新数据的，如图 6-9 所示，当需要把键 K_1 对应的值从 V_1 修改为 V_4 时，可以直接找到 V_1 的存储位置并更新内容，这样的操作方式对磁盘来说基本都是随机写，不能很好地利用磁盘的写性能。

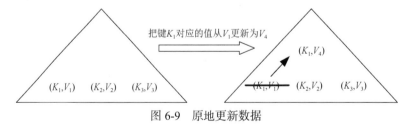

图 6-9 原地更新数据

而 LSM 树的基本设计思想就是把多个磁盘随机写操作合并为顺序写操作。它会把新的键值对 (K_1,V_4) 记录到新的磁盘位置（Out-of-Place），而不是直接修改 (K_1,V_1) 在磁盘中的内容。例如，假设要修改 N 组离散的键对应的值，B+树是找到这 N 组键值所在的磁盘位置，然后写入新的值,这样就进行 N 次随机磁盘写。而 LSM 树是把 N 组新的键值顺序写入磁盘的新位置,所以只进行一次顺序写,因此 LSM 树的写性能显著优于 B+树。

LSM 树这种非原地更新数据的方式对使用者来说,数据写入磁盘的新位置,写操作就完成了,但在 LSM 树的实现中,必须有一种方式来合并新数据和老数据,因为如果一直持续生成新的文件,不仅会造成磁盘空间冗余,也会降低读性能。对于这个问题,在 LSM 树的相关论文中描述了一种实现方式,它把一棵逻辑上的树分割成多层结构,每一层都是一棵 B+树,并且越下面的层(层数越大)包含的树越大,如图 6-10 所示。

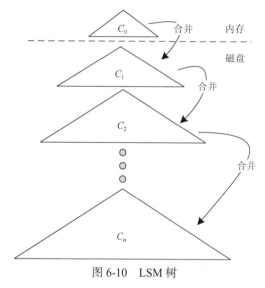

图 6-10 LSM 树

内存中的 C_0 保存了所有新写入的键值对,余下的 $C_1\sim C_n$ 都存储在磁盘上。C_0 的 B+树是存储在内存里而不是存储在磁盘中的,所以直接在 C_0 的 B+树中执行插入、删除或更新操作的代价都很小。但内存中的数据断电会丢失,因此当收到一个键值的写请求时,它会先被顺序写入磁盘上的预写式日志(Write Ahead Log)中,再被插入 C_0 中,这样,即使系统或程序发生异常,C_0 的数据也可以从预写式日志中恢复。

当 C_n 中的树越来越大后,会把 C_n 的部分连续叶子节点的内容合并到 C_{n+1} 棵树上,如图 6-11 所示,这个过程就是合并。为什么需要合并呢?因为随着小树越来越多,读操作就需要查询更多的树,这会导致读性能越来越差,因此需要在适当的时候对磁盘中的小树进行合并,将多棵小树合并成一棵大树。通过合并还可以删除旧版本的键值,释放空间。同时,一般存储系统中的数据访问都有局部性，所以可以通过合并把冷数据沉淀到下层，提升读效率。基于这样的实现，LSM 树可以获得不错的读性能及优秀的写性能。

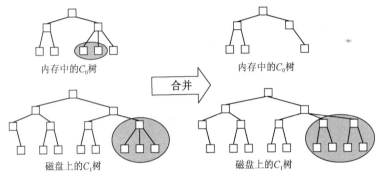

图 6-11　LSM 合并

6.6　利用持久内存优化 RocksDB 性能

6.5 节介绍了 LSM 树的基本概念，本节通过具体讲解 RocksDB 的增、删、改、查、范围查找等操作，以及主要的后台任务来了解 LSM 树在工程上是如何实现并优化的。图 6-12 所示为 RocksDB 的基本架构，后续有很多内容会结合本图来展开。

先简单介绍 RocksDB 中几个主要模块的作用及一些相关的概念，再通过详细介绍增、删、改、查、范围查找等操作，以及主要的后台任务，来理解在 RocksDB 的基本架构中，这些模块是如何一起工作，并实现一个基于 LSM 树的存储引擎的。

以下是 RocksDB 中的基本概念和术语。

- SST 文件：SST（Sorted Sequence Table）是排好顺序的数据文件，在这些文件中，所有键都是按照预定义的顺序组织的，一个键可以通过二分查找法在文件中定位。
- 内存表：在内存中存储最新写入的数据的数据结构，通常它会按一定顺序组织这些键值对，常用跳表（Skip List）来实现内存表。
- 预写式日志文件：在 RocksDB 重启时，预写式日志文件用于恢复还在内存表中，没能及时写入 SST 文件的数据。

第 6 章 持久内存在数据库中的应用

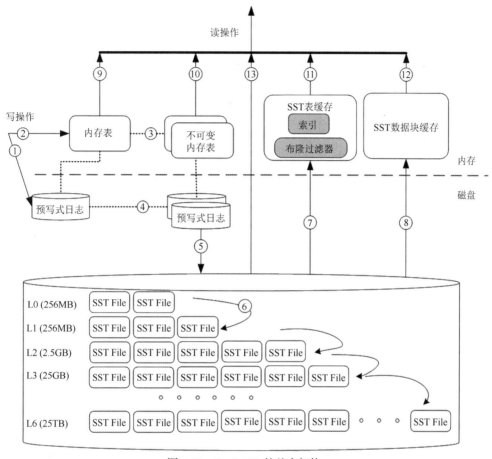

图 6-12 RocksDB 的基本架构

- 块缓存：用于在内存中缓存来自 SST 文件的热数据的数据结构。
- 刷新：将内存表的数据写入 SST 文件的后台任务线程。
- 合并：将相邻两层的多个 SST 文件合并去重，生成多个新的 SST 文件的后台任务线程。
- 写阻塞（Write Stall）：当后台有大量刷新或合并工作被积压时，RocksDB 会主动控制写入速度，确保刷新和合并操作可以及时完成。
- 数据块（Data Block）：SST 文件中用于存储键值数据的块，默认大小是 4KB。
- 索引块（Index Block）：SST 文件中的数据索引块，用于加快读操作。它会被组织成索引块的格式保存在 SST 文件中。默认的索引块采用二分搜索索引。

- 过滤器块：SST 文件中的过滤器块中包含过滤器生成的数据，布隆过滤器是常用的一种过滤器，用于快速判读一个键是否在 SST 文件中。
- 表缓存（Table Cache）：用于缓存 SST 文件的索引块和过滤器块。

了解了以上基本概念后，再来看 RocksDB 对外提供的增、删、改、查、范围查找等操作的实现，以及主要的后台任务。

（1）增加一个键值。

首先把键值写入预写式日志。如图 6-12 中的步骤①，将一对键值写入 RocksDB 时，会先将这条操作记录封装到一个批处理块（Batch）中（RocksDB 也支持把多个操作记录放到同一个批处理块中），然后把批处理块添加到预写式日志文件的末尾。同一个批处理块中的操作记录要么全部执行成功，要么全部未执行，这样可以保证原子性。预写式日志的主要作用是在发生机器硬件故障、内核崩溃或程序代码核心转储（Core Dump）等异常情况时，在重启程序后，数据还能恢复到之前的一致状态。在 RocksDB 中，写预写式日志有两种方式。

① 默认方式是将其写入预写式日志对应的页缓存（Page Cache）中，再由操作系统定期把页缓存的数据写入磁盘文件。

② 每次写操作后都调用 fsync，确保写入的内容从页缓存刷新到磁盘文件中。

第一种形式避免了频繁调用 fsync 带来的开销，可以获得较好的性能，但可能会导致数据丢失，因为在异常情况下，页缓存中的数据可能会丢失，从而导致预写式日志中丢失了部分最新写入的数据。因此在一些不能容忍有任何数据丢失的场景下，如金融行业的数据存储，需要采用 fsync 的方式。

写完预写式日志后把键值写到内存表中。如图 6-12 中的步骤②，当将键值写入预写式日志后，同样的数据会被写入内存表中。当完成以上两步后，用户的写入操作就完成了，可以成功返回了。

内存表可以有多种实现方式，目前主要采用的是跳表数据结构，相比其他数据结构（如红黑树），跳表数据结构的实现相对简单，并且可以提供 $O(\log n)$ 的插入和搜索性能。此外，RocksDB 还实现了无锁跳表，可以在高并发多处理器核心环境下获得更好的读写性能。

（2）删除一个键值对。

RocksDB 中的删除操作并不会直接找到并删除磁盘中的相应键值，它只是写入键的一个墓碑（Tombstone）标记，标记这个键被删除了。从操作上看，它跟普通的写入一样，只是写入值的内容不同，这里可以把墓碑标记看作一个特殊的值。同样，这条记录也是先写入预写式日志，再写入内存表，在后台合并时才会真正从磁盘上删除那些有墓碑标记的键值。

那么在后台执行真正的删除操作前，怎么保证读操作不会错误地读到那些已经被标记为删除的键值呢？这需要从两方面保证：首先读操作都是从 LSM 树最近的层级开始查找的，所以会先读到最新的内容，一旦读到键的墓碑标记，就知道这个键是要被删除的；其次，RocksDB 中有一个全局的序列号，这个序列号是以写入 RocksDB 的先后顺序递增的，因此当一个键的墓碑标记和相同键的其他记录存在同一层时，可以根据序列号知道谁是最新的写入操作，以此来判断这个键值是否已被删除。

（3）修改一个键值对的值。

RocksDB 不原地更新键值，所以它的修改操作跟新增键值操作一样，就是把新的键值写入，然后通过后台的合并操作把旧的键值删除。

（4）查找一个键对应的值。

如图 6-12 中的步骤⑨、⑩、⑬所示，在 LSM 树中，读请求会从最上层开始查找键，如果没找到，则继续到下一层找，直到最底层。在 RocksDB 中，会先查找内存表和不可变内存表（可能有多个，可配置），再逐层从 SST 文件中查找。从磁盘 SST 文件中查找键是磁盘 I/O 密集型的操作，如图 6-12 中的步骤⑪、⑫所示，RocksDB 实现了表缓存和块缓存（在内存中缓存 SST 文件的内容），以加速读操作。

表缓存中包含 SST 文件的布隆过滤器和索引信息。布隆过滤器可用于快速判断待查找的键是否存在于对应的 SST 文件中，以避免读取那些不包含待查找的键的 SST 文件。当键在这个 SST 文件中时，再根据 SST 文件中的索引数据找到这个键在 SST 文件中所属的数据块。如果没有布隆过滤器和索引信息，就只能在多个 SST 文件中通过二分查找来判断键是否在文件中，这样会产生大量的无效的读 I/O。

块缓存把最近访问过的 SST 文件中的数据块用 LRU 的方式缓存在内存中，这样对于热点数据，当配置了适当大小的块缓存和表缓存后，就可以完全避免磁盘读，从而直接从内存中获取键值，极大地提高了读效率。

（5）查找一定范围内的键值。

RocksDB 中的数据在 SST 文件中是按照键有序存储的，并且同一层的 SST 文件之间也是按键排序的（第 0 层比较特殊，多个 SST 文件之间的键可能会有重叠）。因此在进行范围查找时需要查找内存表及每一层 SST 文件。这里的逻辑比较复杂，如图 6-13 所示，通过一个例子可以了解大概的过程。假设在 RocksDB 的内存表中，第 0 层和第 1 层中有 K_1、K_2、K_3 三组键值的多个版本，用户请求返回从键 K_1 到 K_3 之间所有的记录。先在每一层中找到位于 K_1 到 K_3 之间的最小的键，对于相同的键，返回上一层的键值，如图 6-13 的第 1 步中，内存表和第 1 层都包含 K_1，但返回内存表的 (K_1,V_3)；然后如第 2 步和第 3 步所示，继续在每一层中找下一个键，并返回最新的键值，直到键大于 K_3。

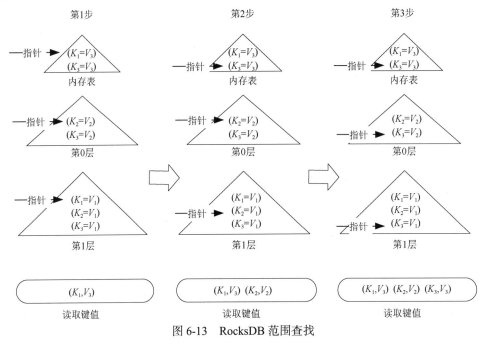

图 6-13 RocksDB 范围查找

（6）后台任务一：持久内存表到磁盘文件。

在 RocksDB 6.2 版本中，默认内存表的大小是 64 兆字节，写满内存表后会把它和对应的预写式日志标记为不可写,再分配一个新的内存表和预写式日志,用于处理后续的插入和更新操作。同时,后台线程会把不可写的内存表的内容持久化到磁盘 SST 文件中,当 SST 文件写满后,可以删除对应的不可写内存表及预写式日志,释放磁盘和内存空间。

后台线程把不可写内存表刷入磁盘,因此只要有可写的内存表就基本不会发生阻塞或影响后续的写操作性能。从不可写内存表写入磁盘的 SST 文件都属于第 0 层,这些 SST 文件内部的键值是排序的,但 SST 文件之间的键空间可能有重叠。

(7) 后台任务二:合并相邻层的 SST 文件。

随着写入的数据不断增多,SST 文件之间的键空间的重叠会越来越多,需要被删除的键值也会越来越多。这样会导致进行数据查找时,所需的读磁盘次数大大增加,因此后台尝试不断对这些 SST 文件进行合并。合并 SST 文件的目的是减少空间放大,并提升读性能。合并时主要包括 3 方面的操作。

- 新版本的键值会覆盖旧版本。
- 执行删除键值的操作。
- 把键值逐渐向下层移动,这样最新写入的数据就会在上层。

默认 SST 文件的大小是 64 兆字节,键值数据在文件内部有序存储。如图 6-12 所示,SST 文件在文件系统中以分层的方式组织,从第 0 层到第 N 层,每层包含多个 SST 文件,总容量逐层增大,默认下层容量是上层容量的 10 倍。

RocksDB 中的第 0 层比较特殊,多个 SST 文件之间的键空间可能会有重叠,而从第 1 层开始,之后的每层 SST 文件之间不会有键空间的重叠。当第 0 层的 SST 文件数超过设定值后,找出第 1 层中所有与第 0 层的 SST 文件有键空间重叠的文件,然后与第 0 层的文件一起执行合并操作,生成合并后的第 1 层的一个或多个文件,同时删除参与合并的第 0 层与第 1 层的相应文件。

从第 1 层开始,SST 文件之间不会有键空间的重叠,所以当本层的存储容量超过设定的阈值后,会从本层选择一个文件,然后选中下一层中所有与本层文件有键空间重叠的文件进行合并操作。同样,合并后的文件会保存在下一层,并删除那些参与合并的文件。图 6-14 所示为 RocksDB 合并。

图 6-14　RocksDB 合并

6.6.1　RocksDB 的性能瓶颈

RocksDB 是基于 LSM 实现的一个优秀的存储引擎，通过将随机写请求转换成顺序写请求，它拥有了很好的写性能，但也因此引入了一些问题，如写放大、读放大和空间放大等。在各种存储引擎的设计和优化中，如何在写放大、读放大和空间放大之间进行平衡和控制一直是一个核心问题。另外，在需要确保每个写操作都能及时落盘的场景中，RocksDB 在写完预写式日志后，必须执行耗时的 fsync 系统调用，把系统缓存中的数据刷新到磁盘上。这里逐一探讨这几个问题，然后在下一节中，会提出使用英特尔傲腾持久内存来解决这些问题的方法，仅供读者参考。

（1）读放大。

按照 RocksDB 官方的定义，读放大是指一次指定查找所需的磁盘读写操作数目。如果一个读请求实际会触发 N 次磁盘读操作，那读放大就是 N 倍。另外也可以从实际磁盘读取的数据量的角度来理解读放大。例如，用户读取 1GB 数据，但实际从磁盘中读了 10GB 的数据，那读放大就是 10 倍。RocksDB 读操作从新到旧一层一层地进行查找，直到找到想要的数据。假设目标键值在第 3 层的某个 SST 文件中，并且前面的层次中没有包含该键的新版本值，那么为了读出该键值，需要一路遍历内存表、不可变内存表、第 0 层到第 2 层 SST 文件，以及第 3 层的部分 SST 文件。这样操作不可避免地会引入读放大，不过 RocksDB 采用了块缓存、布隆过滤器、后台合并等方式来减小读放大。

（2）写放大。

RocksDB 官方给出的写放大定义是实际写入磁盘的数据量与用户期望程序写入的数据量的比值。例如，用户写入 1GB 的数据，最终统计有 N GB 的数据写入磁盘，那么写放大就是 N 倍。这里不考虑 SSD 本身由于垃圾回收而导致的内部写放大，只观察 RocksDB 逻辑引入的写放大。

通过后台不停地合并 SST 文件，减少了读放大和空间放大，因为合并之后删除了无效数据，节省了空间，也减少了读操作需要查找的文件数，但合并操作带来了写放大的问题。除了合并操作会带来写放大，写预写式日志也会引入 1 倍的写放大。

写放大带来的负面影响也很明显，会降低磁盘实际可用的写带宽，缩短磁盘的使用寿命，还会影响读写性能并引起延时波动。因为后台合并的速度受限于磁盘带宽和处理器资源，如果不能及时处理写入的数据，那么当内存表空间不足时，RocksDB 会主动限制用户的写入请求，导致写性能下降。另外，如果合并使用了大量 CPU 资源和磁盘带宽，也会导致读性能下降。

（3）系统调用 fsync 的开销。

在写完预写式日志后，为了确保数据被真正持久化到磁盘中，需要调用 fsync。而 fsync 这个系统调用的开销是比较大的，下面的示例代码和执行结果展示了在使用和不使用 fsync 的情况下的性能差异。在笔者的测试环境中，调用 fsync 后，性能下降到 10%以下。当然，在实际程序中不可能只调用 fsync，大部分时间应该在执行业务逻辑，所以其性能影响不会这么明显，但这也是不可忽略的一个因素。

测试代码如下：

```
#include <stdio.h>
#include <unistd.h>
#include <sys/types.h>
#include <sys/stat.h>
#include <fcntl.h>
int main()
{
    int written = 0;
    int fd = open("fsync.data", O_RDWR | O_CREAT, 0666);
    char buf[1024*4] = {'x'};
    while(written <= 1024*1024*1024) {
        written += write(fd, buf, sizeof(buf));
#ifdef USE_FSYNC
        fsync(fd);
#endif
    }
    close(fd);
}
```

执行不调用 fsync 的程序，耗时约 0.36 秒。

```
[root@pmem nvme0n1]# gcc -O2 -o fsync_test -Wall fsync_test.c
[root@pmem nvme0n1]# time ./fsync_test
real    0m0.364s
user    0m0.009s
sys     0m0.354s
```

执行调用 fsync 的程序，耗时约 4 秒。

```
[root@pmem nvme0n1]# gcc -O2 -o fsync_test -Wall fsync_test.c -DUSE_FSYNC
[root@pmem nvme0n1]# time ./fsync_test
real    0m4.025s
user    0m0.007s
sys     0m1.006s
```

6.6.2 持久内存优化 RocksDB 的方式和性能结果

持久内存是一种介于内存和 NVMe 之间的产品，具有低延时、高吞吐、大容量、数据可持久化等特性。开发人员利用其低延时、高吞吐、大容量的特性，使用它替代内存作 RocksDB 的块缓存；利用其低延时和数据可持久化的特性，尝试把 RocksDB 的预写式日志保存到持久内存中；利用其低延时、高吞吐和数据可持久化的特性，尝试了键值分离的方案来缓解后台合并带来的写放大。相关代码已在 GitHub 上开源，欢迎大家参阅并完善它。下面通过具体实现和性能测试数据来了解这 3 种优化方式，在验证性能时，测试机器配置列表如表 6-4 所示。

表 6-4 测试机器配置列表

组件	型号	数量
处理器	Intel(R) Xeon(R) Platinum 8268 CPU @ 2.90GHz	1
内存	DDR4 2666 MT/s，16GB	6
持久内存	2666 MT/s，128GB	4
磁盘	Intel S3700 或 Intel P4600	2
OS	Fedora 29	1
Kernel	4.20.6	1

1. 用持久内存替代内存作块缓存

块缓存把数据缓存在 DRAM 中，是 RocksDB 提高读性能的一种方法。RocksDB 的使用者可以创建一个缓存对象并指定它的容量大小。块缓存存储的是非压缩数据块，使用者也可以设置另外一个块缓存来存储压缩的数据块。读数据时在非压缩块缓存中查找数据，如果没有，再去压缩数据块缓存中查找数据。一般在使用 Direct-IO 读文件时，会使用压缩数据块缓存替代系统页缓存。RocksDB 中有两种缓存的实现方式，分别为 LRUCache 和 ClockCache，默认使用 LRUCache，这两种缓存都会进行分片处理以降低锁竞争开销。

虽然持久内存的读写性能相比于内存还有一定的差距，但考虑到它的大容量特性，以及单位 GB 的价格远低于内存的价格，所以预期使用持久内存作块缓存是有收益的。

在 RocksDB v5.7.1 之前，如果使用持久内存替代内存作块缓存，需要改动较多文件中的内存分配和释放代码，容易有遗漏或出错。在 RocksDB v5.7.1 中引入了 MemoryAllocator 类，它允许用户为块缓存定义自己的内存分配器。

在下列代码中，实现了基于 MemoryAllocator 的 DCPMMMemoryAllocator，其中使用 memkind 库负责管理持久内存的空间，主要使用了 3 个 memkind 的 API。

```
int memkind_create_pmem(const char *dir, size_t max_size, memkind_t *kind);
```

在上述代码的参数中，dir 指定一个挂载了持久内存的目录；max_size 指定能使用的最大容量，如果设为 0，则表示不限制容量；kind 可以返回一个操作句柄，作为分配和释放函数的输入参数。

返回值表示操作成功或操作失败的错误码。

```
void *memkind_malloc(memkind_t kind, size_t size);
void memkind_free(memkind_t kind, void *ptr);
```

memkind_malloc 和 memkind_free 的使用方式类似于 libc 的 malloc 和 free，唯一的区别是 memkind_malloc 和 memkind_free 需要指定 kind 句柄。

```
class DCPMMMemoryAllocator : public MemoryAllocator {
 public:
  DCPMMMemoryAllocator(const std::string &path) {
    int err = memkind_create_pmem(path.c_str(), 0, &kind_);
    if(err) {
```

```cpp
      char error_message[MEMKIND_ERROR_MESSAGE_SIZE];
      memkind_error_message(err, error_message, MEMKIND_ERROR_MESSAGE_SIZE);
      fprintf(stderr, "%s\n", error_message);
      abort();
    }
  }
  const char* Name() const override { return "DCPMMMemoryAllocator"; }
  void* Allocate(size_t size) override {
    return memkind_malloc(kind_, size);
  }
  void Deallocate(void* p) override {
    memkind_free(kind_, p);
  }
 private:
  memkind_t kind_;
};
```

有了 DCPMMMemoryAllocator 后，就可以在使用 RocksDB 的程序中应用它了，以 db_bench 为例，在 tools/db_bench_tool.cc 的 NewCache 函数中，如果定义了使用持久内存作块缓存的宏，则替换默认的内存分配器来分配块缓存。

```cpp
    std::shared_ptr<Cache> NewCache(int64_t capacity) {
      if (capacity <= 0) {
        return nullptr;
      }
      if (FLAGS_use_clock_cache) {
        auto cache =
          NewClockCache((size_t)capacity, FLAGS_cache_numshardbits);
        if (!cache) {
          fprintf(stderr, "Clock cache not supported.");
          exit(1);
        }
        return cache;
      } else {
        LRUCacheOptions lruOptions;
#ifdef BC_ON_DCPMM
        auto dcpmm_memory_allocator =
    std::make_shared<DCPMMMemoryAllocator>(
                              FLAGS_dcpmm_block_cache_path);
```

```
    lruOptions.memory_allocator = dcpmm_memory_allocator;
#endif
    lruOptions.capacity = capacity;
    lruOptions.num_shard_bits = FLAGS_cache_numshardbits;
    lruOptions.strict_capacity_limit = false;
    lruOptions.high_pri_pool_ratio = FLAGS_cache_high_pri_pool_ratio;
    return NewLRUCache(std::move(lruOptions));
  }
```

为了验证使用持久内存替换内存作块缓存的效果，进行了以下测试。

（1）准备数据。

使用以下脚本，通过随机写灌入约 100GB 的数据集，键值大小分别为 32 字节和 1024 字节。

```
./db_bench --benchmarks="fillrandom"
 --enable_write_thread_adaptive_yield=false
 --disable_auto_compactions=false
 --max_background_compactions=32
 --max_background_flushes=4
 --threads=10
 --key_size=32
 --value_size=1024
 --num=$((1000*1000*100))
 --db=/mnt/s3700
 --enable_pipelined_write=true
 --allow_concurrent_memtable_write=true
 --batch_size=1
 --disable_wal=false
 --sync=true
```

（2）读测试脚本。

使用以下测试脚本进行随机读的测试，其中，use_direct_reads=true，以避免使用系统页缓存。cache_size 变量的值分别为数据集大小的 20%、40%、60%、80%和 100%。开源版 RocksDB 和测试版 RocksDB 如表 6-5 所示。

表 6-5　开源版 RocksDB 和测试版 RocksDB

开源版 RocksDB（使用 DRAM 作块缓存）	测试版 RocksDB（使用持久内存作块缓存）
./db_bench	./db_bench
--benchmarks="readrandom,stats"	--benchmarks="readrandom,stats"
--key_size=32	--key_size=32
--value_size=1024	--value_size=1024
--db=/mnt/s3700	--db=/mnt/s3700
--histogram=true	--histogram=true
--disable_wal=false	--disable_wal=false
--reads=$((1000*1000*10))	--reads=$((1000*1000*10))
--num=$((1000*1000*100))	--num=$((1000*1000*100))
--threads=100	--threads=100
--use_direct_reads=true	--use_direct_reads=true
--use_existing_db=true	--use_existing_db=true
--cache_index_and_filter_blocks = true	--cache_index_and_filter_blocks = true
--cache_size=$cache	--cache_size=$cache
	--dcpmm_block_cache_path=/mnt/pmem0

（3）读测试结果。

从图 6-15 中可以看出，使用持久内存作块缓存后，吞吐量和 P99 延时基本接近使用 DRAM 的情况，因此在持久内存比 DRAM 价格更低的情况下，用户可以通过使用持久内存替代 DRAM 来降低成本，或者在同等价格下使用更大容量的持久内存来提升性能。

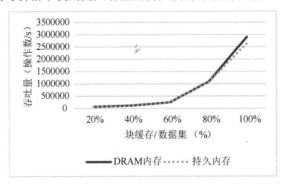

（a）分别使用 DRAM 内存和持久内存作块缓存时的吞吐量

图 6-15　RocksDB 块缓存测试

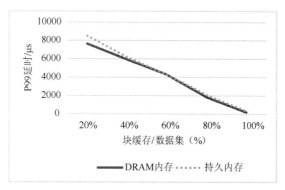

（b）分别使用 DRAM 内存和持久内存作块缓存时的 P99 延时

图 6-15　RocksDB 块缓存测试（续）

2. 使用持久内存优化预写式日志的写性能

在 RocksDB 中写入预写式日志有 3 种策略，不同的策略对宕机后数据丢失的影响程度不同。

（1）每条记录都刷盘：性能影响大，但数据最安全。

在对数据安全要求很高的情况下，可以设置 WriteOptions::sync 为 true，这样在每次写操作后会立即把日志刷盘，具体实现如下所示。

```
bool need_log_sync = write_options.sync;
bool need_log_dir_sync = need_log_sync && !log_dir_synced_;
…
Status DBImpl::WriteToWAL(const WriteThread::WriteGroup& write_group,
                   log::Writer* log_writer, uint64_t* log_used,
                   bool need_log_sync, bool need_log_dir_sync,
                   SequenceNumber sequence) {
 ...
 if (status.ok() && need_log_sync) {
  ...
  for (auto& log : logs_) {
   status = log.writer->file()->Sync(immutable_db_options_.use_fsync);
    if (!status.ok()) {
     break;
    }
  }
  ...
 }
```

```
    ...
}
```

可见，如果配置了 sync=true，则在写日志时会调用 sync 操作，最终会调用文件系统的 fsync，确保数据刷盘。

（2）配置刷盘的阈值：性能一般，数据丢失可控。

用户可以通过配置 DBOptions::wal_bytes_per_sync 的大小来减少调用 fsync 的频率。例如，当将 wal_bytes_per_sync 设置为 1MB 时，表示只有当未刷盘的数据大于 1MB 时，才会调用一次 fsync。

（3）由操作系统决定刷盘时机：性能最好，数据丢失最多。

操作系统中有较多因素会影响刷盘的时机，如用户可以配置缓存中的数据过期时间。

```
/proc/sys/vm/dirty_expire_centisecs
```

默认的数据过期时间值是 3000，单位是 1/100 秒，如果系统宕机，可能会丢失 30 秒的数据。

通过以上分析可知，RocksDB 的用户需要在性能和可容忍的数据丢失程度之间进行权衡，从中选择一种策略。针对此问题，这里实现了基于持久内存的预写式日志，避免了 fsync 的开销，使用户可以在不丢失数据的情况下获得最佳的性能，具体实现如下。

```cpp
class DCPMMEnv : public EnvWrapper {
    …
    Status NewWritableFile(const std::string& fname,
                           std::unique_ptr<WritableFile>* result,
                           const EnvOptions& env_options) override;
    Status DeleteFile(const std::string& fname) override;
    …
}
Status DCPMMEnv::NewWritableFile(const std::string& fname,
                                 std::unique_ptr<WritableFile>* result,
                                 const EnvOptions& env_options) {
    if (!IsWALFile(fname)) {
        //对于非预写式日志，沿用默认的文件操作类
        return EnvWrapper::NewWritableFile(fname, result, env_options);
    }
    …
```

```cpp
//通过内存映射的方式创建或打开预写式日志
status = DCPMMWritableFile::Create(fname, &file, options.wal_init_size,
                                   options.wal_size_addition);
…
}
class DCPMMWritableFile : public WritableFile {
public:
    // this flag strictly requires the file system to be on DCPMM
    static const int MMAP_FLAGS = MAP_SHARED_VALIDATE | MAP_SYNC;
    static Status Create(const std::string& fname,
                    WritableFile** p_file,
                    size_t init_size, size_t size_addition) {
       …
       int fd = open(fname.c_str(), O_CREAT | O_EXCL | O_RDWR);
       …
       //内部会调用 mmap
       return MapFile(fd, init_size, size_addition, p_file);
    }
    …
}
```

以上代码实现了基于 EnvWrapper 的 DCPMMEnv 类，会判断操作的文件是否为预写式日志，如果是，就使用 DCPMMWritableFile 类。在 DCPMMWritableFile 中，使用 mmap 的方式打开日志文件。同时，因为持久内存使用 dax 文件系统，所以在把数据复制到日志文件所在的地址空间后，只需要调用 clflush 类指令把数据从处理器的缓存刷入持久内存就可以了，从而避免了调用 fsync 或 msync 的开销。为了验证优化的效果，进行了以下测试。

（4）测试脚本。

开源版 RocksDB 和测试版 RocksDB 如表 6-6 所示。

表 6-6　开源版 RocksDB 和测试版 RocksDB

开源版 RocksDB（fwrite+fsync 写 WAL）	测试版 RocksDB（mmap+clflush 写 WAL）
./db_bench --benchmarks="fillrandom"	./db_bench --benchmarks="fillrandom"
--disable_auto_compactions=true	--disable_auto_compactions=true
--max_background_flushes=4	--max_background_flushes=4
--threads=100	--threads=100

续表

开源版 RocksDB（fwrite+fsync 写 WAL）	测试版 RocksDB（mmap+clflush 写 WAL）
--key_size=32	--key_size=32
--value_size=1024	--value_size=1024
--num=$((1000*1000*100))	--num=$((1000*1000*100))
--db=/mnt/p4600	--db=/mnt/p4600
--enable_pipelined_write=true	--enable_pipelined_write=true
--allow_concurrent_memtable_write=true	--allow_concurrent_memtable_write=true
--batch_size=1	--batch_size=1
--disable_wal=false	--disable_wal=false
--sync=true	--sync=true
	--wal_dir=/mnt/pmem0
	--dcpmm_enable_wal=true

（5）测试结果。

在上述测试中，为了观察使用 mmap+clflush 的方式写预写式日志的性能，禁用了 RocksDB 的后台自动合并操作，以避免合并带来的干扰。从图 6-16 中可以看出，吞吐量大约从 300 万增加到了 400 万。

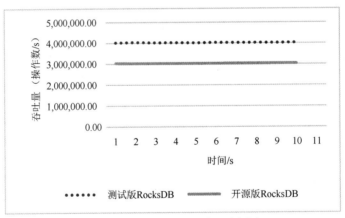

图 6-16　RocksDB 预写式日志测试

3. 使用持久内存缓解写放大

RocksDB 的合并操作带来了写放大，在很多场景下，系统中的磁盘 I/O 带宽只有不到 1/10

是真正有效的带宽，余下的带宽都用于合并操作了。针对这个问题，学术界也提出了一些方案，如在 WiscKey: Separating Keys from Values in SSD-conscious Storage 论文中，把 SST 文件里的键和较大的值分开存储。

- 把较大的值按照一定的结构保存在一个文件中，每个值都有一个引用，这样就可以根据引用找到值的内容。
- 在 SST 文件中保存键和值的引用。

这种方式能减小写放大是因为在合并过程中，不需要在多层之间移动完整的值的内容，只需要移动值引用即可，值引用通常只有十几字节，因此对于值比较大的情况，能减小写放大。不过这种方案会引入新的写放大，当值文件中有效的值的大小低于一定阈值后，需要进行垃圾回收的操作，以减小空间放大，但会带来写放大。因此提出了利用持久内存的持久化和内存特性来改善键值分离，更好地控制写放大，同时不需要修改 RocksDB 的 API，从而使用户程序更容易集成和测试。具体实现主要包含以下几方面。

（1）值到值引用的转换。

为了保持 RocksDB 的 API 不变，没有选择为值引用增加一种新的数据操作类型，而是在 WriteBatch::Put 中增加了处理逻辑，需要判断值的大小，如果值大于阈值，则调用 KVSEncodeValue，把值转换为值引用，否则仍使用原始值。在 KVSEncodeValue 函数中，使用 libpmemobj 从持久内存中分配空间，把值持久化复制到其中，再返回值引用。

```
if (KVSEnabled() && (value.size() >= thres) &&
  KVSEncodeValue(value, compress, &ref, &pact)) {
 b->act_.push_back(pact);
 PutLengthPrefixedSlice(&b->rep_, Slice((char*)(&ref), sizeof(ref)));
} else {
 ref.hdr.encoding = kEncodingRawUncompressed;
 PutLengthHdrPrefixedSlice(&b->rep_, &(ref.hdr), value);
}
```

因为在 Put 中已经把值转换为值引用了，所以后续写预写式日志时只需要写值引用，减小了写预写式日志带来的一倍的写放大。同时，插入内存表的值也变小了，提高了内存表的插入性能。

（2）持久内存空间回收。

在进行合并操作时，需要判断当前迭代器对应的键是否需要写入新合并生成的文件，对于不需要加入新合并生成的文件的键值，如果是值引用，则需要释放它使用的持久内存空间。因为合并后，被合并的文件会被删除，相应的值引用也会被删除。如果值引用没有被写入新合并生成的文件，那对应的持久内存空间就不再被应用程序引用，需要释放空间。

过滤掉那些不需要加入新合并生成的文件的键值的逻辑比较复杂，基本包括以下几种：如果是一个 kTypeDeletion 类型的键，则不用写入新合并生成的文件；如果是一个旧键，并且它不属于任何系统快照，则不用写入新合并生成的文件；如果一个键值设置了 TTL，并且时间过期了，它也不会写入新合并生成的文件。

相关代码主要在 CompactionIterator::NextFromInput()函数中，迭代器会从需要被合并的文件中找出每个键值，然后根据前面提到的条件来判断是否需要写入新合并生成的文件。对于不再需要的值空间，使用下列代码进行释放。

```
if (ikey_.type == kTypeValue) KVSFreeValue(value_);
//KVSFreeValue 会检查编码类型，然后调用 pmemobj_free 释放持久内存的空间
static void FreePmem(struct KVSRef* ref) {
  PMEMoid oid;
  oid.pool_uuid_lo = pools_[ref->pool_index].uuid_lo;
  oid.off = ref->off_in_pool;
  pmemobj_free(&oid);
  if (!dcpmm_is_avail_) {
    if ((dcpmm_avail_size_ += ref->size) > dcpmm_avail_size_min_) {
      dcpmm_avail_size_ = 0;
      dcpmm_is_avail_ = true;
    }
  }
}
void KVSFreeValue(const Slice& value) {
  auto* ref = (struct KVSRef*)value.data();
  if (ref->hdr.encoding != kEncodingRawCompressed &&
      ref->hdr.encoding != kEncodingRawUncompressed) {
    FreePmem(ref);
  }
}
```

（3）值引用到值的转换。

在 DBImpl::GetImpl()和 DBIter::value()函数中，如果是值引用，需要把其转换成值。例如，在 GetImpl 中，首先要判断 Get 调用是否成功及是否找到了键值，然后调用 KVSDecodeValueRef 把值引用转换成值。

```
    sv->current->Get(read_options, lkey, pinnable_val, &s,
                &merge_context, &max_covering_tombstone_seq,
                value_found, nullptr, nullptr,
                callback, is_blob_index);
  if (s.ok() && value_found) {
    KVSDecodeValueRef(pinnable_val->data(), pinnable_val->size(),
                pinnable_val->GetSelf());
    if (pinnable_val->IsPinned()) {
      pinnable_val->Reset();
    }
    pinnable_val->PinSelf();
  }
void KVSDecodeValueRef(const char* input, size_t size, std::string* dst) {
  assert(input);
  auto encoding = KVSGetEncoding(input);
  const char* src_data;
  size_t src_len;

  if (encoding == kEncodingPtrUncompressed ||
      encoding == kEncodingPtrCompressed) {
    // 编码类型是值引用
    assert(size == sizeof(struct KVSRef));
    auto* ref = (struct KVSRef*)input;
    // 获取值在持久内存中的地址和长度
    src_data = (char*)pools_[ref->pool_index].base_addr +
            ref->off_in_pool + sizeof(struct KVSHdr);
    src_len = ref->size;
  }
  else {
    // 编码类型是原始数据
    assert(encoding == kEncodingRawUncompressed ||
        encoding == kEncodingRawCompressed);
    assert(size >= sizeof(struct KVSHdr));
```

```cpp
    // 去掉数据头部的编码信息，得到原始数据
    src_data = input + sizeof(struct KVSHdr);
    src_len = size - sizeof(struct KVSHdr);
}
if (encoding == kEncodingRawUncompressed ||
    encoding == kEncodingPtrUncompressed) {
    // 对于非压缩的数据，直接赋值返回
    dst->assign(src_data, src_len);
}
else
{
    // 对于压缩的数据，解压后赋值返回
    assert(encoding == kEncodingRawCompressed ||
        encoding == kEncodingPtrCompressed);
    size_t dst_len;
    if (Snappy_GetUncompressedLength(src_data, src_len, &dst_len)) {
        char* tmp_buf = new char[dst_len];
        Snappy_Uncompress(src_data, src_len, tmp_buf);
        dst->assign(tmp_buf, dst_len);
        delete tmp_buf;
    } else {
        abort();
    }
}
```

为了验证键值分离的效果，进行了以下测试，开源版 RocksDB 和测试版 RocksDB 如表 6-7 所示。

（4）测试脚本。

表 6-7　开源版 RocksDB 和测试版 RocksDB

开源版 RocksDB	测试版 RocksDB（键值分离优化+WAL 优化）
./db_bench --benchmarks="fillrandom"	./db_bench --benchmarks="fillrandom"
--disable_auto_compactions=false	--disable_auto_compactions=false
--max_background_flushes=4	--max_background_flushes=4
--max_background_compactions=32	--max_background_compactions=32
--threads=100	--threads=100

续表

开源版 RocksDB	测试版 RocksDB（键值分离优化+WAL 优化）
--key_size=32	--key_size=32
--value_size=1024	--value_size=1024
--writes=$((1000*1000))	--writes=$((1000*1000))
--num=$((1000*1000*1000))	--num=$((1000*1000*100))
--db=/mnt/p4600	--db=/mnt/p4600
--enable_pipelined_write=true	--enable_pipelined_write=true
--allow_concurrent_memtable_write=true	--allow_concurrent_memtable_write=true
--batch_size=1	--batch_size=1
--disable_wal=false	--disable_wal=false
--sync=true	--sync=true
--min_level_to_compress=1	--min_level_to_compress=1
	--wal_dir=/mnt/pmem0
	--dcpmm_enable_wal=true
	--dcpmm_kvs_mmapped_file_fullpath= \\ /mnt/pmem0/kvs_value
	--dcpmm_kvs_mmapped_file_size= \\ $((1000*1000*1000*100))
	--dcpmm_compress_value=true

（5）测试结果。

从图 6-17 中可知，测试版 RocksDB 的吞吐量和 P99 延时明显优于开源版 RocksDB，并且振幅非常小。开源版 RocksDB 因为后台合并引入了写放大，阻塞了前台的写入请求，导致吞吐量和 P99 延时不稳定。

从以上测试结果可以看出，预写式日志和键值分离优化对 RocksDB 的写性能都有比较显著的改进，而使用持久内存可以提供高性价比的块缓存，尤其适用于需要较大读缓存的场景。另外，以上 3 种优化方式可以根据需要随意搭配使用，在目前的实现中，每个功能都可以在编译时选择是否引用，同时，每个功能还包含一些运行时的设置参数，具体请参考 GitHub 中的 README 文档。

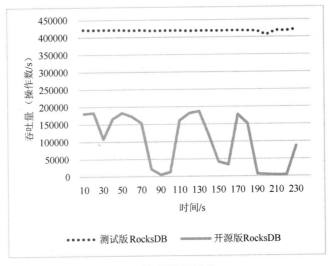

（a）随机写测试吞吐量

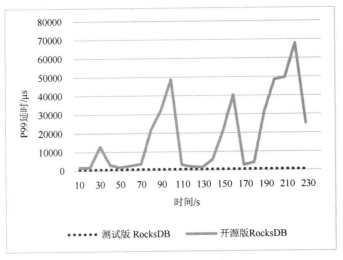

（b）随机写测试 P99 延时

图 6-17　RocksDB 键值分离测试

第 7 章
持久内存在大数据中的应用

> 本章将会深入探讨持久内存助力大数据的一些应用场景。首先简单阐述整个大数据分析和人工智能的技术栈，然后对不同的垂直技术领域具体分析相关的性能瓶颈及设计问题。通过引入持久内存的方案解决相应的技术瓶颈。通过相关的应用案例，希望用户能够对大数据分析和人工智能领域有更深入的认识，同时进一步理解持久内存对大数据应用的意义。

7.1 持久内存在大数据分析和人工智能中的应用概述

随着大数据分析技术的变革,在各个层面都涌现出了各种框架,涵盖计算存储的各个维度。与此同时,大数据分析任务也有了转变,从过去基于流式计算或批处理计算的单一场景模式转化为涵盖从数据预处理到数据分析再到人工智能的完整数据处理链的形式。就大数据分析而言,分析计算引擎从早期的 Map Reduce 两阶段式模型演进到以 Apache Spark 为代表的基于有向无环图的计算引擎,其对硬件的要求也从早期通过低配置的基于磁盘的机器组建的集群演化为高性能的基于内存计算的集群计算模型。特别是随着计算规模的增长,越来越多的计算任务受限于内存容量和 I/O 等方面的瓶颈。针对这些业界的常见问题,英特尔推出了持久内存来对内存和存储进行补充,对于内存而言,持久内存能够最大限度地扩展其容量,而对于存储而言,持久内存又带来了吞吐和延时上的性能提升。本章将介绍在大数据分析技术中,如何在不同层面、不同领域中使用持久内存来提升整体性能。

7.2 持久内存在大数据计算方面的加速方案

7.2.1 持久内存在 Spark SQL 数据分析场景的应用

OAP(Optimized Analytics Package)是由英特尔和百度联合开发的用于加速 Spark SQL 的开源软件。为优化 Spark SQL,OAP 主要提供了两项功能:数据索引和源数据缓存。其中,源数据缓存需要消耗大量的内存,而这正是持久内存的优势所在,本节主要介绍如何利用 OAP 和持久内存来加速 Spark SQL 的查询任务。

1. Spark SQL 介绍

Spark Core 是 Spark 的核心模块,其对分布式数据集进行了抽象,被称为弹性式数据集(Resilient Distributed Datasets,RDD),并提供基于 RDD 的编程接口。RDD 更像是一个可以分布在不同机器上的 Java 对象数组,它不关心每个对象的细节。Spark SQL 是构建在 Spark Core 上的一个用于处理结构化数据的模块,在 Spark SQL 中,对每个数据的每个字段都进行了更详细的描述,把数据抽象成了一个分布式的二维表。这样不仅可以更好地管理这些数据,也可以基于这些描述对数据做更多的计算优化。相对于 Spark Core 模块提供的 RDD 编程接口,Spark SQL 提供了更友好的结构化编程接口 DataSet(DataFrame 是一种特殊的 DataSet)和 SQL,这两种编程接口都是构建在 Spark SQL 查询优化器（Catalyst）上的。查询优化器会对用户提交的程序进行解析，生成抽象语法树 AST，然后通过一系列的优化操作，最终将操作应用到底层的弹性式数据集（RDD）上。图 7-1 所示为 Spark 组件图，结构化数据集是以 RDD 为基础构建的，但是增加了更详细的描述信息，Spark 基于结构化编程接口构建了流计算 Structured Streaming、机器学习（MLlib）和图计算 GraphX 等模块。

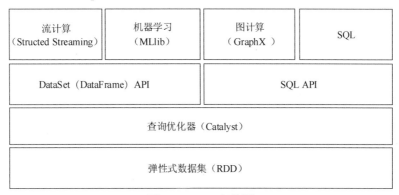

图 7-1　Spark 组件图

大多数 Spark SQL 查询任务的流程如下。

（1）通过 spark-submit 脚本提交 Jar 任务包。

（2）向资源管理系统申请资源，启动 Spark 的调度进程 Driver。Driver 向资源调度系统申请计算资源，并启动计算进程。

（3）查询语句提交到 Spark 的查询优化器上，查询优化器进行解析、优化、转换、查询操作。

（4）读取源数据生成弹性式数据集 RDD，如从分布式文件系统 HDFS 中读取数据生成 Hadoop RDD。

（5）将优化和转换后的操作应用到弹性式数据集 RDD 上。

（6）返回或保存查询结果。

（7）释放资源。

当在 Spark 上进行即席查询时，我们往往利用 Spark 集群进行 SQL 查询服务，因此，Spark 的调度进程和计算进程会常驻运行。在即席查询过程中，一个查询任务往往只需执行上述的(3)、

(4)、(5)和(6)四个步骤,因此减少了申请、释放资源,以及启动进程的时间。

2. OAP 介绍

Spark SQL 查询任务往往是从读取数据开始的,因此源数据读取的性能直接影响着整个任务执行的效率。随着分布式架构的演进,大型公司越来越多地采用将计算和存储分离的架构,而中小型公司更多地运行在云环境中。在这些新型架构和云上作业中,往往只需要通过网络从远端读取源数据,这为 Spark 的即席查询带来了新的挑战。在百度的生产实践中,他们发现即席查询作业存在两个特点。

(1)待查询的数据很少会更新改动。

(2)查询作业需要访问的数据中存在热点数据。

针对以上两个特点,英特尔在 OAP 里设计和实现了两个优化方法:减少不必要的数据读取,这样可以降低网络读取源数据带来的性能影响;减少或避免不必要的访问,OAP 提供了索引功能,提供了依靠索引快速访问数据的能力。第一个优化方法在数据读取端实现了一个 LRU 的缓存,通过缓存数据将通过网络读取数据转换为从本地进程读取数据。图 7-2 所示为 OAP 的架构图。

图 7-2 OAP 的架构图

源数据是缓存在计算进程中的,因此只有常驻进程才有效,而这也正符合即席查询的特点。通过 Spark Thrift Server 或 Spark Shell 提供的服务可以实现调度进程 Driver 和计算进程常驻。

OAP 实现了一个统一的缓存数据适配器，通过这个适配器，可以读取 Parquet、ORC 和 OAP 等列式存储格式的数据并增加缓存的功能，使缓存的数据具有统一的数据格式。通过拓展 Spark 的查询优化器 Catalyst，可以在不改变现有代码的情况下使用这种缓存功能，并且 Catalyst 会根据缓存和索引进行相应的优化工作。在 OAP 中，可以只使用索引或源数据缓存，也可以将索引和源数据缓存结合使用，这些优化方法可以显著降低通过网络读取源数据对即席查询吞吐量和延时的影响。

3. 持久内存在 OAP 中的应用

OAP 缓存的数据是存储在 Spark 进程中的，与此同时 Spark 计算任务本身也需要很大的内存，所以对内存的需要也大大增加。持久内存可以提供更大的存储空间这一特点正好满足 OAP 和 Spark 对内存的需求。Spark SQL 的定位是基于 Spark 提供的一种分析型分布式系统的，主要用于处理 OLAP 业务。相比于传统数据库提供的 OLTP 业务处理，OLAP 业务需要处理的数据规模更大且计算任务更复杂。但是列式存储格式的数据有着灵活的数据读取和高压缩比的特点，因此更适用于 Spark SQL 这种 OLAP 的业务处理。OAP 中的缓存就是针对列式存储格式设计的，在 OAP 中缓存的最小的粒度是指定数量或指定大小的一列数据，称为 Fiber，该列数据具有相同的数据格式，因此可以很容易地计算出其所需要的内存空间，可以用一个 Java 数组或连续的内存块来存储。由于 Spark 是运行在 JVM 中的，将大量的数据缓存在堆内并进行 LRU 更新会导致较为严重的垃圾回收问题，所以 OAP 中的数据都存储在 JVM 的堆外（OFF_HEAP）。对于内存，采用 Java 的 Unsafe 对象来分配和释放堆外的内存，而对于持久内存，通过前面介绍的 Memkind 在持久内存上分配和释放非持久化的内存空间，并且返回同属于当前进程的地址空间。对于处理这些内存块来说，并不需要关心它们是内存地址还是持久内存地址，这也简化了实现过程。如图 7-3 所示，在每个 Spark 的计算进程中还维护了一个叫 FiberCacheManager 的对象，它维护了 Fiber 和持久内存地址或内存地址的映射。

每个 FiberCacheManager 都会通过心跳机制把已缓存数据的信息更新到调度进程 Driver 中，在 Driver 中，通过一个叫 FiberSensor 的对象维护每个计算进程中缓存的数据。在 Driver 进程中进行任务调度时，就可以参考这些已缓存数据的分布，尽可能地将计算任务调度到已有缓存数据的计算进程中进行任务处理。OAP 缓存实现图如图 7-4 所示，每个计算任务都会首先尝试从缓存中读取数据，如果命中则读取缓存的数据，如果未命中则加载数据并更新缓存，通过这种缓存功能可以极大地降低即席查询读取数据的时间。

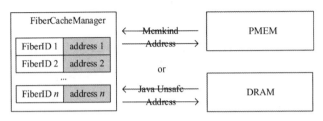

图 7-3　FiberCacheManager 示意图

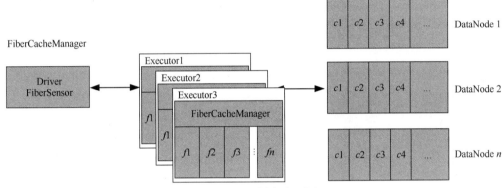

图 7-4　OAP 缓存实现图

4. 持久内存在 OAP 中的应用

决策支持场景是用来测试 SQL 引擎性能的标准工具，决策支持场景提供了很多复杂的查询语句来测试 SQL 引擎性能。这里选取了 9 条需要读取大量源数据的查询语句（Query19、Query42、Query43、Query52、Query55、Query63、Query68、Query73、Query98），同时选择相同价格的 DRAM 内存与持久内存来测试性能的提升。由于持久内存可以提供更大的内存空间，因此分别对比了 DRAM 内存与持久内存在以下三种场景中的表现：两者都可以缓存热点数据；持久内存可以完全缓存热点数据，DRAM 内存只可以缓存部分热点数据；两者都只可以缓存部分热点数据。上述测试分别对应的数据规模为 2TB、3TB 和 4TB，将 9 条语句并发提交到 Spark ThriftServer 提供的 SQL 服务中来进行测试。

当数据规模为 2TB 时，9 条 SQL 语句需要的热点数据都可以缓存在持久内存和 DRAM 提供的存储空间中，2TB 数据规模的测试结果如图 7-5 所示。从 GEOMEN 来看，持久内存相较于 DRAM 内存慢了 33%。

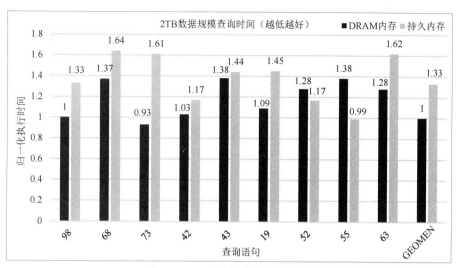

图 7-5　2TB 数据规模的测试结果

当数据规模为 3TB 时，由于持久内存可以提供更大的存储空间，所以所有的热点数据都可以缓存在持久内存中，这时从 GEOMEN 来看，持久内存的性能为 DRAM 内存的 8.59 倍，如图 7-6 所示。

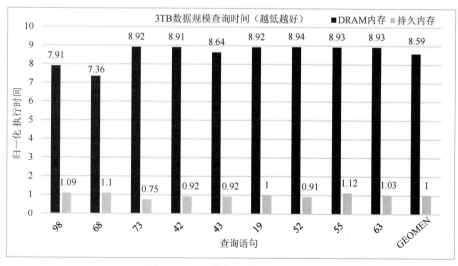

图 7-6　3TB 数据规模的测试结果

当数据规模为 4TB 时，由于热点数据已经大于两者可以提供的存储空间，因此它们都只能缓存部分热点数据，此时从 GEOMEN 来看，持久内存的性能为 DRAM 内存的 1.66 倍，如图 7-7 所示。

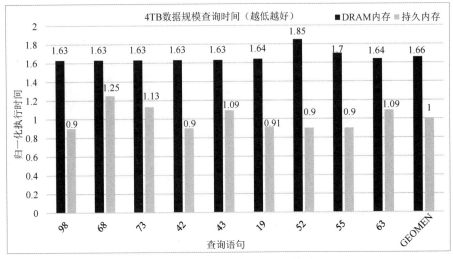

图 7-7 4TB 数据规模的测试结果

持久内存分别选取了不同规模的数据来衡量其本身提供的大内存给即席查询带来的性能影响，从测试结果来看，即使相较于 DRAM 内存，持久内存的性能有所下降，但是在即席查询中，大内存的优势仍可以弥补下降的性能，甚至提供更优的性能。

7.2.2 持久内存在 MLlib 机器学习场景中的应用

MLlib 提供了常用机器学习算法的实现库，包括聚类分类算法、回归算法、协同过滤算法等，Spark MLlib 架构如图 7-8 所示。使用 MLlib 来进行机器学习的工作非常简单，通常只需要对源数据进行处理，再调用相应的 API 即可实现。

在此选择 KMeans 算法进行分析，因为 KMeans 算法有比较明显的读写阶段，便于查看内存在各个阶段的性能指标；另外在大数据集群中，此算法是很容易进行并行计算的。KMeans 是一种无监督的聚类算法，正所谓"物以类聚，人以群分"，在大量的数据集中必然存在相似的数据点，从而可以将本身没有类别的样本聚集成不同的群体（cluster）。KMeans 以其简单的算法思想、较快的聚类速度和良好的聚类效果而被广泛应用。在推荐系统、垃圾邮件过滤和网络异常检测等领域都可以看到 KMeans 的身影。

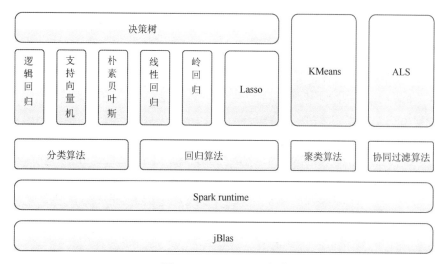

图 7-8 Spark MLlib 架构

KMeans 算法的主要步骤如下所示。

（1）选定 K 个中心点。选择中心点的算法有很多，此处采用随机选取的方法。

（2）构建 cluster。对训练集中的每个样本点分别计算其到 K 个中心点的距离，并将其指配给离它最近的那个中心点 cluster。

（3）重新计算每个 cluster 的中心点。对属于同一个 cluster 的所有样本点，计算其平均值作为该 cluster 的新的中心点。

（4）根据新的 K 个中心点，重复步骤（2）和步骤（3），直至误差小于指定阈值或达到迭代次数。

从宏观上看，KMeans 聚类的过程可以分为两个阶段：第一个阶段是把数据从外部加载进来；第二个阶段是算法实现的迭代阶段。数据加载阶段将数据从外部加载到计算节点的存储系统中（DRAM、持久内存、硬盘），这个过程对应于把数据写入相应的存储介质中，内存写带宽（memory write bandwidth）和网络带宽（network bandwidth）通常是这个阶段的性能瓶颈。第二个阶段对保存在存储介质中的数据进行迭代计算，根据 KMeans 的算法特点可知，这个过程对应大量样本数据的读取计算，但并不需要更改这些样本数据本身（写操作很少，虽然需要更新中心点，但中心点的数量通常较小，这部分操作可以忽略），CPU 的能力通常是这个阶段的性能瓶颈。从 Kmeans 任务运行过程中可以明显看出这两个阶段 CPU 的使用情况，如图 7-9 所示。

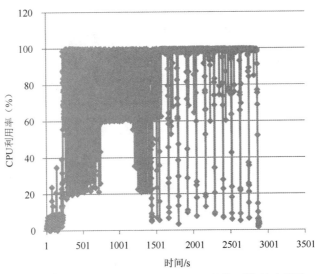

图 7-9 KMeans 任务运行过程中 CPU 的使用情况示意图

在 KMeans 算法实现的过程中,如果数据样本不能完全保存在内存中,会发生什么情况呢?图 7-10 和 7-11 所示为两个数据集的运行情况,图 7-10 中的数据集可以全部放入 DRAM 中,图 7-11 中的数据集不能全部放入 DRAM 中。从 IO 请求数目可以看出,当数据不能全部放入 DRAM 中时,数据迭代计算过程中要不停地访问磁盘去读取数据,原先保存在 DRAM 中的数据也要不停地溢写到磁盘中,以腾出空间存储新数据,每一轮迭代都要重复这个过程。

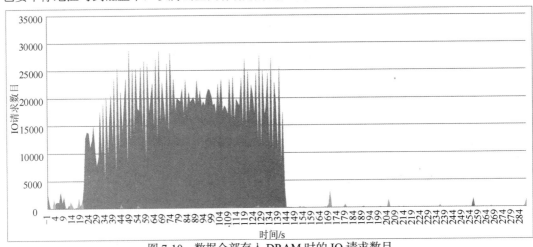

图 7-10 数据全部存入 DRAM 时的 IO 请求数目

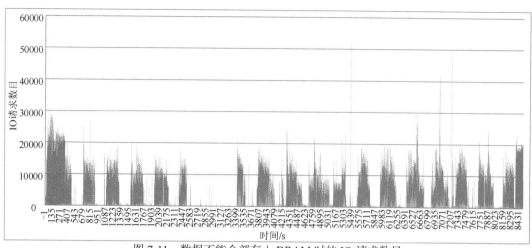

图 7-11 数据不能全部存入 DRAM 时的 IO 请求数目

从实验来看，数据集只增大了 3 倍，可是运行时间却增加了 30 倍，垃圾回收时间与总运行时间的占比从 15%增加到 47%，约有一半的时间浪费在了垃圾回收上。由于内存不够而导致的数据频繁溢写（spill）和垃圾回收使得运行时间急剧增长。传统 DRAM 的单条容量范围基本为 16～64GB，而持久内存目前可以提供 128GB、256GB 和 512GB 的单条容量，最大可以达到每颗微处理器 3TB 的容量。持久内存提供的海量存储很适合解决内存瓶颈问题。下面来看一看如何利用持久内存来加速 Spark 应用。

首先来看 Spark 的内存管理，自 Spark 1.6 之后引入了统一内存管理，包括了堆内内存（on-heap memory）和堆外内存（off-heap memory）两部分。堆内内存的分配释放及引用关系都由 JVM 进行管理，内存使用严重依赖 JVM 的 GC；堆外内存不在 JVM 内申请内存，而是调用 Java 的 Unsafe API 直接操作这部分内存，减少了不必要的内存开销，也避免了频繁的垃圾回收，提升了处理性能。

Spark 统一内存管理机制如图 7-12 所示，逻辑上可以将其划分为 4 个内存区域。

（1）存储内存（Storage Memory）。主要用于存储 Spark 的缓存数据，如 RDD 的缓存、广播数据等。通过扩展这部分内存，可以将数据缓存至持久内存中。

（2）执行内存（Execution Memory）。主要用于缓存 shuffle、join、sort 和 aggregation 等计算过程产生的中间数据。

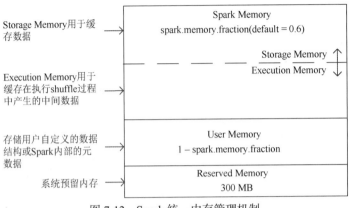

图 7-12　Spark 统一内存管理机制

（3）用户内存（User Memory）。用于存储用户自定义的数据结构或 Spark 内部的元数据。

（4）预留内存（Reserved Memory）。系统预留的内存，固定大小为 300MB。

将持久内存配置为 AD 模式，采用跟堆外内存类似的方式来扩展存储内存，把数据缓存到持久内存上。通过扩展存储等级和统一内存管理机制中的 acquireStorageMemory() 等方法，可以指定将 RDD 缓存到持久内存中，扩展一个名为 PMEM 的 StorageLevel 以将数据缓存至持久内存中，具体代码如下所示。

```
object StorageLevel {
  val NONE = new StorageLevel(false, false, false, false, false)
  val DISK_ONLY = new StorageLevel(true, false, false, false, false)
  val DISK_ONLY_2 = new StorageLevel(true, false, false, false, false, 2)
  …
  val OFF_HEAP = new StorageLevel(true, true, true, false, false, 1)
  val PMEM    = new StorageLevel(true, true, false, true, false, 1)
```

下面针对 3 个数据集来查看不同缓存策略下 KMeans 算法的性能，如表 7-1 所示。

表 7-1　不同缓存策略下 KMeans 算法的性能

StorageLevel	数　据　集	测　试　结　果
堆内内存（A）	数据可以缓存进所有存储方式中	堆内内存的性能最好，因为在这种情况下，数据保存在堆内内存中，不需要进行序列化和反序列化的操作。堆外内存和持久内存的结果类似

续表

StorageLevel	数 据 集	测 试 结 果
堆外内存（B）	数据集大小是 A 的 3 倍，数据不能完全放入堆内内存，但能完全放入堆外内存和持久内存中	堆外内存和持久内存的结果类似，性能最好，数据集扩大了 3 倍，运行时间增长了 3 倍；堆内内存的性能急剧恶化，运行时间增长了近 30 倍，绝对运行时间是堆外内存和持久内存的 6 倍
持久内存（C）	数据集大小是 B 的 1.5 倍，数据不能完全放入堆内内存和堆外内存，但能完全放入持久内存中	持久内存的性能最好，运行时间增长了 1.5 倍；堆外内存和堆内内存的性能恶化，运行时间增长了 2 倍

从测试结果来看，当数据能被完全缓存时，使用持久内存的性能与使用堆外内存类似，运行时间呈线性增长；当堆内内存和堆外内存都不能完全保存数据时，其性能都会恶化，堆内内存的恶化尤其严重，主要是数据频繁地溢写到磁盘和垃圾回收导致的。持久内存提供的海量内存为大数据应用提供了真正的内存计算，如机器学习框架 H2O，如果数据超出内存容量就不能继续进行计算任务，除非修改算法，裁剪数据集或扩大计算集群，而应用持久内存，无须进行任何修改就能处理更大的数据集。

另外，在使用持久内存的过程中，是否用 NUMA 绑定持久内存写操作对运行有较明显的性能影响，进行 NUMA 绑定之后，甚至会带来 2 倍的性能提升。

从图 7-13 和图 7-14 中可以看出，进行 NUMA 绑定之后，本地 NUMA 节点内存的读比例接近 100%，绝大多数远端 NUMA 节点内存的读比例都在 10%以下，可见进行 NUMA 绑定之后，成功地将大多数访问限制在了本地。另外，比较持久内存的写带宽也可以看出，未进行 NUMA 绑定时，如果有较多远端数据访问，写带宽较低（2Gbit/s）；进行 NUMA 绑定后，远端数据访问减少，写带宽提升明显（约提升 5Gbit/s）。因此建议在使用持久内存时进行 NUMA 绑定，以获得更好的性能。

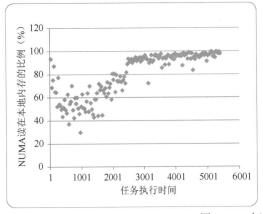 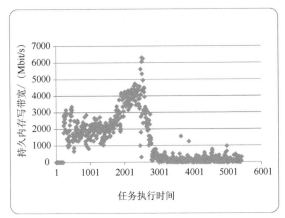

图 7-13 未进行 NUMA 绑定

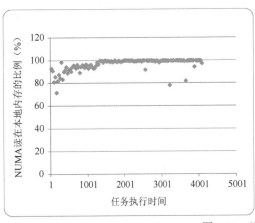 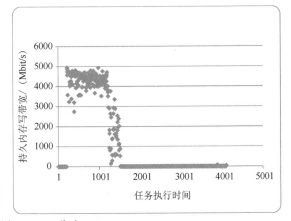

图 7-14 进行 NUMA 绑定

7.2.3 Spark PMoF：基于持久内存和 DRAM 内存网络的高性能 Spark Shuffle 方案

1. Spark Shuffle 概述

Spark 的不同 RDD 之间的依赖关系分为窄依赖和宽依赖。窄依赖指父 RDD 分区和子 RDD 分区是一对一的关系；宽依赖是指父 RDD 分区和子 RDD 分区是一对多的关系。子 RDD 分区从父 RDD 分区拉取数据的过程称为 Shuffle。Shuffle 的概念最早在 Google 的 MapReduce 框架中被提出。为了方便理解，本书沿用了 MapReduce 框架中的一些概念。在 Spark Shuffle 中，父 RDD 进行数据处理的过程为 map，子 RDD 进行数据处理的过程为 reduce，父 RDD 进行数据处理的节点为 mapper 节点，子 RDD 进行数据处理的节点为 reducer 节点。因为父 RDD 分区和子 RDD

分区是一对多的关系，所以 Spark 需要在 map 阶段计算出每个父 RDD 的数据块对应哪个子 RDD 分区。子 RDD 分区可能依赖不同节点的父 RDD 分区，所以 reducer 节点从 mapper 节点拉取数据可能会造成网络 I/O 和磁盘 I/O。

Spark 2.3 支持 3 种 Shuffle 策略，分别是基于哈希的 BypassMergeSortShuffle、基于 sort 的 SortShuffle、基于字节 sort 的 UnsafeShuffle。Spark shuffle 包括 map 和 reduce 过程，这 3 种 Shuffle 策略的不同体现在 map 阶段。对于 reduce 过程，每个执行器（executor）处理对应子 RDD 分区的数据。如果对应分区的数据在本节点，则直接通过文件系统读取；如果对应分区的数据在其他节点，则需要通过网络拉取对应的数据，一旦拉取到数据，再根据用户定义的算子处理数据。如果该 RDD 和它的子 RDD 是窄依赖关系，那么在节点处理数据；如果它们是宽依赖关系，则进入下一轮的 Shuffle。

BypassMergeSortShuffle 由 Spark 较早版本的 HashShuffle 演进而来。假如父 RDD 有 N 个分区（分区数量等于任务数量），子 RDD 有 M 个分区，mapper 节点的数量为 K，对于 BypassMergeSortShuffle 的 map 过程，每个执行器对每个 RDD 分区都会在本地文件系统创建 M 个文件用于存储父 RDD 对应的子 RDD 分区的数据。每条记录（record）都会对 key 值进行哈希计算，然后根据哈希值存储到 M 个文件中的一个。可以计算出文件的总数量为 $N×M$，单个 mapper 节点中用于 Shuffle 的文件数量为 $N×M/K$。HashShuffle 是最容易理解的 Shuffle 方式，它的性能取决于 Shuffle 的子 RDD 分区的数量和父 RDD 分区的数量。根据前面的分析可知，大量分区数量会导致产生大量小文件，而大量小文件又会影响文件系统的性能。同时，在传统架构中，Shuffle 数据往往存储在 HDD 盘中，大量小文件会导致大量随机 I/O，而大量随机 I/O 在 map 和 reduce 过程中会降低 Shuffle 磁盘 I/O 的性能。

Spark 1.2.0 版本加入了 SortShuffle 就是为了解决大量小文件的问题，在 map 过程中引入了 merge-sort。数据不是直接写入子 RDD 分区对应的文件中，而是读取每条记录到内存中，然后在内存中根据子 RDD 分区对每条记录进行排序，最后将其存储到一个大文件中。通常内存不可能存放所有的父 RDD 数据，一旦内存超过阈值，就会触发 spill 操作，把内存中的 RDD 数据刷新到非易失性磁盘中，然后释放内存，用于存放之后的记录。最后对 spill 文件中的记录和内存中的记录进行 merge-sort，并将其写入一个大文件，存储在本地磁盘中。最终每子 RDD 只会产生一个大文件，在 Shuffle 过程中，总的文件数量为 N（小于 HashShuffle 中的 $N×M$），每个 mapper

节点中用于 Shuffle 的文件数量为 N/K（小于 HashShuffle 中的 N×M/K）。Spark 中的每条记录都是一对键值对，为了进一步优化 Shuffle 的性能，在 SortShuffle 的 map 过程中引入对相同 key 的记录的聚合和针对每条记录 key 的排序，这样可以进一步减少 Shuffle 的数据量，进而减少磁盘 I/O 和网络 I/O。SortShuffle 适合 RDD 分区较多的工作负载，相比于 HashShuffle，SortShuffle 产生更少的 Shuffle 文件，在一定程度上避免了小文件过多的问题。同时在 reduce 阶段，顺序读取排好序的子 RDD 分区记录对 HDD 磁盘更加友好，并引入了内存排序操作：spill 和 merge-sort，但是内存排序会额外占用 CPU，并增大 JVM GC 频率，这会影响到 Spark Shuffle 的性能。而 spill 和 merge-sort 操作最多会导致 Shuffle 数据一倍的写放大，带来更多的磁盘 I/O。

Spark 1.4.0 版本加入 UnsafeShuffle 优化了 SortShuffle。UnsafeShuffle 也是读取每条记录到内存中，然后在内存中根据子 RDD 分区对每条记录进行排序，只不过这里的内存是 JVM off-heap 内存，减少了 JVM GC 的压力。另外，在排序过程中，也对 CPU 缓存进行了优化，通过编码技术把分区号和每条记录的内存地址存放在 8 bytes 的空间中。如果有 spill 操作，UnsafeShuffle 还可以避免 spill 过程中的序列化和反序列化操作。但是 UnsafeShuffle 在使用上也有一定的限制，因为 UnsafeShuffle 对序列化的记录根据子 RDD 分区 ID 进行排序，所以不支持在 map 过程中对相同 key 的记录的聚合和对每条记录 key 进行排序。

不同的 Shuffle 方式适合不同的场景，具体使用哪种 Shuffle 方式由 Spark Shuffle Manager 统一分配，Spark Shuffle Manager 首先判断是否满足使用 BypassMergeSortShuffle 的两个条件。

（1）用户没有定义 map 过程中的聚合操作。

（2）子 RDD 分区的数量不超过分区数量阈值（BypassMergeThreshold）。

对于子 RDD 分区数较少的场景，HashShuffle 并不会带来大量小文件的问题，用户可以根据自己的应用需求设定 BypassMergeThreshold。此外，如果 Shuffle 磁盘对随机读写比较友好，也可以考虑使用 HashShuffle，这样可以避免 spill 引起的写放大，其前提是小文件数量不能过多，否则也会影响文件系统的性能。满足以上条件则可以使用 BypassMergeSortShuffle，如果不满足上述条件，则再判断是否满足使用 UnsafeShuffle 的 3 个条件，具体如下。

（1）序列化库支持在反序列化时重定位，因为 UnsafeShuffle 对序列化的数据排序会造成在反序列化时记录顺序发生变化。

（2）用户没有定义 map 过程中的聚合操作。

(3）子 RDD 分区的数量不超过 16777215。

满足以上条件，则可以使用 UnsafeShuffle，如果不满足，则使用 SortShuffle。

2. PMoF 概述

持久内存的应用领域非常广泛，如可以应用在大规模分布式系统中实现数据复制，可以采用计算和存储分离的框架扩充计算节点的内存，还可以构建一个统一的大容量内存池共享给不同的应用程序使用，这些使用场景都会涉及如何高效地访问远端持久内存这一问题。PMoF（Persistent Memory over Fabric）是一种高效利用远程持久内存（Remote Persistent Memory）的手段，它的出现有以下几点考量。

- 持久内存速度（尤其是读速度）非常快，而远程访问只需要低延时的网络。
- 持久内存带宽很大，需要高效的访问协议。
- 远程访问不能带来很大的额外开销，否则会丧失持久内存带来的速度和延时优势。

由于基于 RDMA（Remote Direct Memory Access）技术的高性能网络有高带宽、低延时、有稳定的流控等优点，采用 PMoF 技术可以更好地发挥持久内存在远程访问场景下的性能优势。

3. Spark PMoF 的设计与实现

Spark 的 Shuffle 过程是一个 CPU 和 I/O 密集的过程。测试结果表明，在 Shuffle 过程中，CPU 和磁盘 I/O 非常容易成为瓶颈。现在，英特尔傲腾持久内存提供了基于 HDD 的 Spark Shuffle 的替代解决方案。当 Spark 中的内存不足并且需要溢出数据时，可以使用持久性存储器来保存溢出的数据。这样，与溢出磁盘相比，它将减少等待的时间成本，与增加 Spark Executor 的可用内存容量相比，它可以提供更加节省成本的解决方案。此外，在 Shuffle 期间，还可以采用 RDMA 技术直接从远程持久性存储器中读取 Shuffle 数据，与传统的 Shuffle 方案相比，其远程随机读取延时将大大降低，以上方案都可以消除在某些 CPU 和 I/O 密集的工作负载下 Spark Shuffle 的性能瓶颈。

传统的 Spark Shuffle 过程如图 7-15 所示。内存中的对象被序列化到 Bytebuffer 中，然后以文件的形式被存放到本地磁盘上，然后将本地磁盘上的文件通过 TCP/IP 网络传送给 Shuffle Reader。在这个过程中，需要涉及文件系统的读写、多次从用户态到内核态的切换，同时，TCP/IP 协议栈的开销也比较大，因此带来了诸多性能问题。

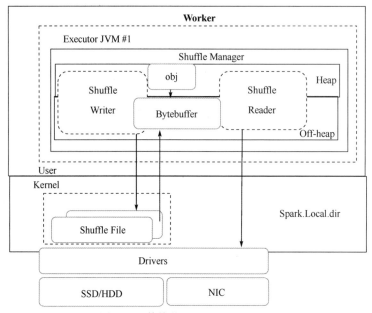

图 7-15 传统的 Spark Shuffle 过程

Spark PMoF 由英特尔开源的基于持久内存和 RDMA 网络的高性能 Shuffle 来提供解决方案。Spark PMoF 的 Shuffle 过程如图 7-16 所示。它采用英特尔傲腾持久内存作为存储介质，通过 PMDK 库中的 libpmemobj 将内存中的对象直接序列化到持久内存中。同时，持久内存的地址还被注册为 RDMA 内存区域，Remote Shuffle 的节点可以直接从持久内存读取数据。Spark PMoF 减少了从用户态到内核态的切换，不需要本地文件系统，通过将持久内存和 RDMA 内存空间结合减少了内存复制，并借助 RDMA 技术降低了网络通信的开销，降低了 CPU 的使用率，从而显著提高了 Spark Shuffle 的性能，Spark PMoF 框架如图 7-17 所示。

4. Spark PMoF 的性能

采用大数据生态系统中常见的测试工具 Terasort 对 Spark PMoF 进行性能测试，测试结果表明，相对于传统的基于 HDD 的 Shuffle 解决方案，Spark PMoF 的性能提高了 22.7 倍。如果单纯看 Shuffle 的读数据阻塞时间（read block time），其性能则提高了 9900 倍。

同时，由于采用了 RDMA 网络，系统 CPU 的利用率从 11% 下降到 3%，节省了更多资源给应用程序使用，提高了整个 Spark 集群的性能，如图 7-18～7-20 所示。

第 7 章 持久内存在大数据中的应用

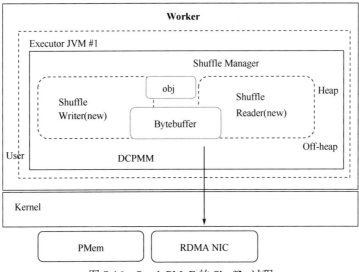

图 7-16 Spark PMoF 的 Shuffle 过程

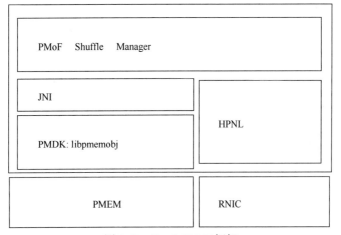

图 7-17 Spark PMoF 框架

251

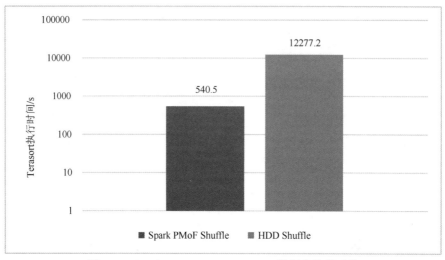

图 7-18　Spark PMoF Terasort 550GB 数据集性能对比

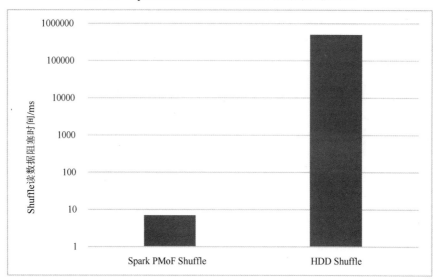

图 7-19　Spark PMoF Terasort 读数据阻塞时间对比

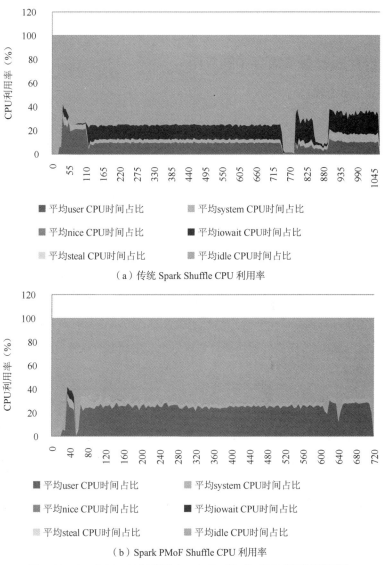

图 7-20 Spark PMoF 与传统 Spark Shuffle 的 CPU 利用率的对比

7.3 持久内存在大数据存储中的应用

7.3.1 持久内存在 HDFS 缓存中的应用

1. HDFS 及 HDFS 缓存

1）HDFS

HDFS 是 Hadoop 分布式文件系统的简称,它是 Hadoop 的核心项目,是整个 Hadoop 生态系统中的事实标准存储,主要负责数据存储和管理。HDFS 基于通用硬件的分布式文件系统,具有高容错、高可靠性、高可扩展性、高获得性、高吞吐量等特点。

一个典型的 HDFS 集群采用主从结构,由一个名字节点(Name Node)和多个数据节点(Data Node)组成,如图 7-21 所示。Name Node 负责管理 HDFS 的元数据,包括文件名空间(Name Space)和目录的操作;Data Node 负责数据的存储,包括具体的读写请求、数据块的创建、删除等。HDFS 上的一个逻辑文件会被分割成一个或多个固定大小的数据块,以多副本的方式存储在不同 Data Node 的不同存储介质上。客户端对 HDFS 进行数据访问时,要先向 Name Node 发送请求,Name Node 会提供访问文件的数据块位置信息,然后客户端就可以直接和 Data Node 通信,进行数据的读写。

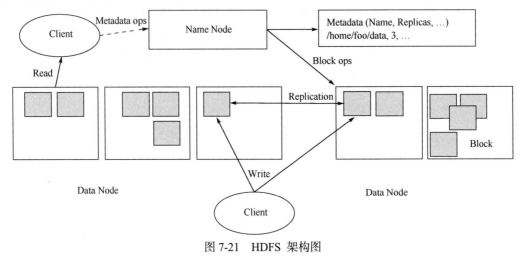

图 7-21　HDFS 架构图

2）HDFS 缓存

HDFS 缓存提供了一个中心化的缓存管理(Centralized Cache Management)机制,用户可以通过制定具体的需要被缓存的 HDFS 文件的路径名来缓存某个文件或某个文件夹下的所有文件。当数据发生修改后，HDFS 负责将缓存更新。用户也可以指定缓存数据的副本数，HDFS 缓存的指令如下所示：

```
hdfs cacheadmin -addPool test
hdfs cacheadmin -addDirective -path /a.txt -pool test -replication 3
```

第一条指令添加一个名为 test 的缓存池（cache pool），第二条指令将文件 a.txt 的 3 个副本块缓存。

另外，用户需要配置内存最大缓存值，由于 HDFS 读缓存没有驱逐机制，所以如果没有足够的缓存空间，将不会再缓存数据。

2. HDFS 缓存面临的挑战

用户将越来越多的数据放在 HDFS 中，越来越多的数据也需要被 HDFS 缓存，以提高计算任务的性能。然而，内存资源是相对稀缺的，帮助 HDFS 缓存数据的能力也很有限。同时，HDFS 缓存是一个非持久化缓存，一旦 Data Node 节点宕机重启，则需要重新耗费时间缓存数据。对于一个生产系统而言，被缓存的数据量可能非常大，有时单表可以高达数百 TB，这对很多实际应用来说是难以接受的。

3. 采用持久内存优化 HDFS 缓存的设计方案

持久内存作为新兴的持久内存设备，与 DRAM 相比，具有更大的存储空间来缓存数据，且单位容量成本更低。持久内存能够在 HDFS 缓存中帮助用户缓存更多的数据，从而提高计算性能。另外，由于持久内存的持久化存储的特性，即使节点机器重启，缓存数据也不会丢失。HDFS 缓存还能提供缓存恢复功能，减少数据预热（warm-up）的时间。在一个 Data Node 上，用户只能配置使用 DRAM 缓存或持久内存缓存，但并不限制 HDFS 集群配置使用 DRAM 缓存或持久内存缓存。

使用持久内存（PMEM）代替 DRAM 来缓存数据，如图 7-22 所示。集群的管理者给 Name Node 发送一个缓存数据请求，Name Node 通知相关的 Data Node 来缓存数据。缓存完成后，再通过 HDFS 的心跳机制将缓存的统计信息发送给 Name Node。客户端读数据时，可以直接从持久内存上读取缓存数据。

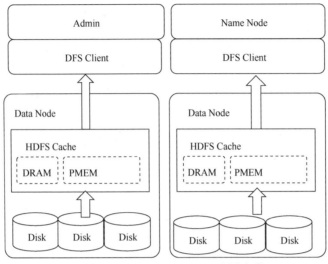

图 7-22　基于 PMEM 的 HDFS 缓存架构

图 7-23 所示为基于持久内存（PMEM）的 HDFS 缓存的两种实现方式，一种是默认的 Java 代码实现方式，使用通用的 File API 在持久内存上读写数据；另一种是基于 PMDK 库的实现方式，使用了 PMDK libs 来提升缓存写的性能。以上两种缓存的两种实现方式已经包括在 Hadoop3.3.0 中。

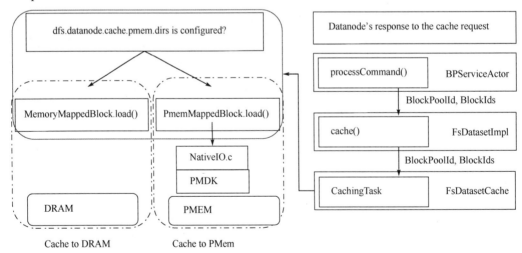

图 7-23　基于持久内存的 HDFS 缓存的两种实现方式

可按照如下步骤来启用基于 native PMDK libs 的实现。

- 安装 PMDK。
- 增加有关 PMDK 的编译选项来编译 Hadoop，可参考 Hadoop 源码文件 BUILDING.txt 中的 "PMDK library build options" 部分。
- 编译过后，用 "hadoop checknative" 命令确认已经成功加载了 PMKD 库。
- 在 hdfs-site.xml 中添加 "dfs.datanode.cache.pmem.dirs" 属性，配置持久内存在文件系统中的路径。

如果配置了多个持久内存设备，HDFS 将会在每次循环时选择一个持久内存设备来缓存一个副本（replica），持久内存的可用空间被用于 HDFS 缓存，因此不需要配置最大缓存值。

如果用户配置了 "dfs.datanode.cache.pmem.dirs"，DRAM 缓存将被禁用，也就是说，在一个 Data Node 上，用户不能同时开启 DRAM 缓存和 PMEM 缓存，但可以让某些 Data Nodes 开启 DRAM 缓存，让其他 Data Nodes 开启 PMEM 缓存。

4. HDFS 缓存性能

为了评估 HDFS PMEM 缓存的性能，测试人员采用了两种不同的测试工具，并设计了多种不同的测试用例。整个测试分为以下 3 种不同的场景：无缓存、基于内存的缓存和基于 PMEM 的缓存。分别用 DFSIO 基准测试工具和决策支持（Decision Support）SQL 标准测试工具进行测试。

用 DFSIO 基准测试工具测试了 1TB 数据的顺序读和随机读两种不同的场景，测试结果显示，基于 PMEM 的 HDFS 缓存与同等价格的 DRAM 缓存方案对比，随机读性能有 3.16 倍的提升，顺序读性能有 6.09 倍的提升；与无缓存场景相比，随机读和顺序读的性能分别有 11.02 倍和 16.64 倍的提升，如图 7-24 所示。

对决策支持 SQL 标准测试工具，选取 54 个典型的 SQL 查询语句来模拟数据中心常见的操作，以评估基于 PMEM 的 HDFS 缓存性能。如图 7-25 所示，基于 PMEM 的 HDFS 缓存在 ORC 和 Parquet 格式下，与没有缓存的方案相比，有 2.44 倍的性能提升，与同价格的内存缓存方案相比，有 23% 的性能提升。

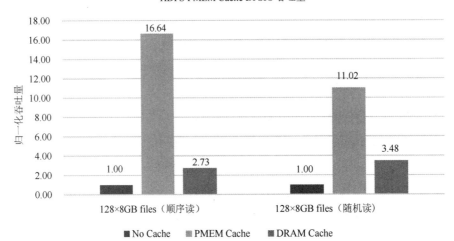

图 7-24　HDFS PMEM Cache DFSIO 的性能对比

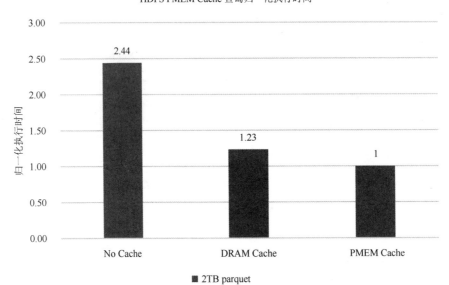

图 7-25　HDFS PMEM Cache 查询性能

7.3.2 持久内存在 Alluxio 缓存中的应用

1. Alluxio 概述

随着数据量的快速增长,许多大型企业的数据通常需要多种存储技术来存放在多个数据仓库中,如 HDFS、S3 对象存储、NFS 等,还可能采用公有云存储技术。因此,如何对不同的数据仓库中的海量数据进行分析,成为这些企业面临的一大挑战。传统的方式可以构建一个单一系统的数据湖,但在数据湖中复制数据的代价比较高,分析数据的延时也比较大。Alluxio 就是为解决这些问题而诞生的,它的前身是 Tachyon,源自 UC Berkeley 的 AMPLab。Alluxio 是基于内存的虚拟的分布式存储系统,是面向基于云的数据分析和人工智能的开源数据编排技术,它有以下特点。

(1)数据本地性。通过将数据缓存在计算节点上,Alluxio 可以为 Spark、Presto、Hive 提供缓存,避免频繁地从远端存储系统拉取数据。Alluxio 缓存的是数据块,而不是整个文件,可以实现按需快速进行本地访问。另外,Alluxio 支持智能多层缓存,可以构建基于内存、SSD、HDD 等多种不同速度的缓存层。

(2)简化数据管理。Alluxio 可以提供多种接口,无论数据是在 on-prem 的环境下,还是在公有云上,还是在 HDFS 上,还是在 S3 中,应用程序都可以通过 Alluxio 对数据进行透明访问,它提供了对多数据源的单点访问。该特性使得它不需要 ETL 应用程序就可以实现对底层数据的访问,有效地消除了数据过时和 ETL 开销大的问题。

(3)按需数据。作为一个虚拟的存储系统,Alluxio 可以为应用程序提供全局命名空间,对应用程序进行统一存储,不需要考虑存储的物理位置和接口。

图 7-26 所示为 Alluxio 架构图,它处于计算框架(Spark、Presto、TensorFlow、Hbase、Hive、Flink 等)和存储系统(AWS S3、GC Storage、Minio、IBM、HDFS、Ceph 等)中间,为计算框架和存储系统构建了桥梁。Alluxio 统一了存储在不同存储系统中的数据,并为其上层数据驱动应用提供了统一的客户端 API 和全局命名空间。目前,Alluxio 是发展较快的开源大数据项目之一,已有超过 200 个组织机构的 900 多名贡献者参与了 Alluxio 的开发。

2. 基于持久内存的 Alluxio 缓存层的设计

Alluxio 提供了智能分层缓存的功能,Alluxio 的缓存可以设置为 RAM、SSD 和 HDD,通过配置为其预留空间来构建一个分布式缓存层。同时,用户可以定义存储的层数、每层存储介质的数目、具体存储配额、回收（evict）策略等。Alluxio 支持单层模式和多层模式两种缓存模式，最简单的方式是使用默认的单层模式。针对多层缓存，一种常见的分层方法是基于内存、SSD 和硬盘的方案，内存作为 level 0，SSD 作为 level 1，硬盘作为 level 2。每层缓存里的存储介质数目、具体存储配额及回收策略都可以通过参数来进行配置，Alluxio 使用回收策略决定当空间需要释放时，哪些数据块将会被移动到低存储层，它还支持自定义回收策略，目前已实现的回收策略如下。

- 贪心回收策略：回收任意的数据块，直到释放出所需大小的空间。
- LRU 回收策略：回收近期最少使用的数据块，直到释放出所需大小的空间。
- LRFU 回收策略：基于权重分配的近期最少使用和最不经常使用的策略回收数据块。如果权重完全偏向近期最少使用，LRFU 回收策略就会退化为 LRU 回收策略。
- 部分 LRU 回收策略：基于近期最少使用回收，但是选择有最大剩余空间的存储目录，只从该目录中回收数据块。

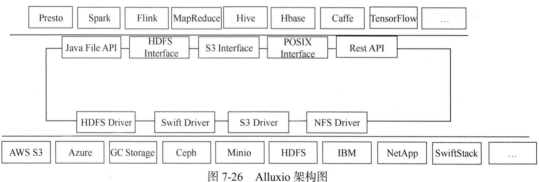

图 7-26　Alluxio 架构图

在智能分层缓存中，默认将新数据块写在顶层存储，如果顶层存储没有足够的空间，Alluxio 将按照指定回收策略释放存储空间。基于这样的工作原理和架构，在 Alluxio 里面添加一层新的持久内存层非常方便。如图 7-27 所示，PMEM 构建的缓存层位于 DRAM 和 SSD 存储之间，可以非常好地借助 PMEM 的价格性能优势构建高性价比的存储缓存层。

3. Alluxio 持久内存缓存层的性能

Alluxio PMEM 缓存层实现起来比较容易，在 SoAD 模式下，可以借助现有的 SSD medium type 来实现，只需要将对应存储层的目录指定到 PMEM 的挂装点即可。为了评估 Alluxio PMEM

缓存层的性能，构建了一个 5 节点集群，其中，计算节点 2 台，每台有 1TB 的 DCPMM 存储层；存储节点 3 台，用 Ceph 对象存储来模拟远端存储。测试采用决策支持 SQL 标准测试工具场景下的 54 个典型 SQL 查询语句进行。测试结果表明，基于持久内存的 Alluxio 缓存方案可以极大地提高计算与存储分离的场景下的 SQL 查询性能。如图 7-28 所示，与没有缓存相比，Alluxio PMEM 缓存层将 query 的性能提高了 2.12 倍，与同价格的内存缓存相比，PMEM 缓存层的性能提高了 1.11 倍。PMEM 缓存层对不同的 query 的加速效果不同，如图 7-29 所示，针对某些 I/O 密集型查询，PMEM 缓存层最多可以带来 4.17 倍的性能提升。

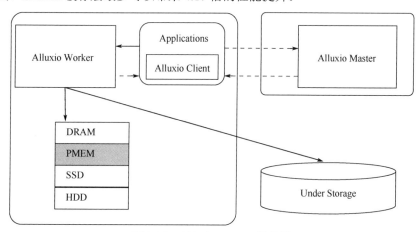

图 7-27　Alluxio PMEM 缓存层

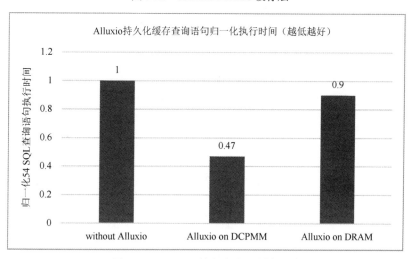

图 7-28　Alluxio 持久内存的缓存性能

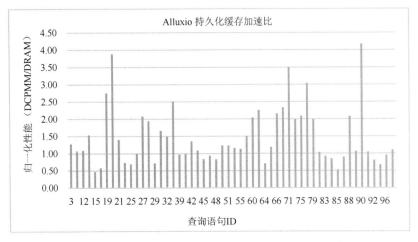

图 7-29　Alluxio 持久内存缓存对不同查询语句的提升效果

7.4　持久内存在 Analytics Zoo 中的应用

7.4.1　Analytics Zoo 简介

如图 7-30 所示，英特尔为分布式 TensorFlow、Keras、PyTorch、Apache Spark、Flink 和 Ray 构建了一个统一的数据分析与人工智能平台 Analytics Zoo。Analytics Zoo 可以将 TensorFlow、Keras、PyTorch、Apache Spark、Flink 和 Ray 等程序无缝整合到一个集成流水线中，这个集成流水线可透明地从笔记本环境扩展到大型 Apache Hadoop YARN、Spark、Kubernetes 集群中，以进行分布式训练或推理。

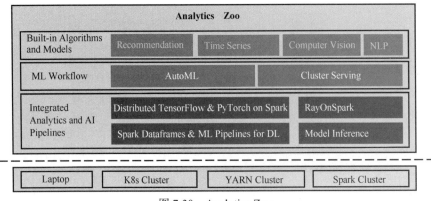

图 7-30　Analytics Zoo

7.4.2　持久内存在 Analytics Zoo 中的具体应用

在 Analytics Zoo 的深度学习方案中，使用 Spark RDD 来缓存训练数据集。当训练数据集较大时，对内存容量的需求也会随之增长。而随着智能设备、物联网、云计算等技术的兴起和日益成熟，数据的积累和膨胀正在以前所未有的速度增长，可供深度学习使用的海量数据集也日益增加。大规模数据模型的训练时间通常长达数小时甚至数十小时，当系统内存配置不足时，大规模数据训练就会非常缓慢甚至失败。在这种情况下，使用持久内存代替部分 DRAM，为解决大规模数据集模型的训练问题提供了一条性能有保障且经济可行的途径。

Analytics Zoo 从 0.5 版本就开始支持使用持久内存进行 Spark RDD 缓存的设计。通过简单地更改配置，把 DRAM 修改为 PMEM，Analytics Zoo 允许 Spark RDD 使用持久内存进行训练数据集的缓存。

```
val rawData = {…}
val featureSet = FeatureSet.rdd(rawData,memoryType = DRAM)

val rawData = {…}
val featureSet = FeatureSet.rdd(rawData,memoryType = PMEM)
```

通过使用 Places 数据集训练模型 Inception v1 为例，验证了 Analytics Zoo 使用 PMEM 替代 DRAM 的可行性和经济性。

Places 数据集是根据人类视觉认知的原理设计的，其目标是创建一套视觉知识，用来训练可用于视觉理解任务的人工智能系统，如目标识别、事件预测等。Places 数据集包含 400 多个不同种类的超过 100 万张的图片，每个种类包含 5000~30000 张数量不等的图片，其分布基本符合真实世界的出现频率。

Inception 又叫 Googlenet，是 Google 于 2014 年为参加 ILSVRC 大赛而提出的 CNN 分类模型。Googlenet 团队在考虑网络设计时不仅注重增加模型的分类精度，也考虑了其可能的计算与内存使用开销。他们借鉴了诸多前人的观点与经验，最终形成了 Inception v1 分类模型。

在使用 Places 数据集进行 Inception v1 模型训练时，系统内存的容量非常重要。试验证明，在 4 节点的集群中进行训练任务时，小于每节点 500GB 的 DRAM 会导致训练非常缓慢甚至失败。在测试中，使用持久内存来取代部分 DRAM，既保持了与 DRAM 相同甚至更好的性能，也降低了系统成本。

如图 7-31 所示，使用 Spark 默认的堆内内存来缓存数据，JVM 的垃圾回收机制会管理整个堆内内存，每一次的垃圾回收都会打断正在进行的训练进程，使其性能受到一定影响。

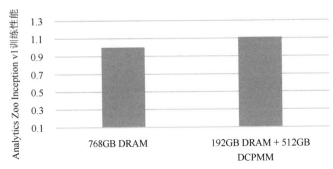

图 7-31　DRAM 默认为堆内内存的情况下，持久内存可以获得更好的性能

而使用持久内存来缓存 Spark RDD 时，由于使用了 AD 模式，从而避免了 JVM 的垃圾回收机制影响训练数据的缓存，减少了对训练过程的影响。在这种默认配置下，可以看到使用持久内存取代 DRAM 能获得更好的性能。

如图 7-32 所示，在进一步的测试中，配置 DRAM 为 temfs 形式，从而使 Spark RDD 缓存在 off-heap memory 中，模仿了持久内存的代码路径，为 DRAM 进行了更为准确的测试。在这种配置下，可以看到使用持久内存和 DRAM 在性能上没有明显差异，而使用 PMEM 之后，整体系统拥有成本（TCO）得到了显著降低。

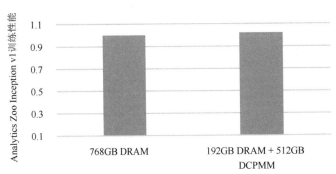

图 7-32　DRAM 配置为 off-heap memory 的情况下，持久内存与 DRAM 的性能比较

第 8 章
持久内存在其他领域中的应用

> 除了第 6 章和第 7 章所介绍的数据库和大数据领域,持久内存在其他场合也有着广泛的应用,本章将分别给予介绍。

8.1 持久内存的应用方式及可解决的问题

8.1.1 持久内存的应用方式

以英特尔傲腾持久内存为例,持久内存的应用方式如表 8-1 所示。

表 8-1 持久内存的应用方式

应用方式	系统内存	块访问	DAX	扩展内存
工作模式	内存模式	AD 模式	AD 模式	AD 模式
设备抽象	内存	块设备	内存	内存
操作系统感知	否	是	是	是
应用程序感知	否	否	是	可选
持久化特性	无	有	可选	无
冷热分层能力	有,硬件控制	不适用	有,软件控制	有,软件控制

引入持久内存时,要明确业务的需求、使用场景,以及不同访问方式的特性如何与之匹配。

- **设备抽象**。持久内存是作为内存的替代品还是作为类似 SSD 的替代品。若持久内存作为内存的替代品,则优势是容量、成本及持久化特性带来的性能。若持久内存作为 SSD 的替代品,则优势不是容量,而是延时、IOPS、吞吐量、访问颗粒度和擦写次数。

- **操作系统感知**。操作系统是否会因为导入持久内存而需要升级或安装新的驱动。对于运行复杂软件系统的厂商来说,软件和操作系统的联合验证是非常重要的工作,如果系统上线后需要导入新的操作系统版本或大的驱动或补丁,那么必须进行回归测试。

- **应用程序感知**。应用程序本身为持久内存是否需要进行修改。开源软件使用者通常不介意通过修改软件的方式来提高新硬件的性能,但公用云服务的提供商无法控制什么样的程序运行在他们的系统上,因此,需要一套对应用程序无感知的方案。

系统内存和块访问是常见的应用程序无感知访问方式;扩展内存通过对操作系统层进行抽象也能达到这个目的。

- **持久化特性**。讨论是否使用持久内存的持久化特性似乎有些奇怪,实际上采用类似 3D-Xpoint 的持久内存仅仅依靠其容量和成本的特性也能发挥竞争优势。不采用持久化特性虽然会减少潜在的性能收益,但会大大降低对软件适配的要求。

- 冷热分层能力。持久内存作为内存使用时,软件是否会根据数据的热度,对数据进行合理放置,把热数据放在性能更好的普通内存上,把温数据或者需要持久化的数据放在持久内存上。采用模式的系统内存应用方式由微处理器的硬件实现热数据到内存的加载;DAX通常由应用软件的数据结构设计和架构调整来分离冷热数据;扩展内存则可以通过操作系统和应用来实现冷热数据的静态或动态放置及迁移。

8.1.2 持久内存可解决的问题

持久内存能够解决应用中遇到的许多问题,其优势如图 8-1 所示。

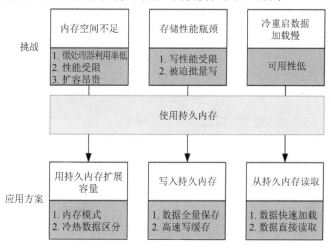

图 8-1 持久内存的优势

- 内存空间不足。

单条内存容量受限,会造成以下后果。

> 计算和内存配比失衡,系统微处理器资源利用率不够高;

> 当单机业务由于内存不够而被迫采用集群时,通信开销会降低系统性能,同时成本也会快速上升;

> 工作数据集无法全部保存在内存中,需要被临时存储到外部存储设备中,系统性能显著降低。

针对这种情况,可以选用表 8-1 中的系统内存、DAX、扩展内存应用方式。另外,由于持久内存的性能和普通内存的性能存在差异,所以通常需要软件进行冷热数据区分。

- 存储性能瓶颈。

应用将数据保存到写入速度较慢的磁盘系统中时，持久化的性能往往较差。如果软件为了优化写操作采用批量写，则可能牺牲延时特性。持久内存既可以用来保存全量数据，也可以作为写缓存进行加速。其对应的应用方式是表 8-1 中的块访问或 DAX。

- 冷重启数据加载慢。

当系统重启时磁盘需要恢复大量的数据，耗时长，影响系统的可用性。把数据直接保存在持久内存中，可以在重启后把数据迅速复制到 DRAM，或者不进行复制，直接从持久内存中读取数据。

第 6 章和第 7 章分别对数据库和大数据的场景进行了深入阐述，本章将具体介绍如何利用持久内存解决其他类型应用的问题。

8.2 持久内存在推荐系统中的应用

在互联网处于信息匮乏状态时，雅虎公司依靠对信息进行分类检索取得了巨大的成功。随着时间的推移，分类检索已经无法满足呈爆炸性增长的信息，搜索引擎成为人们获取信息的主要方式。目前，人们从信息匮乏的时代步入了信息过载的时代，无论信息消费者还是信息生产者都遇到了很大的挑战。由于信息消费者从大量信息中找到自己感兴趣的信息变得非常困难，所以他们渐渐从主动检索信息转向被动接收信息。信息生产者为了让自己生产的信息脱颖而出，受到广大用户的关注，需要找到新的解决方案。推荐系统就是解决这一矛盾的重要工具。推荐系统的任务就是连接用户和信息，一方面帮助用户发现对自己有价值的信息；另一方面将信息展现在对它感兴趣的用户面前，从而实现信息消费者和信息生产者的双赢。

目前，很多互联网业务（如从事电子商务的淘宝、提供新闻资讯的今日头条、提供短视频的抖音），为更好地服务用户都采用了推荐系统。

8.2.1 推荐系统的主要组成

推荐系统架构如图 8-2 所示。推荐系统可以分为近线任务、在线任务、离线任务。

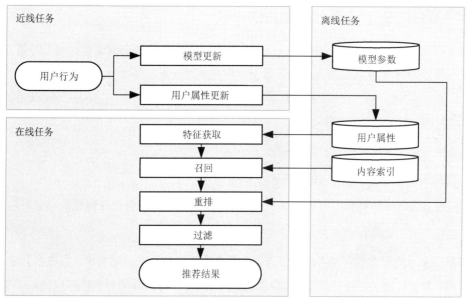

图 8-2 推荐系统架构

近线任务负责记录最近的用户行为、以合适的频率更新用户属性数据库,并触发模型参数的更新。

在线任务根据用户的属性先从内容索引数据库中获得初步推荐结果;然后根据机器学习算法进行推理运算,得出适合用户的排序结果;最后经过过滤,把结果展示给用户。

离线任务负责生成在线任务所需要的数据,包含反复训练得到的机器学习模型参数、用户属性、使用历史,以及把用户特征和推荐内容相关联的内容索引。

推荐系统的在线任务有很强的实时性要求,所依赖的数据需要常驻在内存里。对于互联网服务商来说,上述用户属性数据库及内容索引数据库需存储的数据量都是巨大的。

在内容服务领域,以今日头条为例,截至 2019 年 8 月,日活动用户为 1.2 亿人,头条号文章为 1.6 亿条,视频发布为 1.5 亿个。在电商领域,极光大数据的《2018 年电商行业研究报告》中显示,排名前 5 的电商的日活动用户都在 1000 万人以上。截至 2019 年年底,淘宝网的店铺数量超过 1000 万家,在线商品数超过 8 亿件。

随着推荐个性化要求的不断提升,模型的维度和参数的数量呈指数级增长,所以模型参数数据库需要保存大量可实时存取的数据。

8.2.2 推荐系统的持久内存应用方法

在本质上，推荐系统的模型参数、用户属性和内容索引都属于键值数据库。海量的数据信息可以保存在 HDFS 或远程的存储服务器上，但这些键值数据需要被应用实时地存取，因此常用的工作数据必须常驻内存。这些数据的特点是数据量大、读多写少，SSD 无法满足访问延时要求。可采用的技术方案有以下几种。

- 直接采用全内存数据库，如 Redis；
- 对磁盘数据库增加一个大的缓存；
- 把磁盘数据库的键和数据索引放在快速的内存设备中，把值放在慢速的存储设备中；
- 自研的分层键值存储方案。

如果完全采用普通内存来实现上述方案，那么容量可能无法满足要求，且成本会非常高昂。而持久内存非常适用于这种低成本、大容量的应用场合，同时内存的持久性可以使系统在意外宕机后快速恢复数据，提高系统的可用性。

8.2.3 推荐系统应用案例

下面将列举两个实际案例说明持久内存在推荐系统中的应用。

1. 百度信息流业务（Feed）

移动互联网已成为人们常用的联网方式之一，智能手机的操作模式让用户更倾向于通过简单的"划屏"动作而非传统的文本交互方式来获取信息，因此 Feed 流服务越来越受用户青睐。

Feed 流是一种聚合内容并将内容持续呈现给用户的互联网服务方式，通过时间流（Timeline）、页面权重（Pagerank）或特定的人工智能算法来实施，可为用户提供更为个性化的信息，避免无效信息的侵扰，同时在平台投放广告的商户也能从中获得更佳的营销效果。

数以亿计的用户，促使百度在构建 Feed 流服务系统时，必须考虑千万量级的并发服务，以及更低延时的数据处理能力，其中的关键就是存储和信息查询能力的建设。为此，百度使用了先进的核心内存数据库 Feed-Cube，其为 Feed 流服务的数据存储和信息查询提供了核心支撑能力。

Feed-Cube 基于内存构建，采用了"键值对"（key-value）的存储结构。百度 Feed-Cube 工作流程如图 8-3 所示，其中 key 值及 value 值所在数据文件存储偏移值（key value offset）存放在哈希表中，而 value 值则单独存放在不同的数据文件中。哈希表和数据文件均存放在内存中，借助内存的高速 I/O 能力，Feed-Cube 可以提供非常出色的读写性能及超低的延时。

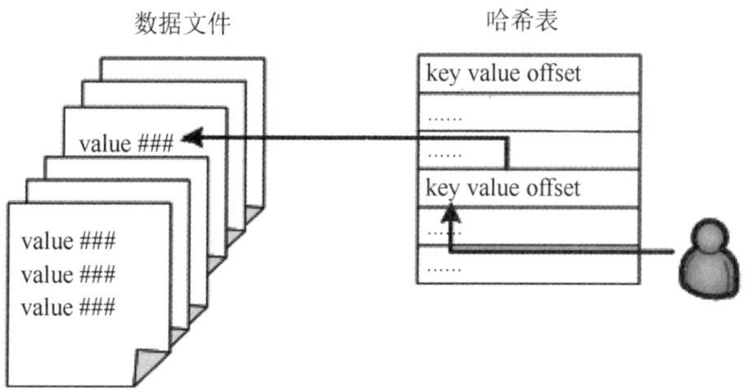

图 8-3　百度 Feed-Cube 工作流程

当前端应用需要查询某个数据时，可以通过查询 key 值来一次或多次访问哈希表，以获得 value 值所在数据文件存储偏移值，并据此最终访问数据文件，获得所需的 value 值。

基于 DRAM 构建的 Feed-Cube 虽然在高并发（每秒千万次查询）、海量数据存储（PB 级）的环境下有着优异的性能表现，但随着 Feed 流服务规模的不断扩大，也在面临新的挑战。一方面，使用价格较为昂贵的 DRAM 来构建大内存池，使得百度的业务总成本不断增加；另一方面，单位 DRAM 的容量有限，限制了 Feed-Cube 流处理能力的进一步提升。

为应对上述挑战，百度开始尝试使用性能不断提升的、基于非易失性内存（Non-Volatile Memory，NVM）技术的存储设备，如使用 NVMe 固态盘来存储 Feed-Cube 中的数据文件和哈希表。为验证使用 NVMe 固态盘后的系统性能，百度基于内存和 NVMe 固态盘分别构建了两个 Feed-Cube 集群来进行对比测试。

测试结果表明，与 DRAM 相比，下沉到 NVMe 固态盘的 Feed-Cube 出现了长尾延时和磁盘空间利用率不足的问题。同时，NVMe 固态盘的 I/O 读写速度与 DRAM 的 I/O 读写速度相比仍有较大差距，因此需要在系统中部署大量的 DRAM 作为缓存，以保证系统性能。

持久内存为解决这些问题提供了全新的路径。百度引入了英特尔傲腾数据中心级的持久内存来存储 Feed-Cube 中的数据文件，哈希表仍存储在 DRAM 中。其采用这一混合配置，一方面是为了验证持久内存在 Feed-Cube 中的性能表现；另一方面 Feed-Cube 在查询 value 值的过程中，读哈希表的次数远大于读数据文件的次数，因此先在数据文件部分进行替换，可以尽可能降低对 Feed-Cube 性能的影响。

随后百度在对比纯 DRAM 模式与混合配置模式的测试中，模拟了实际场景中可能出现的高并发访问压力，将 QPS（Query Per Second，每秒查询次数）设为 20 万，每次访问需要查询 100 组 key-value 值，因此访问压力为 2000 万级。Feed-Cube 在纯 DRAM 和混合模式下测试结果对比如表 8-2 所示。

表 8-2　Feed-Cube 在纯 DRAM 和混合模式下测试结果对比

	纯 DRAM 模式	混合配置模式
性能表现	平均延时 124 μs 99 分位延时 314 μs	平均延时 154 μs 99 分位延时 304 μs
资源消耗	处理器消耗 40.2% DRAM 消耗 13GB	处理器消耗 47.2% DRAM 消耗 6.3GB

采用混合配置模式后，Feed-Cube 在 2000 万级高并发访问压力下平均访问耗时约上升 24%（30μs），处理器消耗上升 7%，性能波动均在百度可接受的范围内。与此同时，单服务器的 DRAM 使用量下降过半，对于 Feed-Cube PB 级的存储容量而言，可大大降低成本。

上述混合配置模式的成功，促使百度进一步尝试在 Feed-Cube 中采用全部配置持久内存的模式。这样做将面临一个新的问题，即部署在 DRAM 中的哈希表通常会使用 malloc/free 等内存空间分配命令，而在引入持久内存后需要用新的命令予以替代。为此百度使用了基于 libmemkind 库的自研空间分配库，其在提供空间分配操作能力的同时改善了空间利用率。

在全部采用持久内存构建 Feed-Cube 后，百度对其性能表现和资源消耗情况进行了测试。不同配置下的延时对比如图 8-4 所示，以 QPS 为 50 万的访问压力为例，测试结果显示：与只配置 DRAM 的方案相比，只配置持久内存的平均延时约上升 9.66%，其性能波动在百度可接受的范围内。

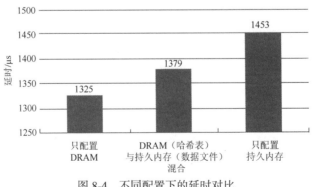

图 8-4　不同配置下的延时对比

2. 快手的推荐系统

快手作为日活用户 2 亿人、日均上传短视频千万级的短视频应用，其推荐系统所需解决的技术挑战是极大的。快手重新设计了基于异构存储结构的推荐系统，采用了英特尔傲腾数据中心级持久内存。在快手推荐系统高吞吐量、大数据量请求的场景下，使用持久内存可以降低存储成本，减少故障恢复时间，提高系统可靠性。持久内存使快手的故障恢复时间从小时级降到了分钟级，为改善大规模深度机器学习系统对千亿级别数据量的处理能力开辟了新的探索方向。

快手推荐系统采用的是计算和存储分离的架构如图 8-5 所示。推荐系统中的存储型服务主要用来存储和实时更新上亿规模的用户画像、数十亿规模的短视频特征及千亿规模的排序模型参数；计算型服务主要用来进行推荐服务、预估服务、召回服务。

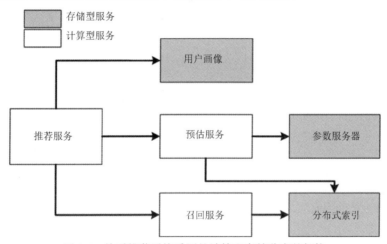

图 8-5　快手推荐系统采用的计算和存储分离的架构

持久内存是介于普通内存和 SSD 间的新存储层级，不仅能提供接近内存的延时，还能提供持久化和更大容量的存储空间，这为推荐系统中不同场景的可行性分析和架构设计提供了思路。

与传统的内存加硬盘的两级存储相比，新存储设备使得现代服务器可以利用的存储层级越来越多，利用多层级存储的软件系统设计也变得越来越复杂。每种存储设备都有不同的性能特性和容量大小限制，读写速度越快的设备单位容量成本越高。例如，使用内存插槽的英特尔傲腾数据中心级持久内存，依据读写粒度的不同，读写带宽虽小于传统内存，但写入数据具有持久性，且容量远大于传统内存。如何结合不同层级的存储，在大规模推荐场景下设计性价比最优的存储系统成为一个巨大机遇和挑战。

基于多层级异构存储设备，快手推荐系统团队联合系统运营部硬件选型研发团队，针对推荐系统中的不同场景进行了可行性分析和架构设计的调研，并针对持久内存的特性，对分布式索引和参数服务器中的 key-value 存储进行了重新设计。基于持久内存的 key-value 系统设计示意图如图 8-6 所示。

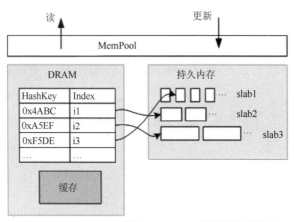

图 8-6　基于持久内存的 key-value 系统设计示意图

该设计为 key-value 存储增加了 MemPool 组件，MemPool 组件根据不同的访问类型，决定系统是访问 DRAM，还是直接读取持久内存。例如，在推荐模型预估的参数服务器场景中，由于模型中神经网络与 Embedding Table 相比很小，所以神经网络也会被 MemPool 直接分配至 DRAM，以提高预估的性能。

除此之外，快手推荐系统团队还对 key-value 系统进行了调优。

- NUMA 节点绑定的方式使得持久内存访问不跨 NUMA 节点，从而获得更好的读写性能。
- 采用 ZeroCopy 技术，对 DRAM 和持久内存进行访问。
- 使用无锁技术，减少临界区中的对持久内存的访问，来提高性能。

经过上述技术改进，快手将基于持久内存的索引系统用真实的线上请求数据进行模拟压测。

基于持久内存与基于 DRAM 索引系统的测试结果对比如图 8-7 所示。基于异构存储的索引系统几乎可以达到与基于 DRAM 索引系统相同的性能指标，但其总体拥有成本降低了 30%。同时，异构存储的索引系统能够提供分钟级的故障恢复速度，与之前小时级的恢复速度相比提升了百倍。

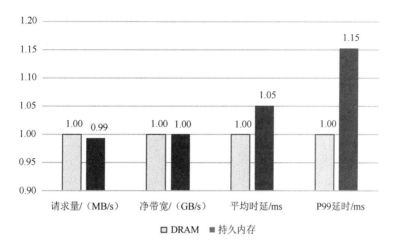

图 8-7　基于持久内存与基于 DRAM 索引系统的测试结果对比

8.3　持久内存在缓存系统中的应用

8.3.1　缓存系统的分类和特点

传统的服务器后端业务场景访问量低，对响应时间的要求均不高，通常只需要使用常规数据库即可满足要求。由于这种架构简单、便于快速部署，所以很多网站在发展初期均考虑使用这种架构。但是随着访问量的上升，以及对响应时间的要求的提升，原服务器无法再满足使用要求。这时通常会考虑采取数据分片、读写分离，甚至硬件升级等措施，但这些措施无法彻底解决问题，还会面临以下几方面的问题。

- 性能提升有限，很难达到数量级上的提升，尤其是在互联网业务场景下，随着网站的发展，访问量经常会面临十倍、百倍的增长。
- 成本高昂，为了承载数倍访问量，通常需要数倍的机器。

由于内存的访问性能明显优于磁盘，因此把数据放入内存中可以得到更快的读取效率。但在互联网业务场景下，将所有数据都放入内存显然是不明智的。从硬盘到 SSD，再到内存，读写速度越来越快，价格越来越贵，单位容量的价格也越来越高。同时，在大部分业务场景下，80% 的访问量集中在 20% 的热数据上（二八原则）。因此，通过引入缓存组件，将高频访问的数据放入缓存中，可以大大提高系统整体的承载能力，原有的单层数据访问存储结构将变为"缓存+数据"的两层结构。

在分布式系统中，缓存的应用非常广泛，如图 8-8 所示，从部署角度有以下几方面的缓存应用。需要注意的是，实际应用中可能只包含部分组件。

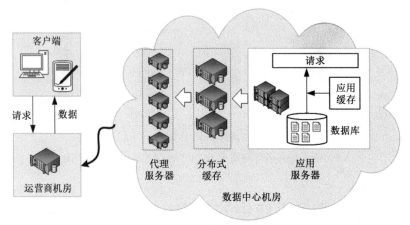

图 8-8　缓存的应用场合

1. CDN 缓存

内容交付网络（CDN）缓存的基本原理是广泛采用各种缓存服务器，将这些缓存服务器分布到用户访问相对集中的地区或网络中。在用户访问网站时，利用全局负载技术，将用户的访问指向距离最近的正常工作的缓存服务器，由缓存服务器直接响应用户请求。CDN 通常部署在图 8-8 中的运营商机房内。

未部署 CDN 的网络请求路径。

- 请求：本机网络（局域网）→运营商网络→应用服务器所在机房。
- 响应：应用服务器所在机房→运营商网络→本机网络（局域网）。

部署 CDN 后的网络路径。

- 请求：本机网络（局域网）→运营商网络。
- 响应：运营商网络→本机网络（局域网）。

与未部署 CDN 的网络请求路径相比，部署 CDN 的网络路径减少了 1 个节点、2 个步骤的访问，极大地提高了系统的响应速度。

2. 反向代理缓存

反向代理缓存位于数据中心机房内，用于处理所有来自网络的前端请求，采用了 Varnish、Ngnix、Squid 等中间件，即图 8-8 中的代理服务器。当代理服务器收到用户的页面请求时，会检查自身是否存在该页面的缓存。如果存在该页面的缓存，那么代理服务器直接将缓存页面发送给用户；如果不存在该页面的缓存，那么代理服务器先向后端应用服务器请求数据响应用户，并将数据在本地缓存。代理服务器的本地缓存可以有效减少向应用服务器的请求数量、降低负载压力。

3. 分布式缓存

分布式缓存处于外部请求和应用服务器间，采用 MemCache、Redis 等应用提供 key-value 值等服务。分布式缓存和反向代理缓存不需要同时存在，分布式缓存更靠近应用服务器，可以缓存更细粒度的数据。在第 6 章中有针对 Redis 场景的介绍。

4. 本地应用缓存

本地应用缓存指的是应用中的缓存组件，其最大的优点是应用和缓存在同一个进程内部、请求缓存非常快速、没有过多网络开销等。当数据不需要跨应用共享时，使用本地缓存较合适。本地应用缓存的缺点是由于缓存与应用程序耦合，所以多个应用程序无法直接共享缓存，各应用或集群的各节点都需要维护自己的单独缓存，从而造成内存的浪费。

本地应用缓存有两种主要应用场景：一种是缓存网络数据，减少网络访问的延时；另一种是用快速存储介质缓存慢速存储介质中的数据，如用内存缓存 SSD 的数据或用 SSD 缓存硬盘的数据。

8.3.2 缓存系统应用案例

1. 持久内存在 CDN 中的应用

云游戏和虚拟现实等存在大量实时线性内容，虽然这些内容会被立即分发给最终用户并不需要存储，但是也需要较大的内存容量来缓冲服务器需要处理的众多独立流。

采用持久内存可以获得更大的存储容量，扩展 CDN 应用的处理能力，并获得更好的成本效益。英特尔评测了两种不同配置下的服务器的性能差异。

第一种配置使用了 24 条 64GB 共计 1.5TB 的 DRAM；第二种配置采用了持久内存的内存

模式，使用 12 条 16GB 的 DRAM 和 12 条 128GB 的持久内存。测试评估了客户端视频内容的首帧到达时间（Time To First Frame，TTFF）和服务器可以支持的吞吐量。

性能数据表明，在请求数相近的情况下，两种配置的服务器提供的 TTTF 和吞吐量相似，并且可以满足 SLA 条件，即 2s 长度的 4MB/s 高清内容数据块的 99 分位响应时间小于 1.5s。如果采用更大容量的持久内存，在不改变原来软件、不影响性能的情况下，能够获得更高的容量扩展能力。

2. 持久内存在阿里巴巴 Tair MDB 中的应用

Tair MDB 是阿里巴巴生态系统内广泛使用的缓存服务，它采用持久内存作为普通内存的补充，经历了两次全链路压测，运行稳定，并经过了"双 11"的考验。在使用持久内存的过程中，Tair MDB 遇到了写不均衡、锁开销等问题，但经过优化之后取得了非常显著的效果。

Tair MDB 主要服务于缓存场景，阿里巴巴集团内部有大量的部署和使用。随着用户态网络协议栈、无锁数据结构等特性的引入，单机 QPS 的极限能力已经达到了千万级。Tair MDB 所有数据都存储在内存中，随着单机 QPS 极限能力的上升，内存容量逐渐成为限制集群规模的主要因素。持久内存产品单条内存的容量相对于普通内存要大很多，将数据存放在持久内存上是突破单机内存容量限制的一个方向。

Tair MDB 在使用持久内存设备时，将它以块设备的形式使用 DAX 的方式挂载，然后在对应文件系统路径上创建并打开文件，使用 posix_fallocate 分配空间。由于缓存服务把持久内存当作易失性设备使用，因此不需要考虑操作的原子性和故障之后的恢复操作，也不需要显式地调用 clflush、clwb 等命令将微处理器缓存中的内容强制刷回存储介质。

DRAM 的内存分配器有 tcmalloc、jemalloc 等，持久内存的内存分配器是使用前需要考虑的因素。开源项目 PMDK 中维护了易失性的内存管理库 libmemkind，大部分应用接入时可以考虑这种方式，而 Tair MDB 在实现时并没有选择 libmemkind。下面通过介绍 Tair MDB 的内存布局，来说明其做出这种选择的原因。

Tair MDB 的内存管理使用了分片（slab）机制，该机制不是在使用时动态地分配匿名内存，而是在系统启动时先分配一大块内存，内置的内存管理模块会把元数据、数据页等连续分布在这一大块内存上。Tair MDB 内存数据结构如图 8-9 所示。

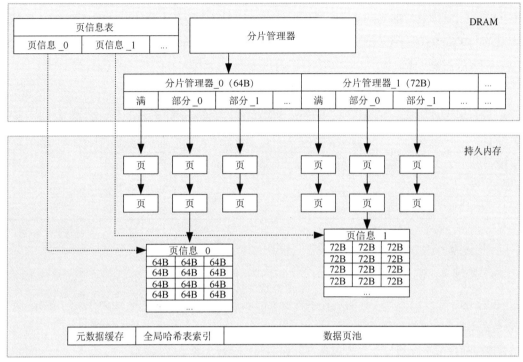

图 8-9 Tair MDB 内存数据结构

Tair MDB 使用的内存主要分为以下几部分。

- 分片管理器：管理固定大小的分片。
- 元数据缓存：存放最大分片数等页信息和分片管理器的索引信息。
- 全局哈希表索引：控制所有对键的访问，使用线性冲突链的方式处理哈希冲突。
- 数据页池：将内存划分成以 1MB 为单位的页，分片管理器将页格式化成指定的分片大小。

Tair MDB 在启动时，会对所有可用的内存进行初始化，后续数据存储部分不需要动态地从操作系统分配内存。在使用持久内存时，先把对应的文件采用 mmap 的方式映射到内存，获取虚拟地址空间，内置的内存管理模块就可以透明地使用这块空间了。在这个过程中，并不需要再调用 malloc/free 来管理持久内存设备上的空间。

通过均衡写负载、锁粒度细化等一系列软件优化手段，Tair MDB 有效地降低了延时，提升了每秒交易次数，测试结果如表 8-3 所示。基于持久内存的读 QPS、引擎读延时和基于 DRAM

的读 QPS、引擎读延时的测试结果相当。由于介质的差异，持久内存的写性能和 DRAM 的写性能相比有 30%左右的差距，但是对于缓存服务读多写少的场景而言，这个差距对整体的性能并不会造成太大影响。

表 8-3 Tair MDB 测试结果

	DRAM	持 久 内 存
读 QPS	448 万次/s	442 万次/s
写 TPS	250 万次/s	170 万次/s
引擎读延时	3μs	5μs
引擎写延时	5μs	9μs

以下为在实现中总结的设计准则。

（1）准则 A：避免写热点。

Tair MDB 在使用持久内存的过程中曾遇到写热点的问题，写热点会加大介质的磨损，还会导致负载不均衡（写压力集中在某一条内存上，不能充分利用所有内存的带宽）。除了内存布局（元数据和数据混合存放）会导致写热点，业务的访问行为也会导致写热点。

如下是几种避免写热点的方法。

- 分离元数据和数据，将元数据移到内存中。相对于数据，元数据的访问频率更高，前面提到的 Tair MDB 中的页信息就属于元数据。这样可以从上层缓解持久内存的写延时相较于 DRAM 较高的劣势。

- 上层实现 Copy-On-Write（写时复制）逻辑。这样会减少一些场景对特定区域硬件的磨损。Tair MDB 在更新一条数据时，并不会原地更新之前的条目，而是会将新增条目添加到哈希表冲突链的头部，再异步删除之前的条目。

- 常态检测热点写，并将其动态迁移到内存，执行写合并。对于上面提到的业务访问行为所导致的热点写，Tair MDB 会常态化检测热点写，并把热点写合并，减少对下层介质的访问。

（2）准则 B：减少临界区访问。

由于持久内存的写延时相较于 DRAM 高，所以当临界区中包含了对持久内存的操作时，临界区的影响就会放大，从而导致上层的并发度降低。

Tair MDB 在 DRAM 上运行时并没有观测到锁开销的问题，原因是此时临界区的开销比较小。但是在使用持久内存时，这个假设就不成立了。这也是在使用新介质时常遇到的问题。以往软件流程中的一些假设在新介质上不成立，这时候就需要对原有的流程进行调整。

鉴于上面的原因，建议缓存服务在使用持久内存时，尽量地结合数据存储进行无锁化的设计，以减少临界区的访问，避免延时升高带来的级联影响。

Tair MDB 引入了用户态读-复制修改（Read-Copy Update，RCU）机制，对大部分访问路径上的操作进行了无锁化改造，极大地降低了持久内存延时对上层的影响。

（3）准则 C：实现合适的分配器。

分配器是业务使用持久内存的基础组件，分配器的并发度直接影响软件的效率，分配器的空间管理决定空间利用率。设计实现或选择适合软件特性的分配器是缓存服务成功使用持久内存的关键。

从 Tair MDB 的实践上来看，适用于持久内存的分配器应该具备如下功能和特性。

- 碎片整理：由于持久内存密度更高、容量更大，所以在相同碎片率下，相较于 DRAM，持久内存会浪费更多空间。碎片整理机制的存在使得上层应用需要避免原地更新，而且要尽量保证分配器分配的空间大小是固定的。
- 需要对线程本地变量（ThreadLocal）进行限额：与上文讲的减小临界区访问类似，如果不加限定，那么从全局的资源池中分配资源的延时会降低分配操作的并发度。
- 容量感知：分配器需要感知所能管理的空间。缓存服务需要对管理的空间进行扩容或缩容，分配器需要提供相应的功能以适配此需求。

8.4 持久内存在高性能计算中的应用

1. 用于高速数据获取的键值存储系统

来自欧洲核子中心（CERN）的大型强子对撞机（Large Hadron Collider，LHC）计划采用持久内存实现高速数据获取。LHC 的实验每日产生的数据量高达上百 PB，数据率高达 6Tbit/s。CERN 设计了包括 500 个数据采集节点和 2000 个计算节点的专门集群系统来获得和处理这些数据，同时数据采集节点上部署了名为 DAQDB 的键值存储系统（原名 FogKV）。

DAQDB 评估了普通内存、持久内存、SATA 和 NVMe 等存储介质。结果表明，只采用 SATA 及 NVMe，无法满足带宽和写寿命的要求；采用普通内存和 SSD 的组合，主键和索引无法完全保存在普通内存里，且 SSD 的写寿命是远远不够的；只采用持久内存，其容量只能保存分钟级的数据。最终方案是采用持久内存和 NVMe 的组合，数据先保存在持久内存上，经过过滤和处理后的数据再保存到 NVMe 上。DAQDB 的架构如图 8-10 所示。

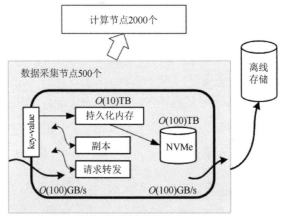

图 8-10　DAQDB 架构

2. 保存超级计算集群的计算状态

来自得克萨斯高级计算中心（TACC）的 Frontera 超级计算机，在高性能 LINPACK 基准测试中实现了 23.5 PetaFLOPS 的浮点计算能力。Frontera 一秒内的计算量相当于一个人必须每秒执行一次并执行 10 亿年的计算量，主系统的理论峰值性能为 38.7 PetaFLOPS。

Frontera 在 2019 年开始全面运行，支持数十个研究团队，旨在解决其领域中最大规模的计算问题，包括高分辨率气候模拟、具有数百万个原子的分子动力学模型，以及机器学习能力的癌症学习。

Frontera 采用了持久内存构建新型的应用场景，增强了容错能力。持久内存可以保存集群的计算状态，这样当单一计算节点失效后，其他节点就可以获得中间结果继续计算，而不必启动服务器重新开始计算。

8.5 持久内存在虚拟云主机中的应用

虚拟云主机是基础架构即服务（Infrastructure as a Service，IaaS）最重要的形式，它以虚拟机为形态，为用户提供了弹性的计算存储资源。与预购服务器的部署相比，使用云计算服务，可以帮助用户降低前期的资金投入，快速响应业务变化，改进业务连续性和灾难恢复，专注核心业务，提高稳定性、可靠性和可支持性。

虚拟云主机是云计算公司重要的外部业务，如中国的阿里云、腾讯云、华为云，美国的 AWS、微软、谷歌等。虚拟云主机也是内部业务重要的容器和载体。阿里巴巴和腾讯都启动了一个把内部业务云化的计划，这一方面可以提升云计算服务的水平；另一方面可以和外部业务共享服务器资源，提升资产利用率。

在各大公司的服务器采购中，内存的采购费用占 20%～35%。很多业务都受限于内存容量，导致微处理器利用率低，但内存高昂的价格限制了内存容量的提升。

持久内存的出现给了虚拟云主机新的发展机会，主要有以下几种应用方式。

（1）大内存扩展：宿主机采用内存模式扩展系统内存，并将内存透明地分配给虚拟机。

（2）透明混合内存：通过虚拟化软件把普通内存和持久内存组成一个混合内存池，并对虚拟机进行调度。

（3）异构内存结点：把持久内存映射成访问速度有差异的非持久内存，在虚拟机内进行管理。

（4）块设备：主机端把持久内存配置为块设备，提供给虚拟机作为高速本地存储设备。

（5）设备透传：利用虚拟化层把主机端的持久内存设备直接暴露虚拟机。

目前在虚拟化云主机中应用持久内存是业界关注的热点。

8.6 持久内存的应用展望

随着持久内存走向大规模产品化，学术界和产业界对它的研究和应用日渐深入和广泛。从 2010 年起加州大学圣地亚哥分校的非易失系统实验室每年都会举办非易失内存交流会，该实验室在英特尔产品发布 4 个月后发布了一份详细的评测报告，从微观指标、基准测试到实际业务应用，综合评估了持久内存的性能状况。SNIA 每年举办的存储开发者会议也有针对持久内存的分论坛。

持久内存的软件生态建设从最初的编程模型、操作系统、开发库，到 2019 年逐渐转向了实际应用场景。持久内存的早期用户是独立软件厂商、开源社区和具有开发能力的互联网公司，以及它们服务的下游厂商，多数案例需要对软件代码进行修改，场景相关性较强。然而，要求所有持久内存用户都进行软件开发和调优是不现实的，所以业界在探索更通用的方案，以兼容所有软件，透明混合内存就是其中重要的研究热点。

操作系统的内存管理和实现数据持久化的文件系统通常是分立的，而持久内存则需要同时具备两种特性。目前主流采纳的文件系统方案是基于 EXT4 或 XFS 的 DAX 方案，英特尔的研究性项目 PMFS 进行了开创性尝试，NOVA 声称自己是速度最快的 NVDIMM 文件系统，该领域方兴未艾。

软件数据结构和硬件特性密不可分，如 B+树对内存友好，LSM 树对 NVMe 有良好的访问特性。数据结构和介质错配会引起不必要的软件开销或导致性能不佳。相信未来一定会演进出针对持久内存优化的数据结构和软件架构。